“十四五”时期国家重点出版物出版专项规划项目

面向2035：中国生猪产业高质量发展关键技术系列丛书

总主编　张传师

非洲猪瘟防控关键技术

○主　编　仇华吉　刘从敏

中国农业大学出版社
·北京·

内 容 简 介

本书首先介绍非洲猪瘟与非洲猪瘟病毒，主要从病原学角度阐述非洲猪瘟流行病学、诊断技术和疫苗研究进展；然后阐述猪场生物安全体系建设，逐一讲解生物安全理念、猪场设计、生物安全管理措施和执行监管等；再介绍非洲猪瘟病毒的检测与监测，内容涉及实验室的设计和操作、猪场的采样方法和流程以及结果的解读；接下来介绍非洲猪瘟精准检测清除，主要内容涉及精准清除的顶层设计到具体实施方案制定，以及如何操作避免交叉污染，从而达到精准清除阳性猪只的目的；最后着重讲解猪场非洲猪瘟暴发清群后的复养，主要内容包括如何进行有序洗消从而达到可复产条件的评估方法和具体措施。

本书从理论到实践阐述如何在猪场层面进行非洲猪瘟的防控，希望对养猪从业者有所帮助。

图书在版编目(CIP)数据

非洲猪瘟防控关键技术 / 仇华吉，刘从敏主编. --北京：中国农业大学出版社，2022.11

（面向 2035：中国生猪产业高质量发展关键技术系列丛书）

ISBN 978-7-5655-2885-9

Ⅰ.①非…　Ⅱ.①仇…②刘…　Ⅲ.①非洲猪瘟病毒-防治　Ⅳ.①S852.65

中国版本图书馆 CIP 数据核字(2022)第 213663 号

书　　名　非洲猪瘟防控关键技术
作　　者　仇华吉　刘从敏　主编

执行总策划	董夫才　王笃利	**责任编辑**	杜　琴
策划编辑	杜　琴　赵　艳	**封面设计**	郑　川
出版发行	中国农业大学出版社		
社　　址	北京市海淀区圆明园西路 2 号	**邮政编码**	100193
电　　话	发行部 010-62733489，1190	读者服务部	010-62732336
	编辑部 010-62732617，2618	出　版　部	010-62733440
网　　址	http://www.caupress.cn	**E-mail**	cbsszs@cau.edu.cn
经　　销	新华书店		
印　　刷	北京鑫丰华彩印有限公司		
版　　次	2022 年 11 月第 1 版　　2022 年 11 月第 1 次印刷		
规　　格	170 mm×240 mm　16 开本　13.75 印张　260 千字		
定　　价	49.00 元		

图书如有质量问题本社发行部负责调换

丛书编委会

编写人员

主　　编　仇华吉　中国农业科学院哈尔滨兽医研究所

刘从敏　PIC种猪改良有限公司

副 主 编　余旭平　浙江大学动物科学学院

苏志鹏　四川德康农牧食品集团股份有限公司

陈家锃　山东信得科技股份有限公司

孙　元　中国农业科学院哈尔滨兽医研究所

参　　编　(按姓氏笔画排序)

白东宁　西安市动物疫病预防控制中心

刘明强　广西扬翔股份有限公司

安玉甫　猪事安(杭州)技术服务有限公司

杨耀智　黑龙江大北农食品科技集团有限公司

何林蔓　广东天农食品集团股份有限公司

张交儿　中国农业科学院哈尔滨兽医研究所

陈　俭　广西金陵农牧集团

陈芳洲　深圳市金新农科技股份有限公司

罗玉子　中国农业科学院哈尔滨兽医研究所

姚建聪　PIC种猪改良有限公司

夏　天　PIC种猪改良有限公司

高　地　默沙东动物保健品(上海)有限公司

蒙明璐　PIC种猪改良有限公司

总　序

党的十九届五中全会提出，到2035年基本实现社会主义现代化远景目标。到本世纪中叶，把我国建成富强民主文明和谐美丽的社会主义现代化强国。要实现现代化，农业发展是关键。农业当中，畜牧业产值占比30%以上，而养猪产业在畜牧业中占比最大，是关系国计民生和食物安全的重要产业。

改革开放40多年来，养猪产业取得了举世瞩目的成就。但是，我们也应清醒地看到，目前中国养猪业面临的环保、效率、疫病等问题与挑战仍十分严峻，与现实需求和国家整体战略发展目标相比还存在着很大的差距。特别是近几年受非洲猪瘟及新冠肺炎疫情的影响，我国生猪产业更是遭受了严重的损失。

近年来，我国政府对养猪业的健康稳定发展高度重视。2019年年底，农业农村部印发《加快生猪生产恢复发展三年行动方案》，提出三年恢复生猪产能目标；2020年受新冠肺炎疫情的影响，生猪产业出现脆弱、生产能力下降等问题，为此，国务院办公厅又提出关于促进畜牧业高质量发展的意见。

2014年5月习近平总书记在河南考察时讲到：一个地方、一个企业，要突破发展瓶颈、解决深层次矛盾和问题，根本出路在于创新，关键要靠科技力量。要加快构建以企业为主体、市场为导向、产学研相结合的技术创新体系，加强创新人才队伍建设，搭建创新服务平台，推动科技和经济紧密结合，努力实现优势领域、共性技术、关键技术的重大突破。

生猪产业要实现高质量发展，科学技术要先行。我国养猪业的高质量发展面临的诸多挑战中，技术的更新以及规范化、标准化是关键的影响因素，一方面是新技术的应用和普及不够，另一方面是一些关键技术使用不够规范和不够到位，从而影响了生猪生产效率和效益的提高。同样的技术，投入同样的人力、资源，不同的企业产出却相差很大。

企业的创新发展离不开人才。职业院校是培养实用技术人才的基地，是培养中国工匠的摇篮。中国生猪产业职业教育产学研联盟由全国80多所职业院校以及多家知名养猪企业和科研院所组成，是全国以生猪产业为核心的首个职业教育“产、学、研”联盟，致力于协同推进养猪行业高技能型人才的培养。

为了提升高职院校学生的实践能力和技术技能，同时促进先进养猪技术的推广和规范化，中国生猪产业职业教育产学研联盟与中国种猪信息网&《猪业科学》超级编辑部一起，走访了解了全国众多养猪企业，在总结一些知名企业规范化先进技术流程的基础上，围绕养猪产业链，筛选了影响养猪企业生产效率和效益的12种关键技术，邀请知名科学家、职业院校教师和大型养猪企业技术骨干，以产学研相结合的方式，编写成《面向2035：中国生猪产业高质量发展关键技术系列丛书》。该系列丛书主要内容涵盖母猪营养调控、母猪批次管理、轮回杂交与种猪培育、猪冷冻精液、猪人工授精、猪场生物安全、楼房养猪、智能养猪与智慧猪场、猪主要传染病防控、非洲猪瘟解析与防控、减抗与替抗、猪用疫苗研发生产和使用等12个方面的关键技术。该系列丛书已入选“‘十四五’时期国家重点图书、音像、电子出版物出版专项规划”。

本系列图书编写有3个特点：第一，关键技术规范流程来自知名企业先进的实际操作过程，同时配有视频资源，视频资源来自这些企业的一线实际现场，真正实现产教融合、校企合作，零距离，真现场。这里，特别感谢这些知名企业和企业负责人为振兴民族养猪业的无私奉献和博大胸怀。第二，体现校企合作，产、教结合。每分册都是由来自企业的技术专家与职业院校教师共同研讨编写。第三，编写团队体现“产、学、研”结合。本系列图书的每分册邀请一位年轻有为、实践能力强的本领域权威专家学者作为顾问，其目的是从学科和技术发展进步的角度把控图书内容体系、结构，以及实用技术的落地效应，并审定图书大纲。这些专家深厚的学科研究积淀和丰富的实践经验，为本系列图书的科学性、先进性、严谨性以及适用性提供了有力保证。

这是一次养猪行业“产、学、研”结合，纸质图书与视频资源“线上线下”融合的新尝试。希望通过本系列图书通俗易懂的语言和配套的视频资源，将养猪企业先进的关键技术、规范化标准化的流程，以及养猪生产实际所需基本知识和技能，讲清楚、说明白，为行业的从业者以及职业院校的同学，提供一套看得懂、学得会、用得好，有技术、有方法、有理论、有价值的好教材，助力猪业的高质量发展和猪业高素质技能型人才的培养，助力乡村振兴，为全面建设社会主义现代化国家、实现中华民族伟大复兴的中国梦提供有力的人才和技能支撑。

孙德林　张传师

2022年1月

前　言

生物安全有不同的定义。在畜牧业中，生物安全一般是指为了防止病原微生物对畜禽的侵害而采取的一系列风险防范和管控措施（包括理念文化、硬件设施、管理制度和技术方案等），可以简单地概括为“外防输入、内防扩散”。从国际实践来看，生物安全历来是防控重大疫病的必要措施之一。

非洲猪瘟是一种严重危害全球养猪业的重大烈性传染病，该病于 2018 年 8 月首次传入我国。长期以来，我国养猪业过度依赖疫苗和药物，大多数养猪场户的生物安全意识淡薄、防疫设施不足、防疫措施不力，所以在非洲猪瘟面前几乎无招架之力，使非洲猪瘟给我国养猪业和国计民生造成了巨大冲击。由于非洲猪瘟病毒的独特性和非洲猪瘟疫苗研发的艰难性，目前全球尚无安全有效的商品化非洲猪瘟疫苗可用。在此背景下，生物安全防控措施成为广大猪场抵御非洲猪瘟的不二法门。因此，从某种意义上讲，非洲猪瘟的传入成为我国动物疫病生物安全防控理念全面实践和升级的重要分水岭。

近几年来，行业上下开始重视生物安全并着手构建生物安全体系，但绝大多数猪场的生物安全体系存在明显漏洞，甚至绝大多数中小规模猪场没有完善的生物安全防控方案或防控方案形同虚设。究其原因，一是广大养猪从业者对非洲猪瘟缺乏科学的认知；二是养猪从业人员对生物安全理论知识和实践经验不足，导致在猪场生物安全的运行及疫病防控中不得要领，从而造成非洲猪瘟病毒极易传入猪场，且在猪场内快速传播，最后导致全部清群。

应中国种猪信息网&《猪业科学》超级编辑部孙德林教授和中国农业大学出版社之邀，我们组织了一批具有理论功底和实践经验的业内生物安全和非洲猪瘟防控专家编写本书，主要内容包括非洲猪瘟与非洲猪瘟病毒、猪场生物安全体系建设、非洲猪瘟病毒的检测与监测、非洲猪瘟精准检测清除及猪场非洲猪瘟暴发清群后的复养等五大方面，我们力求做到科学性、系统性、合理性、实用性和可操作性的统一，以期为广大养猪从业者、相关管理人员和技术人员提供有价值的参考，为建立猪场生物安全防控体系、科学防控非洲猪瘟、保障生猪稳定供应、助力我国养猪业高质量发展贡献力量。

感谢所有作者的专业智慧和无私奉献，感谢中国种猪信息网&《猪业科学》超级编辑部孙德林教授和焦纯青老师的大力支持，感谢中国农业大学出版社的专业协助。

编　者

2022年5月

目　录

第1章

非洲猪瘟与非洲猪瘟病毒

【本章提要】非洲猪瘟(ASF)是由非洲猪瘟病毒(ASFV)感染猪而引起的一种危害严重的烈性传染病。经过近几年的流行,最初致死率高达100%的基因Ⅱ型ASFV强毒株,已演化出弱毒株;同时发现了基因Ⅰ型ASFV弱毒株的流行,导致我国ASF防控和根除面临的形势更加严峻和复杂。本章结合ASFV最新研究进展,从病原学角度出发对其流行历史和现状进行总结,重点讨论ASF的诊断技术与疫苗研究进展,以期为相关人员提供借鉴。

1.1 病原学

1.1.1 非洲猪瘟病毒

非洲猪瘟病毒(African swine fever virus, ASFV)是非洲猪瘟相关病毒科(*Asfarviridae*)非洲猪瘟病毒属(*Asfivirus*)的成员,也是目前唯一已知的虫媒DNA病毒(Dixon et al., 2013)。非洲猪瘟病毒主要感染巨噬细胞、自然杀伤性细胞和树突状细胞等单核细胞。成熟的病毒粒子直径超过200 nm,结构复杂,由内向外依次是线性双链DNA基因组(genome)、内核心壳(core shell)、内膜(inner envelope)、衣壳(capsid)和囊膜(external envelope)(图1-1)(Liu et al., 2019)。非洲猪瘟病毒对环境的抵抗力较强,病毒存活时间与其所处的环境、介质、湿度和温度等有关。非洲猪瘟病毒耐低温、不耐高温,在冷冻猪肉中可存活数年,冷藏条件下可以存活1年以上,25～37 ℃可存活数周,56 ℃ 70 min或60 ℃ 20 min可灭活病毒。非洲猪瘟病毒对乙醚和氯仿敏感,2%氢氧化钠、2%～3%次氯酸钠、0.3%福尔马林、过硫酸氢钾和口服碘等多种消毒剂均可有效杀灭非洲猪瘟病毒,但具体的杀灭效果与作用时间和温度等有关。

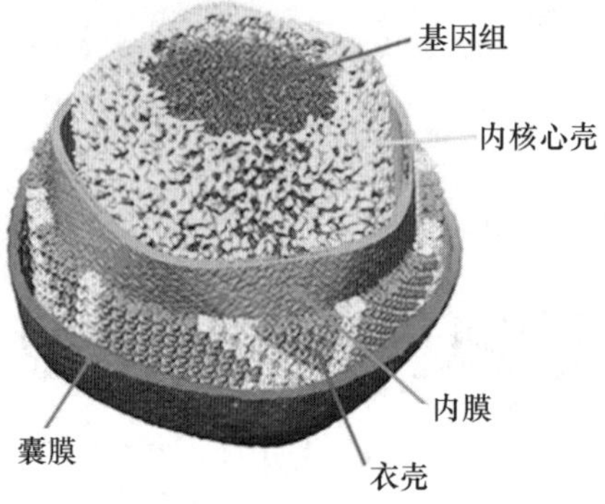

图 1-1　非洲猪瘟病毒结构示意图(Liu et al., 2019)

1.1.2　非洲猪瘟病毒基因组及其复制机制

非洲猪瘟病毒的基因组为双链、线性 DNA 分子。1995 年 Yáñez 等利用适应于 Vero 细胞的非洲猪瘟病毒株首次完成全基因组测序。不同基因型、不同地域的非洲猪瘟病毒分离株,其基因组大小在 170～194 kb 之间(图 1-2)。非洲猪瘟病毒基因组编码蛋白的准确数量目前还不清楚,生物信息学预测其含有近 200 个开放阅读框(open reading frames,ORF),编码超过 50 多种结构蛋白和 100 多种非结构蛋白。非洲猪瘟病毒基因组结构如图 1-2 所示:包括末端 37 nt 碱基互补配对形成的发卡环结构(hairpin loop)和 1 kb 左右的重复序列、紧邻末端的多基因家族(multigene family,MGF)构成的可变区(variable region)以及中间相对稳定的基因区(stable region)。其中,MGF(MGF100、MGF110、MGF300、MGF360、MGF505/530 和 p22)基因拷贝数的变化是造成不同分离株非洲猪瘟病毒基因组大小不同的主要原因。根据非洲猪瘟病毒基因编码蛋白的表达是否依赖基因组的复制,可以分为早期基因和晚期基因。全基因组转录图谱分析发现,非洲猪瘟病毒部分基因具有选择性转录起始位点,可编码产生不同的转录本(Cackett et al., 2020)。比较基因组学分析发现,非洲猪瘟病毒在基因(编码区,又称可变区)与基因间隔区(非编码区,又称稳定区)均显示出开放型泛基因组的特征;同时,进化树分析结果显示,目前全球非洲猪瘟病毒分离株可划分为 3 个进化谱系(Lineage Ⅰ、Ⅱ和Ⅲ),中国分离株属于 LineageⅠ、基因Ⅱ型(p72 基因分型系统)(Wang et al., 2020)。所有的亚洲分离株均属于 LineageⅠ、基因Ⅱ型,所有的欧洲毒株也属于 LineageⅠ,但是具有 2 个基因型(基因Ⅰ型和Ⅱ型),非洲地区则存在多个基因型(Wang et al., 2020)。另外,在进化关系上亚洲分离株与部分欧洲分离株更为接近,提示它们可能具有共同的来源。以上研究数据表明,非洲猪瘟病毒基因组具有显著的自然多样性。

研究表明，非洲猪瘟病毒与痘病毒的复制机制相似。其基因组主要在胞浆中进行复制，首先是在靠近基因组末端的发夹环部位引入一个缺口(nick)形成单链，然后以打开的单链为模板利用自身编码的DNA聚合酶合成互补链，分别形成2个发卡环结构；进而以新形成的发卡环为引物进行子代链的合成，从而完成非洲猪瘟病毒基因组的复制(Agüero et al., 2015)。

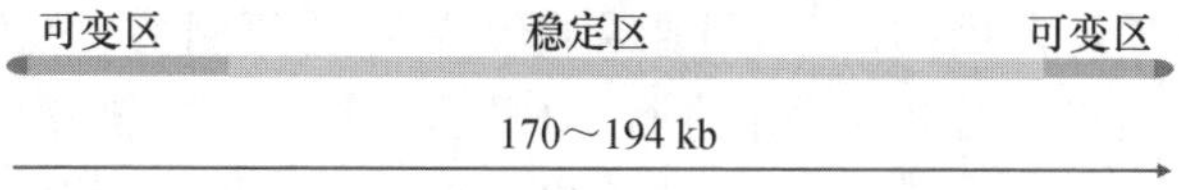

图1-2　非洲猪瘟病毒基因组结构示意图

1.1.3　非洲猪瘟病毒基因型与血清群

非洲猪瘟病毒通常是根据编码p72蛋白的*B646L*基因进行分型，现已鉴定出24个基因型(Quembo et al., 2018)。目前欧洲地区流行的是基因Ⅰ型和Ⅱ型，西非地区主要是基因Ⅰ型，东非和南非则有20多种基因型。基于以上的分型，进一步对编码内膜蛋白p54的*E183L*基因的全长序列分析，可以辨别中等毒力的毒株。此外，对其他基因组区域的分析，如编码p30蛋白的*CP204L*基因、位于*I73R*和*I329L*基因之间的串联重复序列和*B602L*基因内的中央可变区(CVR)，可用于区分密切相关的毒株(Gallardo et al., 2009)。大多数非洲猪瘟病毒株具有红细胞吸附的特性，研究人员对32株非洲猪瘟病毒进行了红细胞吸附抑制试验(hemadsorption inhibition assay, HAI)，发现其中具有红细胞吸附特性的非洲猪瘟病毒可分为8个血清群(serogroup)，也有少量无红细胞吸附特性的非洲猪瘟病毒分离株(Malogolovkin et al., 2015)。

1.1.4　非洲猪瘟病毒复制周期

非洲猪瘟病毒主要感染单核巨噬细胞系统，可利用巨胞饮或网格蛋白介导的内吞完成其入侵，但目前还未鉴定出非洲猪瘟病毒入侵相关的细胞受体。当非洲猪瘟病毒被包裹在巨胞饮泡或者内吞体内后，将经历从早期内体到晚期内体的成熟，同时通过解聚脱去病毒囊膜。然后，病毒内膜与内体膜融合，释放出病毒核心。经脱衣壳(uncoating)释放出的病毒基因组在胞质中进行复制、转录和翻译(Dixon et al., 2013)。新合成的病毒蛋白与基因组在“病毒工厂”(viral factory, VF)中进行组装。组装的病毒粒子经动力蛋白运输至细胞膜附近，再以出芽的方式获得囊膜后被释放到细胞外。此过程有大量病毒蛋白参与，如p54、p30、p12蛋白参与病毒的吸附和内化；pE248R蛋白参与膜融合；多聚蛋白pp220和pp62以及pS273R、p17、p72、pB438L、pE120R等参与病毒粒子的组装；另外，还有约20种蛋白参与病毒基因组的复制及基因表达过程。

1.1.5 非洲猪瘟病毒基因重组

非洲猪瘟病毒基因组包含 1 个约 125 kb 的保守中心区域（稳定区）和 2 个可变末端（可变区），可变区导致不同毒株基因组大小存在差异（de Villiers et al.，2010）。非洲猪瘟病毒的基因组因发生点突变或者插入/缺失（indel）会导致表型的多样性。例如，*MGF* 基因的缺失，可能会降低病毒的复制能力或毒力。Dixon 等（2013）对几个非洲猪瘟病毒基因组进行了研究，结果表明非洲猪瘟病毒在进化过程中发生了同源重组。然而，目前在基因组水平上缺乏对非洲猪瘟病毒同源重组的全面研究，这种重组对病毒遗传多样性和进化的作用尚不清楚。2019 年，湖南大学研究团队通过生物信息学方法分析了数据库中已有的 39 个 ASFV 基因组，发现病毒基因组片段的缺失对于基因组多样性的贡献远大于点突变（Zhu et al.，2019）。该研究证实了 ASFV 基因组存在的大量重复元件有利于基因重组的发生，可导致病毒基因组的多样性以及病毒表型（如抗原/致病性等）的多样性。非洲猪瘟病毒在流行过程中，为了能够在不同环境下生存，其病毒基因组会发生一些突变和重组，导致变异株的出现。

我国国家非洲猪瘟专业实验室发现了低致死率的非洲猪瘟病毒基因Ⅱ型变异株（Sun et al.，2021）。张艳艳等（2021）从主动监测的样品中分离到 1 株源自湖北某地的非洲猪瘟病毒变异株，经基因组测序发现，其 *EP402R* 基因（*CD2v*）和上游相邻的 *EP153R* 基因出现部分缺失，导致病毒红细胞吸附特性丧失。动物感染试验表明，变异株毒力降低但传播性强。变异株的出现给非洲猪瘟的早期诊断带来了阻碍，警示人们必须加强非洲猪瘟流行病学监测及流行株的基因组变异分析。

1.2 流行病学

1.2.1 非洲猪瘟的发现及全球流行趋势

非洲猪瘟最早于 1921 年在肯尼亚发现，随后该病局限流行于撒哈拉以南的非洲地区。非洲猪瘟的全球流行情况可大致分为 3 个阶段：①第一阶段是局限于非洲地区流行，持续至今，主要流行于撒哈拉沙漠以南的多个非洲国家，呈现地方性流行。②第二阶段是在 1957 年到 20 世纪 90 年代之间，该病第一次传出非洲呈现跨洲流行。1957 年从葡萄牙开始，相继传入西班牙、意大利、法国和比利时等国；1971 年传入加勒比地区的古巴、多米尼加、海地等国；1978 年传入南美洲的巴西。该阶段的特点是长距离、跨区域传播，20 世纪 90 年代这些地区除意大利的撒丁岛外，非洲猪瘟被成功扑灭。③第三阶段始于 2007 年传入格鲁吉亚、俄罗斯和白俄罗斯;2014 年传至立陶宛、波兰、拉脱维亚和爱沙尼亚等国;2017 年传入捷克、罗马尼亚等大部分东欧国家;2018 年传入中国(Zhou et al., 2018)。2018 年 9 月,比利时境内发现野猪感染非洲猪瘟病毒,表明非洲猪瘟疫情有可能已经蔓延到了西欧。自 2019 年以来,非洲猪瘟已在蒙古国、朝鲜、老挝、越南、缅甸、柬埔寨、菲律宾、泰国、韩国、东帝汶、印度尼西亚等 10 多个亚洲国家暴发,至今没有得到有效的控制。2019 年,该病传入斯洛伐克和塞尔维亚。2020 年,希腊、巴布亚新几内亚、印度、德国等此前无疫区国家接连被世界动物卫生组织(WOAH)通报首次发生非洲猪瘟疫情。2021 年,美国农业部报告从多米尼加共和国的猪只样本中发现了非洲猪瘟病毒。自 1921 年非洲猪瘟被确认以来,全球数十个国家和地区暴发了非洲猪瘟疫情(表 1-1)(宋浩等, 2022)。根据现阶段的流行情况来看,已呈现出全球流行态势,严重危害全球养猪业及相关产业的健康发展(Jurado et al., 2019; 宋浩等, 2022)。

表 1-1 非洲猪瘟流行过程(宋浩等,2022)

流行阶段	年份	国家和地区	基因型	传播来源	当前状况
第一阶段	1921	肯尼亚	Ⅰ	1907 年肯尼亚发生过非洲猪瘟疫情	根除
第二阶段	1957	葡萄牙	Ⅰ	由西非传入,传染源疑似为残余的猪肉制品泔水喂养家猪	根除
	1960	葡萄牙、伊比利亚半岛	Ⅰ	在重新传入葡萄牙后,非洲猪瘟蔓延到欧洲的海湾国家	在 20 世纪 90 年代被根除,但撒丁岛(意大利)除外,该岛于 1978 年开始流行
	1967	意大利	Ⅰ		
	1969	西班牙	Ⅰ		
	1971	古巴	Ⅰ		
	1977	法国	Ⅰ		
	1978	巴西、多米尼加、海地、马耳他	Ⅰ		
	1985	比利时	Ⅰ		
第三阶段	2007	格鲁吉亚、亚美尼亚、俄罗斯、白俄罗斯	Ⅰ	由非洲东南部传入格鲁吉亚,然后进一步传入亚美尼亚和俄罗斯,传染源疑似为流入境内的被污染的猪肉制品	没有根除;可能已成为地方病
	2008	阿塞拜疆、伊朗	Ⅱ		根除

续表1-1

流行阶段	年份	国家和地区	基因型	传播来源	当前状况
第三阶段	2012	乌克兰	Ⅱ	很可能从高加索传入	没有根除
	2013	白俄罗斯	Ⅱ		
	2014	立陶宛、波兰、拉脱维亚、爱沙尼亚	Ⅱ	可能从白俄罗斯传入	没有根除
	2017	摩尔多瓦、伊尔库茨克、捷克、罗马尼亚	Ⅱ	逐步向东，向西扩散	没有根除
	2018	中国、比利时、匈牙利、保加利亚	Ⅱ	非洲猪瘟首次传入亚洲地区	没有根除
	2019	斯洛伐克、塞尔维亚、蒙古、越南、柬埔寨、朝鲜、老挝、菲律宾、缅甸、韩国、东帝汶、印度尼西亚	Ⅱ		没有根除
	2020	希腊、巴布亚新几内亚、印度、德国	Ⅱ		没有根除
	2021	马来西亚	Ⅱ		没有根除

1.2.2 非洲猪瘟病毒的感染途径和传播方式

非洲猪瘟病毒的宿主有家猪、各种野猪(非洲野猪、欧亚野猪)和钝缘蜱属软蜱,其中疣猪等非洲本土野猪呈无症状感染,多为储存宿主(Sánchez-Cordón et al., 2017)。非洲猪瘟的传染源主要是感染了非洲猪瘟病毒的家猪和野猪。该病也可通过接触吸食感染非洲猪瘟病毒猪只血液的软蜱、受污染的饲料、猪肉制品、设施(车辆、衣服、靴子、注射器)等进行传播。

非洲猪瘟病毒的感染途径和传播方式多种多样,猪只主要通过直接接触或者间接接触传染源后经呼吸道或者消化道被感染,也可通过感染了非洲猪瘟病毒的软蜱叮咬而感染。病毒在扁桃体内复制后可经血液循环传播至全身各组织脏器,从而引起猪只的全身性感染。非洲猪瘟病毒的传播循环主要有5种(图1-3):①家猪—软蜱—家猪循环;②家猪—家猪循环;③野猪—野猪循环;④野猪—软蜱—野猪循环;⑤家猪—野猪循环。非洲猪瘟病毒在不同的循环内可以持续存在(Guinat et al., 2016)。

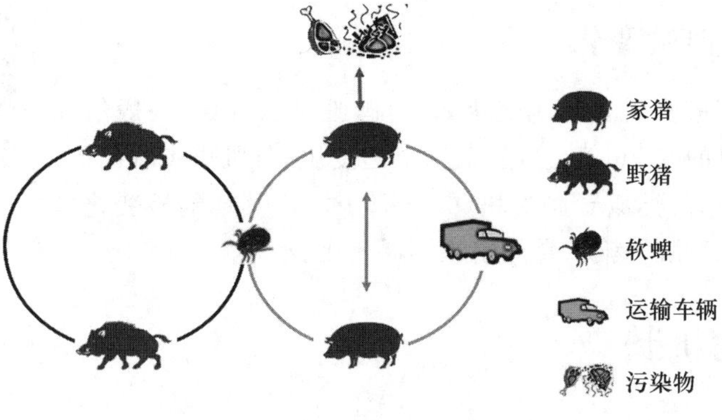

图 1-3　非洲猪瘟病毒的传播循环

1.3　临床症状与病理变化

1.3.1　临床症状

自然感染非洲猪瘟病毒的潜伏期通常为 4～19 d，急性型为 3～4 d，WOAH 法典规定的潜伏期为 15 d。非洲猪瘟的临床症状很难和猪瘟等疫病区别，根据毒力和临床表现差异，非洲猪瘟可分为最急性型（强毒株）、急性型（中等毒力毒株）、亚急性型和慢性型（弱毒株）（Souto et al.，2016）。不同感染类型的死亡率和临床症状见表 1-2 和二维码 1-1。

二维码 1-1　急性型非洲猪瘟临床症状

表 1-2　非洲猪瘟病毒感染后的临床症状

感染类型	死亡率（感染后存活时间）	临床症状
最急性型	100%（1～4 d）	高烧（41～42 ℃），无症状突然死亡
急性型	90%～100%（6～9 d）	发烧（40～42 ℃），沉郁，厌食，耳、四肢、腹部皮肤有出血点、发绀 眼、鼻有黏液脓性分泌物，呕吐，便秘，粪便表面有血液和黏液覆盖或腹泻，粪便带血 步态僵直，呼吸困难，病程延长则出现神经症状 妊娠母猪在妊娠的任何阶段均可出现流产
亚急性型	30%～70%（7～20 d）	症状与急性型相同但病情较轻，病死率较低，持续时间较长 体温波动无规律，常大于 40.5 ℃。呼吸窘迫、湿咳，关节疼痛、肿胀
慢性型	<30%（>1 月）	低烧（40～40.5 ℃）伴随呼吸困难，消瘦或发育迟缓。关节肿胀，局部皮肤溃疡、坏死

1.3.2 剖检变化

非洲猪瘟最典型的剖检变化如下：脾脏显著肿大，一般情况下是正常脾脏的3～6倍，呈暗红色，质地变脆；肾脏斑点状出血；淋巴结肿大出血，类似于血凝块（二维码1-2）。其他剖检变化包括心脏、肺脏、肝脏、膀胱、胃等组织脏器出血、水肿。

二维码1-2 急性型非洲猪瘟的病理变化

1.4 发病机制

非洲猪瘟病毒经口、鼻感染后，在扁桃体内进行初级的复制和增殖，伴随着血液循环进入全身各组织、脏器，经大量增殖后引起病毒血症。非洲猪瘟病毒可感染血管内皮细胞，也能够侵袭淋巴结的内皮细胞和多种免疫细胞，从而抑制宿主的免疫应答，导致相应的组织和器官出现肿胀、出血、坏死等病理变化。非洲猪瘟病毒感染单核巨噬细胞和淋巴细胞后可在骨髓、脾脏、肺脏等二级场所内进行大量增殖，导致相应细胞的凋亡和坏死，从而成功逃逸宿主的天然和获得性抗病毒免疫应答，并造成免疫系统受损、淋巴细胞显著减少等特征性表现（Pikalo et al.，2019）。研究表明，非洲猪瘟病毒强毒株Armenia08感染可有效抑制家猪和野猪的T细胞免疫应答（Hühr et al.，2020）。不同毒力的非洲猪瘟病毒，其致病程度和临床表现也不完全相同，弱毒株可引起间质性肺炎、心外膜炎和关节炎，而强毒株可使猪的树突状细胞等抗原提呈细胞严重损伤，在感染后1周内死亡。研究发现，非洲猪瘟病毒感染猪只后可诱导一些细胞因子的释放，如激活肺泡巨噬细胞释放IL-1、TNF-α等。IL-1和TNF-α作为中性粒细胞的趋化因子，导致中性粒细胞在感染部位聚集，这在抗非洲猪瘟急性感染方面发挥一定作用。关于非洲猪瘟病毒感染后诱导的其他细胞因子和趋化因子目前研究较少，有待深入地探究其功能进而详细地解析非洲猪瘟病毒的致病机制。

1.5 诊断技术

目前，非洲猪瘟尚无安全有效的商品化疫苗，主要通过严格的生物安全措施、早期检测结合扑杀进行防控。非洲猪瘟传染性强，传染源众多，传播途径广泛，因此，早期发现和快速诊断是有效控制该病的关键。近年来，国内外学者建立了一系列非洲猪瘟诊断技术，包括病原学检测技术和血清学检测技术。

1.5.1 病原学检测技术

在非洲猪瘟病毒感染的早期和整个病程中，感染猪体内都存在病毒的复制。

潜伏期内病毒载量低，但病毒在此期间可通过多种途径传播。因此，研发灵敏、快速、便捷的非洲猪瘟病原学检测技术是目前进行早期诊断的重点。

1.5.1.1　核酸检测

聚合酶链式反应(PCR)因具有很高的灵敏度和特异性，是目前应用最为广泛的检测手段，也是国际贸易中世界动物卫生组织(WOAH)指定的非洲猪瘟病毒检测方法。PCR 技术适用于检测不适合进行病毒分离的腐败组织或血液样品。

1.PCR

Agüero 等(2003)根据 *p72* 基因保守序列设计引物，建立了快速检测非洲猪瘟病毒的 PCR 方法，该方法得到 WOAH 认证。但有研究显示，该方法在检测中出现假阴性结果(Gallardo et al.，2015)，分析发现是由引物与部分基因型的非洲猪瘟病毒毒株(如 Georgia 2007/1 株等基因Ⅱ型毒株)的靶基因序列不匹配所致的。为此，中国农业科学院哈尔滨兽医研究所仇华吉团队根据非洲猪瘟病毒 *p72* 基因序列高度保守区域设计特异性引物，建立了快速检测非洲猪瘟病毒的 PCR 方法，结果表明，其敏感性和特异性均高于 WOAH 推荐的 PCR 方法(Luo et al.，2016)。

2.实时荧光定量 PCR

实时荧光定量 PCR(quantitative real-time PCR，qPCR)通过荧光探针检测 PCR 产物的积累，能够实时在线监控反应过程，其灵敏度高、特异性好。近年来，研究人员先后基于非洲猪瘟病毒 *p72*、*p54* 等基因设计引物和探针，建立了 TaqMan qPCR 方法，该方法可在猪临床发病前 2～4 d 检测出扁桃体样本中的病毒核酸(Zsak et al.，2005)。因此，该方法可用于非洲猪瘟的早期诊断和监测。有研究者利用商业通用探针库(UPL)与设计的特异性引物组合，建立了非洲猪瘟病毒 qPCR，其敏感性高于 WOAH 推荐的 qPCR 方法(Fernández-Pinero et al.，2013)。目前，包括中国农业科学院哈尔滨兽医研究所在内的多家国内研究机构和企业研发了非洲猪瘟病毒 qPCR 检测试剂盒，已通过新兽药注册批准并取得生产文号，目前已广泛应用于规模化猪场的非洲猪瘟防控中。

3.数字 PCR

数字 PCR(digital PCR，dPCR)是近几年发展起来的一种核酸定量分析技术。与 qPCR 不同，dPCR 对结果的判定不依赖扩增曲线循环 Ct 值，不受扩增效率的影响，能够直接读出 DNA 的分子个数，进而实现对起始样本核酸分子的绝对定量。在此基础上，美国应用生物系统公司(ABI)利用密封芯片分割样本到数千个反应井中进行独立的 PCR 扩增，开发了另外一种 dPCR，该方法称为纳米流体芯片数字 PCR (cdPCR)。Jia 等(2020)通过对 ASFV *B646L* 基因的部分序列设计特异性引物和探针，利用 cdPCR 技术检测 ASFV，并与 WOAH 推荐的 VetMAX™ ASFV qPCR 检测试剂盒进行对比。结果表明，cdPCR 的敏感性不及 qPCR，但这也是 cd-

PCR 首次成功用于 ASFV 检测。

4.等温扩增技术

等温扩增技术是近些年发展起来的体外核酸扩增技术。James 等(2010)利用环介导等温扩增(loop-mediated isothermal amplification, LAMP)技术用于非洲猪瘟的诊断,证明该方法能够特异性检测非洲猪瘟病毒代表性毒株(n=38)。利用该方法和 qPCR 同时检测感染非洲猪瘟病毒 Malawi 株的猪血液和组织样品,显示二者具有良好的一致性。该方法为非洲猪瘟病毒的检测提供了新的手段,更适合在非专业实验室或流动实验室中使用。重组酶聚合酶扩增(recombinase polymerase amplification, RPA)是另一种基因等温扩增技术。该技术的原理是重组酶结合引物从而形成蛋白质-DNA 复合物,该复合物能够启动模板 DNA 上的同源序列引发链置换反应,启动对靶基因的几何级扩增(Tran et al., 2013)。交叉引物等温扩增(cross-priming amplification, CPA)技术是我国首个具有自主知识产权的核酸扩增技术。Gao 等(2018)将 CPA 与免疫层析试纸条联用检测非洲猪瘟病毒,这样更加快速、便捷,可用于现地检测。

5.基于 CRISPR/Cas12a 的便携试纸条

国内研究人员开发了一种基于 Cas12a 的便携试纸条,可快速检测非洲猪瘟病毒,其原理是非洲猪瘟病毒的核酸与 Cas12a、crRNA 形成三元复合体时,该复合物中 Cas12a 的 RuvC 结构域可行使 DNase 活性,能够切割荧光标记的单链 DNA,通过检测荧光即可得知待检样品中是否含有非洲猪瘟病毒的核酸(Lu et al., 2020)。该方法不需要昂贵仪器;另外,对于病毒含量极低的弱阳性及疑似阳性样品也可通过适当延长反应时间来确定样品是否含有非洲猪瘟病毒。该方法具有操作简单、不需要专业实验室等优点,为猪场一线快速检测提供了有效方法,对非洲猪瘟早期监测、诊断与防控具有重要意义。

1.5.1.2 抗原检测

1.抗原捕获酶联免疫吸附反应

抗原捕获酶联免疫吸附反应(ELISA)又称双抗体夹心 ELISA,其原理为抗体吸附在固相载体表面,样品中的抗原与其结合形成抗原抗体复合物,酶标抗体再与抗原抗体复合物结合,然后根据加入底物后的颜色反应判断检测结果(图 1-4)。基于 p72 单克隆抗体建立的夹心 ELISA 可检测到 0.05 μg/mL 的非洲猪瘟病毒 p72 抗原或 2.3×10^{2} PFU/mL 的全病毒颗粒(Vidal et al., 1997)。抗原捕获 ELISA 方法相对于 PCR 具有使用方便、对仪器设备要求较低等优点,并且相对于抗体而言,抗原可以更早地检出,可用于高通量、快速筛查非洲猪瘟病毒。但与 PCR 相比,抗原捕获 ELISA 的特异性及灵敏性稍低,易出现假阳性结果,若样品保存不当,如高温或保存时间过久等,均会影响检测结果的准确性。

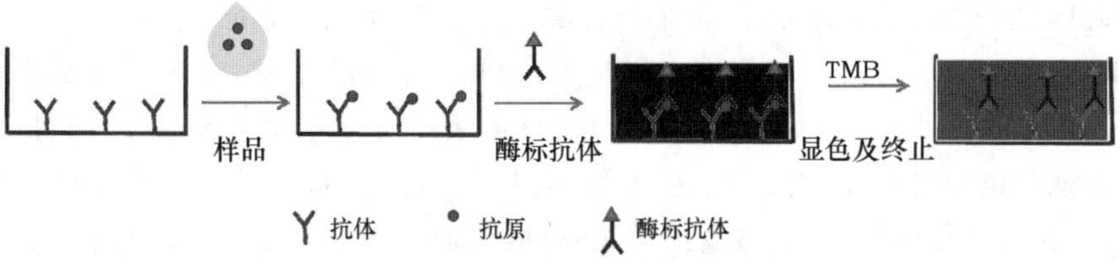

图 1-4　抗原捕获 ELISA 原理

2.免疫层析技术

免疫层析技术(immunochromatographic test, ICT)通常是利用胶体金与抗原或抗体结合形成复合物,利用大量胶体金聚集显色来判定结果的一种免疫标记技术。检测样品通过毛细管作用前移,胶体金与样品中的抗原或抗体形成胶体金免疫复合物,继续流经检测线,与其上的抗体或抗原特异性结合,大量胶体金复合物在检测线上聚集,形成肉眼可见的红色,而多余的胶体金复合物继续向前扩散至质控线并与其上的抗体结合而显示红色,指示试纸条有效(图 1-5)。国内外已有多个研究机构建立了检测非洲猪瘟病毒抗原的免疫层析试纸条,但其敏感性和特异性均低于 qPCR,目前仅适用于临床发病猪的检测,有待进一步提升其检测性能。

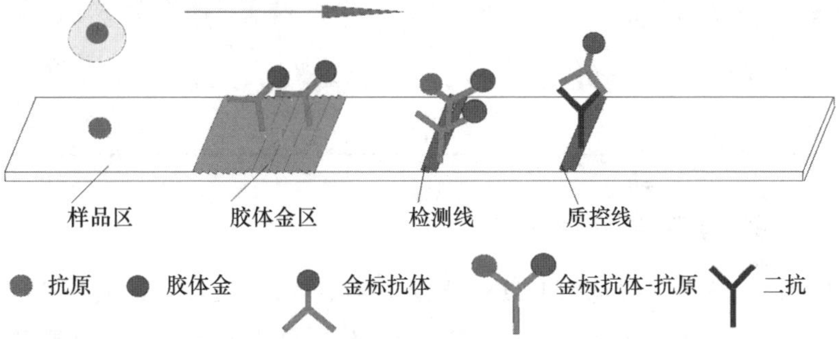

图 1-5　胶体金免疫层析试纸条原理

1.5.1.3　病毒检测

1.病毒分离

非洲猪瘟病毒的分离须在生物安全三级及以上实验室进行。可采集感染猪的血液、脾脏、淋巴结、扁桃体和肾脏等组织进行病毒分离。从组织中分离病毒时,可在其中加入含有抗生素的 RPMI-1640 或 DMEM 培养液,制成 10%～20%的匀浆液,1 000×g 离心 5 min,取上清液接种到原代猪骨髓细胞、原代白细胞或肺泡巨噬细胞中(WOAH, 2012)。根据致细胞病变效应(CPE)结合红细胞吸附试验(hemadsorption, HAD)、间接免疫荧光试验、PCR 等技术确定是否感染非洲猪瘟病毒。

2.红细胞吸附试验

红细胞吸附试验(HAD)是利用猪红细胞能够吸附在感染非洲猪瘟病毒的猪

外周血单核细胞或巨噬细胞表面，呈现“玫瑰花环”的特征性而建立的方法(Malmquist et al., 1960)。但也有少量非红细胞吸附的毒株，其中大多数是低毒力的。该试验需要进行原代细胞培养，并且需要6 d才能确定结果，因此比较耗时。该试验也需要在生物安全三级实验室进行，对技术要求较高。对于强阳性样品，通常在接种细胞的最初24 h内可观察到红细胞吸附现象。而对于非红细胞吸附的非洲猪瘟病毒则不能用该方法进行检测。建议将HAD作为参考试验，用于确认ELISA、PCR或荧光抗体试验(fluorescent antibody test, FAT)的阳性结果。

表1-3对非洲猪瘟病毒在不同组织中的最早检出时间进行了归纳，以期为今后诊断和样品类型选择以及采样时间提供参考。

表 1-3　不同组织中非洲猪瘟病毒最早检出时间

样品	毒株	接种后时间/d	组内感染后时间/d	组间感染后时间/d	靶基因	技术	参考文献
血液	Georgia 2007/1	4.8±1.3	10.3±1.6	13.9±3.0	*p72*	qPCR	Guinat et al. (2014)
口腔液	Georgia 2007/1	5.4±1.3	8.5±1.5	9.2±1.5			
鼻腔液	Georgia 2007/1	5.4±1.4	7.6±2.6	11.3±0.50		免疫组化	Nieto-Pelegrín et al.(2015)
扁桃体	Malawi Lil-20/1	8.0±1.2	—	—			
淋巴结	Ken05/Tk1	5～7	—	—	*p72 /p30*	抗原捕获ELISA	Fernández de Marco et al. (2007)
粪便	Ken05/Tk1	9～11	—	—			

1.5.2　血清学检测技术

血清学检测技术主要包括ELISA抗体检测、间接免疫荧光试验(indirect fluorescence assay, IFA)、免疫层析试纸条以及免疫印迹等方法。ELISA抗体检测是国际贸易中WOAH指定的非洲猪瘟诊断方法(WOAH, 2012)。

ELISA具有特异性强、敏感性高、重复性好、检测速度快等优点，并且使用96孔板来检测，非常适用于群体检测。基于非洲猪瘟病毒全病毒抗原或表达抗原(如p72、p54等)的间接ELISA或利用针对某一蛋白(如p72)的单克隆抗体建立的阻断ELISA方法可以检测血清中的非洲猪瘟病毒抗体，主要适用于亚急性型和慢性型非洲猪瘟的诊断。当ELISA检测结果不确定或制备抗原困难或复杂时，可选用IFA方法。

血清学检测技术因简便、成本低和不需要特殊的仪器设备，而成为最常用的检测手段。由于没有商业化的非洲猪瘟疫苗，抗体检测尤其重要，非洲猪瘟抗体阳性意味着动物当前或者曾经发生了感染。此外，非洲猪瘟抗体在感染早期即可出现，并且可持续长达数月甚至数年。然而，在特急性和急性感染过程中，猪通常在抗体转为阳性前已死亡。

1.6　非洲猪瘟疫苗研究进展

1.6.1　非洲猪瘟疫苗研发历程

自人类历史上第一个疫苗(天花疫苗)问世以来,疫苗已走过了200余年的发展道路。疫苗免疫接种为人类和动物健康发挥了巨大的作用,如天花、牛瘟、牛肺疫和马传染性贫血病的控制和消灭都得益于疫苗的广泛接种。针对病毒性疾病疫苗的研发,主要有灭活疫苗、减毒活疫苗、亚单位疫苗、病毒载体疫苗、DNA疫苗、mRNA疫苗和病毒样颗粒疫苗、复制缺陷型或单轮复制型疫苗等。回顾近60年的非洲猪瘟疫苗艰难探索之路,可谓尝试众多、成果较少。国内外研究机构先后尝试了灭活疫苗、亚单位疫苗、核酸疫苗、病毒活载体疫苗、减毒活疫苗和基因缺失疫苗等各种类型疫苗的研发,但最终的效果差强人意(表1-4)。

表1-4　非洲猪瘟疫苗种类及其优缺点

种类	优点	缺点
灭活疫苗	安全	不能提供保护
自然弱毒/传代致弱疫苗	能提供完全同源保护	有残留毒力
亚单位/DNA/病毒活载体疫苗	只能提供部分或无保护	无法阻止发病和排毒
基因缺失疫苗	能提供同源和部分交叉保护	有残留毒力

1.6.2　对非洲猪瘟病毒感染诱导保护性免疫应答的认识

对非洲猪瘟病毒感染引起的保护性免疫认识不清楚,是制约非洲猪瘟疫苗研究的主要原因。ASFV基因组集成抑制干扰素产生、抑制细胞凋亡和自噬等多种免疫逃避机制,编码多种病毒蛋白参与调控宿主的免疫应答。早期人们曾认为,ASFV无法诱导产生中和抗体,随后发现p72、p54、p30蛋白具有中和作用,p72和p54可以抑制病毒的吸附,p30可以抑制病毒的内化(Gómez-Puertas et al.,1996)。非洲猪瘟病毒抗体介导的中和作用可能与其他病毒不同,这种独特性可能是因为病毒在细胞传代过程中外膜成分发生改变,从而失去了中和特性;也可能是因为血清的存在封闭了抗体的中和活性(Escribano et al.,2013)。ASFV的其他囊膜或者内膜蛋白,如CD2v、p12、D117L也可能诱导中和抗体参与抑制病毒的入侵和释放(Gómez-Puertas et al.,1996;Escribano et al.,2013)。其中CD2v可以和细胞AP-1蛋白互作并参与病毒细胞内转运,推测与病毒毒力和免疫逃避有关(Pérez-Núñez et al.,2015)。

特异性的 $CD8^+$ T 细胞在抗 ASFV 感染中有着重要作用(Oura et al., 2005)。核酸疫苗在没有 ASFV 特异性抗体的情况下可以诱导产生部分保护,这与 $CD8^+$ T 细胞应答有关(Lacasta et al., 2014)。利用 DNA 质粒文库鉴定出了多种具有潜在保护力的细胞毒性 T 淋巴细胞($CD8^+$ cytotoxic T lymphocytes, CTLs)抗原表位(Takamatsu et al., 2013)。ASFV 结构蛋白 p30、p72 可以激活 CTL 应答,但是否具有保护作用还不清楚(Alonso et al., 1997)。因为体内 T 细胞的异质性,使得具有保护作用的 CTL 表位的鉴定非常困难。除了 $CD8^+$ T 细胞外,T 细胞以及自然杀伤细胞(NK 细胞)等在抗 ASFV 感染中都发挥了重要作用(Takamatsu et al., 2013)。目前认为细胞免疫和体液免疫在抗 ASFV 感染中都具有重要作用(Correia et al., 2013)。研究发现,颈部肌肉免疫 $10^{4.0}$ $TCID_{50}$ 的 OURT88/3 或者 Benin ΔMGF 疫苗候选株,不能对 130 d 后的强毒攻击提供保护(Sánchez-Cordón et al., 2020),表明 ASF 减毒活疫苗存在单剂量免疫保护持续期较短的问题。

1.6.3 灭活疫苗

灭活疫苗具有安全性高、生产工艺成熟、质量标准可控等突出优点,与佐剂联合使用后,可以诱导良好的体液免疫应答,往往是新发传染病疫苗研发的首选策略。非洲猪瘟灭活疫苗是最先开始尝试研究的,但是绝大部分无保护作用(Stone et al., 1967)。Blome 等于 2014 年利用最新的佐剂 Polygen™/Emulsigen©-D 和制备技术对 ASF 灭活疫苗进行了重新评估,免疫的猪只用强毒攻击后可产生非洲猪瘟病毒特异性抗体,但很快出现了急性临床症状。因此,试验还未结束,所有猪只都被实施了安乐死。值得注意的是,本研究采用了较高的攻毒剂量($10^{9.0}$ $TCID_{50}$/mL)。

灭活疫苗不能提供保护作用,可能与 ASFV 复杂的免疫逃避机制有关,也可能与细胞内和细胞外 2 种不同成熟方式的感染性病毒颗粒有关。细胞内病毒颗粒是指在 VF 组装的 ASFV,由基因组、内核心壳、内膜和衣壳组成,具有感染性;细胞外病毒颗粒是指在 VF 组装后通过出芽方式获得囊膜并释放到细胞外的病毒颗粒,也同样具有感染性。非洲猪瘟病毒的囊膜含有 CD2v、p12 等病毒蛋白和一些细胞蛋白,病毒的衣壳和内膜则含有 50 多种蛋白。细胞内病毒颗粒和细胞外病毒颗粒表面的蛋白差异巨大,这种差异可能导致这两种类型病毒颗粒的免疫原性不同,这可能是灭活疫苗不能提供免疫保护的原因之一(Arias et al., 2017)。

1.6.4 亚单位疫苗、核酸疫苗及病毒活载体疫苗

非洲猪瘟亚单位疫苗、核酸疫苗研究思路是选择具有保护作用的抗原基因(*p72*、*p54*、*p30*、*CD2v*),利用不同表达系统进行表达。使用 p54 和 p30 共同免疫

猪只,可以提供部分的保护作用(Gómez-Puertas et al., 1998)。然而当使用 p72、p54、p30 共同免疫时却不能提供保护作用(Neilan et al., 2004)。利用杆状病毒表达的 CD2v 保护效果有限(Ruiz-Gonzalvo et al., 1996)。保护性抗原不充分可能是其主要原因。亚单位疫苗的免疫原性较弱,可通过筛选更多的保护性抗原,将其设计成病毒样颗粒(virus-like particles, VLPs),以增强其免疫效果。同时值得注意的是,选择恰当的评估模型和合适的佐剂对于评估和改进亚单位疫苗的免疫原性也十分重要。这些抗原基因以及其他 ASFV 可能的抗原基因的 DNA 表达文库核酸疫苗也在研究之中,这些核酸疫苗免疫效果同亚单位疫苗相似,只能提供部分保护,有的甚至无保护作用(Argilaguet et al., 2011; Argilaguet et al., 2012; Jancovich et al., 2018)。

非洲猪瘟病毒活载体疫苗的研究,目前集中在诱导免疫应答方面。通过选用痘病毒、腺病毒、伪狂犬病病毒等载体表达 ASFV 保护性抗原基因(*p72*、*p54*、*p30*、*CD2v*、*p12*、*EP153R*),使用"鸡尾酒"式混合免疫或者加强免疫策略,结果发现,免疫猪只可以产生非洲猪瘟病毒特异性的抗体和非洲猪瘟病毒特异性的 CTL 反应(Lokhandwala et al., 2016; Lopera-Madrid et al., 2017; Lokhandwala et al., 2017)。但这些研究还未涉及免疫保护试验,其保护效果有待进一步验证。亚单位、DNA 疫苗虽然可以诱导非洲猪瘟病毒特异性抗体及相应的细胞免疫应答,但不能提供完全保护。研究表明,利用腺病毒或者痘苗病毒载体表达 ASFV 的 8 个抗原基因构成的抗原库,并采用 Prime-Boost 的免疫策略可以对 ASFV 的强毒攻击提供完全保护(Goatley et al., 2020),表明载体疫苗在未来有较大的研究价值。

1.6.5　弱毒疫苗

西班牙和葡萄牙在非洲猪瘟流行期间曾使用减毒活疫苗 (live attenuated vaccines, LAV),但免疫猪只出现了慢性感染和临床症状后被迫弃用(Arias et al., 2017)。随后从软蜱及慢性感染猪只体内分离到了一些天然弱毒株,如 OURT88/3 和 NH/P68(Arias et al., 2017),免疫后对同源毒株攻击完全保护,但随免疫途径、免疫剂量、攻毒株的不同,保护率不等 (66%~100%) (Sánchez-Cordón et al., 2017; Mulumba-Mfumu et al., 2016; Gallardo et al., 2018)。在 Vero 细胞上连续传代 110 代而致弱的 ASFV-G/V 株不能提供有效的保护(Krug et al., 2015)。全基因组测序结果发现,ASFV-G/V 株基因组的末端出现大片段的基因缺失和部分基因的移码突变,这种突变可能是其适应 Vero 细胞的原因,却使 ASFV-G/V 的抗原性发生了改变,不足以诱导机体产生保护性免疫应答(Sanford et al., 2016)。ASF 减毒活疫苗具有毒株特异性,与自然致弱和非靶细胞传代致弱的 LAV 免疫效果迥然不同。目前 LAV 存在的残余毒力、病毒血症、亚临床症状等安全性问题亟须解决。

1.6.6 基因缺失疫苗

ASF 基因缺失疫苗是删除 ASFV 强毒株或者自然弱毒株的毒力基因(*TK*、*UK*、*9GL* 和*CD2v*)或者免疫逃避相关基因(*MGF* 和 *A238L*),构建成的疫苗候选株。利用疫苗候选株进行免疫攻毒试验,评估疫苗的安全性和保护效果。大部分基因缺失疫苗的保护率可高达 100%,免疫后可以抵抗亲本毒株的攻击,即具有同源保护作用(homologous protection)(Sanford et al., 2016; Monteagudo et al., 2017; O′Donnell et al., 2016; O′Donnell et al., 2015; O′Donnell et al., 2016; Reis et al., 2017; Sánchez-Cordón et al., 2018);有的可以抵抗异源毒株的攻击,即具有异源保护作用(heterologous protection)(Gallardo et al., 2018),但也有一些疫苗候选株保护效力下降(Reduced protection)(Abrams et al., 2013),甚至无保护作用(no protection)(Sanford et al., 2016; O′Donnell et al., 2016); BA71 毒株缺失 *CD2v* 基因后对基因Ⅰ型和Ⅱ型 ASFV 均能提供完全保护,即具有交叉保护作用(cross-protection),具有较大开发前景(Monteagudo et al., 2017)。随着研究力度的加大,发现了越来越多新的 ASFV 毒力相关基因(如*I177L*、*I226R*、*A137R*、*MGF505-7R*、*MGF360-9L* 和 *I267L* 等),但无论是单个毒力相关基因的缺失,还是多个毒力相关基因的组合缺失,均未获得一株足够安全的减毒疫苗候选株(Wang et al., 2021)。与此同时也发现,多个毒力相关基因的组合缺失可能影响 ASFV 的免疫原性,导致保护效率(有效性)下降(Wang et al., 2021)。如何精准地缺失 ASFV 毒力相关基因以及缺失哪些毒力相关基因,能够在提高安全性的同时,保留有效的免疫原性,是 ASF 基因缺失疫苗研发需要着力解决的问题。

1.6.7 研发非洲猪瘟疫苗的挑战与对策

非洲猪瘟疫苗研发已有五六十年。未来能否成功研制出非洲猪瘟疫苗?非洲猪瘟疫苗研究的方向及面临的关键科学问题是什么?非洲猪瘟疫苗商业化应用还需要解决哪些问题?对以上问题进行系统的总结和分析是非常必要的。

1.非洲猪瘟疫苗研发可行性分析及面临的挑战

非洲猪瘟基因缺失疫苗可以提供完全保护,是短期内最有希望的疫苗,其安全性可以通过进一步缺失毒力基因或免疫抑制相关基因来解决,而亚单位疫苗、核酸疫苗、病毒活载体疫苗的保护效力偏低(表 1-4),需要对 ASFV 的免疫应答和保护机制进行深入研究(Arias et al., 2017; Arias et al., 2018)。ASF 疫苗研发面临的科学问题有:①对病毒-宿主相互作用的机制不够清楚;②对病毒复制和转录调控不清楚,需要深入研究病毒蛋白结构和功能,特别是囊膜蛋白的功能;③对病毒侵入机制了解十分有限,需要鉴定病毒侵入的细胞受体,为研发抗 ASFV 制剂提供靶标;④对 ASFV 免疫逃避相关蛋白研究甚少,深入研究相关机制将有助于 ASF 疫苗研发(Revilla et al., 2018; Arias et al., 2017)。

2.非洲猪瘟疫苗当前研究方向及研发对策

目前创制的 ASF 候选疫苗都不尽人意。亚单位疫苗、核酸疫苗、病毒活载体疫苗的瓶颈是不清楚可诱导完全保护的病毒抗原(蛋白)(Arias et al., 2018; Rock et al., 2017)。为解决此问题,需要从 ASFV 基础研究入手,解析 ASFV 免疫保护的分子机制,鉴定保护性抗原基因;也可采用最新的免疫学技术提高疫苗的免疫原性;同时,需要研发高效的抗原提呈系统,以诱导产生高水平的 ASFV 特异性抗体,提高疫苗的保护率。

当前,ASF 疫苗研究主要集中在减毒活疫苗和基因缺失疫苗两方面,面临的挑战有:①在细胞或猪只中传代的遗传稳定性问题,是否会出现毒力返强或遗传特性改变;②毒力基因的鉴定及选择问题,ASFV 致病性测试必须在生物安全三级(ABSL3) 以上实验室进行,缺乏简单有效的毒力基因鉴定模型;③区别野毒感染与疫苗免疫的鉴别诊断 (differentiating infected from vaccinated animals, DIVA) (Arias et al., 2017; Arias et al., 2018; Rock et al., 2017)。为解决以上问题,可采用最新的蛋白质组和转录组技术鉴定 ASFV 的蛋白组成及功能;还可利用多组学相结合技术 (如高通量测序技术、生物信息学、合成生物学等) 对 ASFV 的基本生物学特性进行深入、全面的基础研究,为疫苗研究提供理论支持。

3.商业化应用还需要解决的关键问题

非洲猪瘟疫苗的实际应用还需要解决以下关键问题:①缺乏相对规范的临床评价系统对收集的临床试验数据进行分析;②缺乏非洲猪瘟疫苗生产细胞系,由于非洲猪瘟病毒主要感染单核巨噬细胞系统,对其他非靶细胞适应性差,易发生生物学特性的改变;③动物试验条件和成本高,疫苗评价相关试验只能在本体动物上进行,且必须在 ABSL3 以上实验室进行(Arias et al., 2017)。

1.6.8 结语

非洲猪瘟已初步呈现出全球流行趋势,成为我国养猪业的重大挑战(罗玉子等, 2018)。经济全球化的快速发展、跨地域的人员和贸易交流越来越频繁,给非洲猪瘟的防控和根除带来了巨大挑战(仇华吉, 2018)。ASFV 基因组可以编码大量病毒蛋白。这些蛋白在感染细胞后可以形成一个类似真核细胞器的"病毒加工厂"结构,可以相对独立地完成子代病毒的组装;还可以调控宿主免疫系统,拥有多种免疫逃避机制，这些复杂特性以及生物安全条件的限制使得研究人员对病原的研究及疫苗研发都相对缓慢。

未来非洲猪瘟疫苗的研发，可以借鉴蓝舌病和非洲马瘟复制缺陷型疫苗的研究思路(Celma et al., 2016; Van et al., 2015)，构建非洲猪瘟病毒必需基因(ASFV 拓扑异构酶基因、组蛋白样基因、E2 泛素连接酶基因)缺失的突变病毒(Frouco et al., 2017; Coelho et al., 2015)，然后通过稳定表达细胞系反式互补缺失的蛋白拯救病毒，从而获得只能进行一轮感染的复制缺陷型非洲猪瘟疫苗，可以最大限度地提高疫苗的安全性。猪瘟兔化弱毒疫苗株是将猪瘟病毒强毒株在非易感动物家兔体内传代获得的一株优异弱毒疫苗，能够保护猪只抵抗猪瘟病毒强毒的感染(张玲楷等, 2018)。非洲猪瘟疫苗的研发能否借鉴该策略值得探讨。

目前，合成生物学在酿酒酵母染色体的设计与合成中已取得了巨大的进步，技术相对成熟，利用合成基因组学技术已获得了Ⅰ型单纯疱疹病毒感染性克隆，可以从全基因组范围对病毒进行快速操作获得相应的重组病毒(Oldfield et al., 2017)。未来也可以利用合成生物学技术结合最新的 CRISPR/Cas9 基因编辑技术发展非洲猪瘟病毒的反向遗传操作系统，加快病毒基因组操作，从全基因组角度出发设计新型疫苗候选株，从而找到非洲猪瘟病毒的“阿喀琉斯之踵”(意指弱点)，加快疫苗研发进程。

思考题

1.目前非洲猪瘟在我国的流行趋势有什么新特点？

2.非洲猪瘟的诊断方法有哪些？其优缺点是什么？

3.与其他 DNA 病毒相比，非洲猪瘟病毒有何特点？

4.非洲猪瘟病毒的入侵机制是什么？

5.非洲猪瘟病毒的免疫逃逸策略有哪些？

6.不同类型的非洲猪瘟疫苗研发策略有何优缺点？未来研发前景如何？

第2章 猪场生物安全体系建设

【本章提要】本章主要介绍猪场如何建立生物安全体系，从生物安全的理念介绍入手，如何在生产体系内，从顶层设计认识和实施生物安全的管理，着重强调生物安全关乎每个人的执行力和以人为本的理念；着重介绍具体如何实施猪场生物安全，涵盖养猪生产重要环节的生物安全的设计、管理和监督，如猪场的选址和生物安全风险评估、猪场内部及外部生物安全设施规划和管理、后备种猪引进的隔离适应或者精液引入的生物安全流程、饲料厂生物安全评估和饲料运输生物安全、猪场饮水生物安全及消毒剂的选择与使用等。期望通过本章的内容介绍，让读者既能全面了解生物安全体系各环节如何相互影响，又能明确具体如何设计与实施某一环节的生物安全。

2.1 生物安全概述

众所周知，中国养猪业的效率相对国外发达国家有一定的差距，如丹麦很多猪场的年断奶仔猪数(PSY)都超过 30，而我国很多猪场的 PSY 甚至不超过 20。为什么会有这么大的差异呢？两者之间存在管理水平、硬件设施、猪场设计、疾病、营养以及品种方面的差异，其中非常重要的制约因素之一就是复杂的疾病。中国养猪业的疾病种类多，如蓝耳病、伪狂犬病、猪流行性腹泻、圆环病毒病、口蹄疫和猪瘟等病毒性疾病，以及多种细菌性疾病的原发及继发感染，对养猪业均有不同程度的影响。这些疾病大多可以利用疫苗和药物进行防控，虽然有些疾病的防控效果不尽人意，但是并没有造成毁灭性的经济损失，因此，生物安全并没有被养猪生产者重视。直至 2018 年 8 月非洲猪瘟病毒进入我国，对我国养猪

二维码 2-1
猪场的生物安全

业产生巨大的经济损失，在没有可靠疫苗和药物使用的背景下，生物安全才受到养猪企业和猪场的广泛重视。但是，很多行业从业者对生物安全的理解是不够系统性的，所以导致很多生物安全措施虽然制定了，但并没有取得良好的效果。本章对生物安全进行系统的介绍，包括如何进行生物安全管理等，来阐述如何理解和实施猪场的生物安全（二维码 2-1）。

2.1.1 生物安全的内容及意义

生物安全的英文为 biosecurity，指采取科学措施防止微生物接触人或者动物，也包括避免对人或者动物产生危害。在韦氏词典里，biosecurity 最早在 1973 年使用。在 1990 年和 2000 年左右，澳大利亚、新西兰、美国等国把生物安全概念引入农业领域，这其中就包括畜牧生产。也在这时候发展了生物安全的定义，指防止生物技术及微生物危险物质引起的生物危害，对环境、人体和动物造成损害。通过采取主动措施并建立规程和流程，来防止生物本身的扩散或者故意的扩散，避免造成危害。具体到动物健康领域，生物安全是指采取把疾病和病原，以及携带有病毒、细菌、真菌、寄生虫和其他病原微生物的污染物远离动物、鸟类和人群的措施。

养猪业中的生物安全有 2 个层次的含义，国际层次和猪场层次：①在国际层次上，对于生物安全的关注集中在预防国家与国家之间的疾病传播，尤其是有巨大猪肉出口和进口市场的国家。②在猪场层次上，生物安全指采取疾病防制措施以预防新传染病传入猪场并防止其在场内传播开来。为什么常常认识不到生物安全的重要性呢？主要原因有三：①不具有系统思维，也不能透彻理解猪群疾病的概念和疾病预防的原则。②猪病更注意群防，而不是单个治疗，所以生物安全的复杂性与群体的大小呈正相关。③每种病毒的毒株较多，很难有一种疫苗可以预防所有的毒株，这就会增加使用疫苗预防的难度，且猪只能够免疫的次数是有限的，过度的免疫不仅会影响预防疾病的效果，还会延缓猪群的生长；而生物安全是非特异性地防护某一种或者几种疾病进入的，其对所有疾病都有效，不分疾病种类和毒株的类型。总之，高洁净度猪场必须实施非常严格的生物安全措施，以预防疾病的传入；对于洁净度较差的猪场，已经存在某些流行性疾病，也需要实施严格的生物安全措施，以防止新的病原或者现有病原的新毒株传入，同时也可以通过生物安全措施来限制现有疾病在场内的快速传播或者进行疾病的净化。

2.1.2 生物安全是个系统工程

生物安全是个系统工程，包括但不仅限于以下的主要方面：猪场生物安全选址评估、猪场内部生产设施和外部配套设施(如车辆洗消站、中转出猪设施、厨房和人员物资隔离中心等)的生物安全设计、人员和物资管理、后备种猪和精液引进、死猪处理、饲料安全生产和运输、运输车辆的管理、防鸟防鼠、饮水安全和消毒剂的选择与使用等。

生物安全系统的建立需要各种严格的规章制度,良好制度执行的前提就是硬件设施的建设或者改造以及对人员的培训。不可一味过高标准要求生物安全操作,在人员接受度不高且硬件不匹配的情况下,过高标准其实意味着可执行性差,所以需要结合人员的认可度和硬件的匹配度,先设定生物安全标准,然后再逐渐改善和提高。

2.1.3　如何做生物安全管理

为什么猪场的生物安全措施做了很多,但是仍然无法避免发病?生物安全举措的实施切勿"胡子眉毛一把抓",要根据本猪场的实际情况进行分析,识别出高风险点,有的放矢地进行整改提高;没有最完美的生物安全措施,只有最适合的,所以需要专业人员不断检查和培训。本小节的内容主要是针对这些主要的生物安全因素,将硬件建设以及生物安全的规章制度联合,以解析如何建立和执行生物安全制度。

执行力是生物安全是否有效的重要保障。首先,执行力是一个变量,不同的人在执行同一件事情的时候,会得到不同的结果。执行力不仅因人而异,而且还会因时而异,如果想要解决生物安全执行力的问题,就必须先剖析影响执行力的根源,然后再找方法解决问题,所有的执行操作都要以人为本。目前,很多公司的生物安全大部分是在办公室和文件里,猪场的执行情况普遍存在缺乏现场管理和人性关怀等问题:①很多生物安全管理工作都在做表面文章,例如,给车辆消毒,草草清洗一下,车厢上还残留粪便等有机物就进行消毒,对于车厢外表面冲洗干净,但是高风险的车轮和挡板,只是简单清洗一下,还残留着泥巴,这是不合格的清洗和消毒。②生物安全的执行不仅仅是下发文件,还需要专业兽医在猪场培训相关人员,使其深刻理解为什么这么做、怎么做更有效,同时评估员工的执行力。员工执行情况可以让兽医知道员工对生物安全规定理解如何,以及规定是否合理,需要结合现实情况制定合理的生物安全规定,并不是完美的或者不可执行的生物安全制度。只有每一个操作都这么较真,才能真正将生物安全落实下去。但是兽医不可一味迁就现场人员的执行力,做生物安全需要有"底线",这个"底线"就是不可让步的关键点,也就是最低标准。如果达不到,就要想办法改善设施或者加强人员管理来解决。③从执行力层面来讲,生物安全不仅仅是技术问题,更多的是管理问题,需要利用有效的管理手段来加强猪场生物安全体系建设和运行,如建立互相监督机制和通过奖金考核来提高执行力。

其次,没有完美的生物安全,生物安全要不断地完善,其不仅需要科学和完善的管理制度，还需要定期评估执行力和持续改进。基于疫情的发展和对疫情认识的加深，生物安全的原则是不会改变的，但是生物安全措施会因情况和认识的不同而有所调整。生物安全做得好的公司永远不满足，不断查缺补漏；与之相反的是有些公司做了一点生物安全表面工作，就觉得做得非常不错。例如，PIC 种猪改良有限公司（简称 PIC）对猪场管理人员提出要求，每周至少要提出 3 个生物安全问题，以期获得更多现场的问题，然后沟通和提出整改措施，以及后续的评估。PIC 还有个 SCAN 系统（图 2-1）来评估和完善生物安全，这是一个由 PIC 发展，对 PIC 猪场上所有相关人推广生物安全意识和教育的流程，该程序提供了一个沟通生物安全风险与正确行动方案的工具。

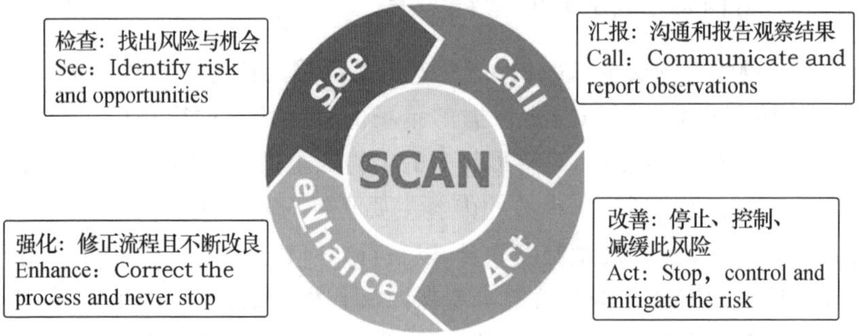

图 2-1　SCAN 系统

最后，生物安全要重视人员生物安全意识培养。生物安全不仅是猪场场长和主管的事情，它关系到猪场的每一个人，所以要进行全员培训。员工通过不断的培训和评估，逐渐理解生物安全，同时员工对生物安全也有了敬畏之心。只有这样才能进入良性循环，生物安全会逐渐被完善，即使有偏颇，也很快会被调整过来；否则，开展生物安全就是不断地与现场人员起矛盾，最终会导致生物安全一团糟。生物安全是一种理念和心态，让每一位员工将遵守生物安全制度作为一种责任和习惯，从而使生物安全管理真正落在日常工作中，并不断获得改善。

生物安全不是万能的，它可以逐渐降低疾病感染的风险，但是却无法彻底消除风险，只是通过生物安全措施逐级降低风险至最低。生物安全没有什么高大上的绝招，切记不可顾此失彼，不可过度强调某一方面的风险，需要综合考虑，区分高风险、中等风险和低风险因素，在资源优先的情况下，先解决高风险因素，然后是中等风险和低风险。对于生物安全管理，发现问题只是“万里长征”的第一步，如何高质量地解决问题，使生物安全获得持续性的改善才是关键。

2.2　猪场选址要点及猪场外部生物安全评估

随着非洲猪瘟进入中国，非洲猪瘟在某些养殖高密度区域形成区域性或地方性的暴发和流行。在夏秋梅雨季节，非洲猪瘟病毒极易随着雨水、蚊蝇、老鼠等，在某些地区迅速大面积扩散，甚至一些生物安全级别极高的猪场也未能幸免。同时在某些养殖密度较低，气候相对干燥的地区和省份，非洲猪瘟疫情呈现点状暴发。越来越多的案例和经验告诉我们，猪场选址是猪场生物安全环节中最为核心的要素。良好的选址意味着周边生物安全风险更低，生物安全管理的投入可以更低，容错率会更高。如何对已有或新建猪场的选址进行科学量化的生物安全评估呢？PIC 专家 Barcelo、Marco 和 Tom Alexander 建立的千点评分系统（1000 point location assessment），是一个实用的工具，可以帮助养猪生产者进行猪场选址评估，以及猪场建成后，通过千点评分的评估过程了解猪场周围生物安全的风险都有哪些，在中国越来越多的猪场因该选址评估系统而受益。因此，在此通过介绍这个系统的使用，让大家明白如何做猪场场址生物安全的评估。

猪场的选址评估可以应用到任何一个新建的猪场以及设施上，包括曾祖代核心场、母猪/公猪扩繁场、核心公猪站、商品母猪场、育肥场等，建设猪场需要投入大量的资金、时间和精力，但对评估地点的详细调查能够提供生物安全风险分析与所涉及风险的具体信息，让猪场经营者和兽医能够通过讨论来决定能否在此地块建猪场，以及猪场等级和规模。猪场建成以后才发现选址问题，所需付出的代价会远远高于提前的选址风险评估。猪场场址的生物安全风险不是固定不变的，会随着周边猪场的数量、猪只存栏的规模、其他污染源（如屠宰场、活畜交易市场、农贸市场、死猪无害化处理点等）、道路的新建等改变而改变。因此应当定期进行猪场场址的生物安全评估，并为长期持续的经营决策作为重要的参考依据。

2.2.1　猪场选址要点

1.猪场的等级划分

通常猪场的生物安全等级可分为核心公猪站、曾祖代母猪/公猪核心场、扩繁场、商品母猪场、保育场或者育肥场。不同等级的猪场对整个生猪供应体系的影响和价值是完全不同的，越高等级的猪场对猪群健康度要求越高，而选址是影响猪群健康的重要因素。在非洲猪瘟进入我国之前，养猪生产者主要关注的猪病是猪繁殖与呼吸综合征（PRRS）、猪流行性腹泻（PED）和伪狂犬病（PR）等对猪群健康经济影响较大的疾病，但是兽医可以通过疫苗免疫或者驯化策略，将易感猪群变为非易感猪群，因此，对于级别较低的商品母猪场的生物安全要求远不如曾祖代/祖代母猪场的那样严格。非洲猪瘟进入我国以后，所有猪群均对该病毒易感，且会导致极高的死亡率，加之缺乏有效的疫苗，因此，面对非洲猪瘟不同等级猪群的生物安全等级差异变得微乎其微，意味着任何级别的猪群若要存活，均需按照最高或者较高等级的生物安全标准来执行。总之,对任何母猪场都要严防死守,而场址生物安全评估是一个很好的方法来发现猪场周围的生物安全风险,千点评分是一个很好的工具,供大家学习和使用来评估和量化猪场生物安全风险(二维码 2-2)。

千点评分系统的总分是 1 000 分,其考虑许多不同的因素,包括场址周围猪只的数量和猪场的规模、场址的地形地势、气候和其他动物的影响等共 11 项,见表 2-1,主要是 1 000 分在各评估项中的分布,以及各等级的猪场对应的千点评分参考标准。

表 2-1 场址千点评分标准

项目	最高分值	最低目标评分			
		基因核心场/公猪站	母系/父系核心场	母猪扩繁场	保育/育肥场
附近猪的数量 *	200	160	150	130	100
附近猪的密度 *	150	120	113	98	75
区域内猪的密度 *	100	80	75	65	50
被评估猪场的规模	50	40	40	30	30
5 km 内猪场的数量	50	40	40	30	30
区域内猪场最低评分	100	80	75	65	50
其他可能的污染源 *	100	80	75	65	50
地形类型	100	80	75	65	50
道路类型	75	60	56	49	37
其他动物	50	40	37	32	25
气候	25	20	19	16	13
总计	1000	800	755	645	510

注:标记星号(*)的部分设置了最小值。对于合格的地点,总体评分需要高于要求的最低值,标记星号的部分也应该超过最小值。

2.猪场周边猪只的数量

(1)核心母猪场 对于核心母猪场有如下指标:

①半径<2 km 内猪只应少于 250 头(不包括被评估的猪场)。

②半径 2～5 km 内猪只应少于 1 000 头(不包括被评估的猪场)。

③半径 5～10 km 内猪只应少于 5 000 头(不包括被评估的猪场)。

(2)公猪站 对于公猪站有如下指标:

①半径<2 km 内无猪只(不包括被评估的猪场)。

②半径 2～5 km 内猪只应少于 250 头(不包括被评估的猪场)。

③半径 5～10 km 内猪只应少于 1 000 头(不包括被评估的猪场)。

二维码 2-2
场址千点评分

除了考虑猪只数量以外，还应考虑周边猪场的生物安全等级，周边猪场生物安全等级越低，对被评估猪场的威胁越大。因此，帮助和培训周边猪场以提高其生物安全等级和意识，协助其定期监控猪群健康将有利于降低被评估猪场的生物安全风险。被评估猪场周边(5～10 km)若因某个生物安全等级较低的猪场而导致未达到标准，则可以考虑适当降低标准。

3.周边区域的猪群密度

公猪站以及核心母猪场半径20～50 km内养殖密度评估参照标准如下：

①低密度：<100头/km^2。

②中等密度：100～200头/km^2。

③高密度：200～400头/km^2。

④非常高密度：>400头/km^2。

4.被评估猪场的规模

(1)公猪站　一点式公猪站(公猪扩繁母猪群，建议不超过800头)，总存栏数不超过10 000头。

(2)核心场母猪场　包括一点式猪场和两点式猪场。

①一点式猪场：母猪群不超过2 000头。

②两点式猪场：仔猪断奶至其他育肥场，母猪群不超过4 200头。

猪群规模越大，人员、物资、车辆的流动性越高，区域内猪群密度越大，感染的风险相应也会增加。猪群规模超过以上标准，若将母猪群分割成独立的线路，标准可以降低。总而言之，猪群的规模与风险是成正比的，不能盲目一味地增加猪群的规模。

5.周边规模化猪场的数量以及猪只来源

5 km内规模化猪场的数量建议不超过3个。

6.周边猪场的猪只来源

建议周边猪场的猪只应来自高生物安全等级或者健康背景清楚的猪场。

若猪只来源不可控，或者非洲猪瘟高风险区域的猪场，很容易导致区域的非洲猪瘟流行，被评估猪场可以考虑给周边的低级别猪场提供种猪或者育肥猪的来源，这样至少可以避免直接从外部引入感染非洲猪瘟病毒的猪只。

7.周边的其他风险源

应对周边的其他风险源应遵循如下原则：

①离屠宰场至少5 km。

②离动物尸体无害化处理站至少2 km。

③离活畜交易市场至少10 km。

④离垃圾处理和污水处理站至少1 km。

8.周边的地形和水源

(1)被评估地点周边水流走向　非洲猪瘟几乎很难通过气溶胶长距离传播,所以,要先调查猪场周边是否存在野猪,猪场周边在雨季的水流走向,应对上游或地势高处进行重点调查,上游是否存在猪场,是否存在被死猪或者猪只有机物污染的风险。一旦上游遇到大量雨水的冲刷或者洪水,淹没猪场的污染水源可能将病原直接引入猪场。因此,猪场尽可能远离河道,选在该区域地势较高或者最高处(如在山顶附近)。

(2)被评估地点周边主风向　考虑到其他可以通过气溶胶传播的疾病,也需要调查上风向的猪场,调查距离应尽可能超过 5 km,且猪场周边的地形和植被应具备阻风作用。

9.猪场周边的道路

猪场周边的道路应遵循如下原则:

①猪场周边的公共道路应离猪场至少 400 m。

②公共道路每天经过的运输活猪车辆不超过 5 辆。

③由于非洲猪瘟病毒环境耐受能力极强,尤其在冬季,一旦公共道路被污染,可能很难在短时间被紫外线和温度灭活。因为道路的交叉污染,极易通过轮胎将病毒带入猪场。最好的选址应该是从公共道路至猪场设有专用的道路。这样通过对道路的设卡、对接近猪场的车辆进行清洗和消毒处理,减少所有外来非必须车辆靠近猪场周边 400 m 范围内;同时通过对必须车辆的消毒(烘干)等措施,最大可能减少病原通过公共道路污染猪场。

同时,考虑到其他可通过空气传播的病原,猪场选址应离公共道路越远越好,如口蹄疫病毒、蓝耳病病毒可能远距离通过空气传播。

10.气候环境

被评估猪场所处的地区大多数气候最好是温暖而干燥的。

对于非洲猪瘟的防控而言,多雨湿润的季节,易于蚊蝇传播,易于通过污水进行传播;而寒冷的气候,会减少蚊蝇机械性活动而减少病原的传播,但对车辆、设备、环境的清洗和消毒无疑带来挑战,需要更多设施、设备和管理方面的投入。

11.空气过滤系统

空气过滤系统通常应用于核心公猪站,但并非是必需的。空气过滤系统可以考虑应用在养殖高密度区或者选址低于评估标准的情况下,但是空气过滤设施的使用需要后续更多的投入,如定期人员培训、设备检查和滤芯更换等。

空气过滤系统主要针对气溶胶传播的疾病,国外有学者(Reicks,2004)对 93 个猪场进行研究发现,安装空气过滤系统之前,53.5%的猪场每年会感染新的蓝耳病毒毒株,安装以后,蓝耳病的暴发率降低至 11.3%。

12.周边其他养殖场

被评估地点应该离其他规模化的家畜/家禽养殖场至少 500 m。

2.2.2 猪场外部生物安全评估

1.风险源评估

猪场周边猪只的数量、周边区域的猪群密度和周边的其他风险源是外部生物安全风险评估中的核心项目,建议猪场选址达到全部核心项目的标准。

2.借助工具

猪场生物安全评估是一个极其耗时、费力的工作,可以借助地图 App 等工具,对猪场周围 5 km 内所有村庄、所有可疑建筑物或地点,10 km 内重点区域进行现场评估,只有在现场评估中才能掌握真实可信的结果,尤其是疫情在当地的流行情况。将调查养猪情况的结果在地图上标记出来,以便进行统计和分析(表 2-2)。

表 2-2 某猪场周边 10 km 内猪只的分布调查结果

序号	村庄	猪只规模		直线距离	猪只来源
		母猪/头	肥猪/头		
1	阳台村	0	20	0.8 km 西南	散养户
2	芦子坪村	0	10	1.8 km 西南	散养户
3	仰天池村	2	60	1.9 km 东南	散养户
4	王咀子村	0	15	1.5 km 东南	散养户
5	清水坪村	50	0	1.2 km 西南	散养户
6	清水坪村	0	40	1.6 km 东南	散养户
合计(<2 km)		52	145		
7	袁石洼村	0	30	3.8 km 西南	散养户
8	芋子湾	0	100	3.0 km 西南	散养户
9	路窑子村	100	400	3.8 km 西南	不清楚
10	楼角台村	0	100	3.0 km 西南	不清楚
11	胡兴庄村	3	50	3.3 km 东南	散养户
12	东沟湾村	2	80	4.6 km 东南	散养户
13	山阳坪村	0	20	4.0 km 东北	散养户
14	马子川村	2	20	3.1 km 西南	散养户
15	高家山村	0	2	3.6 km 东北	散养户
合计(2～5 km)		107	802		
16	楼坊坪村	100	0	5.7 km 西北	不清楚
17	马寨子沟	0	60	9.7 km 西北	不清楚
18	土佛寺村	500	2000	7.0 km 西北	某集团
19	柳树坪村	0	10	5.6 km 东南	散养户
20	康咀子村	0	10	5.3 km 东北	散养户
合计(5～10 km)		600	2080		

3.外部设施

猪场外部的相关设施，如饲料场、场外人员隔离点和物资处理点、猪只中转点、运输车辆洗消点、车辆烘干设施、检测实验室和后备猪隔离舍等，均需在建场前根据猪场选址的要点(如车流、路线等)进行合理规划，并定期进行评估(二维码 2-3、二维码 2-4)。

二维码 2-3
猪场外部车流示意图

4.持续评估

猪场周边的生物安全风险不是恒定的，需要进行持续的评估，每季度至少进行一次风险评估，以便于采取相应措施避免高生物安全风险引入疾病进猪场。

5.评分意义

二维码 2-4
猪场外部路线规划

千点评分作为一种评估工具，目的是通过一种直观的评分系统，帮助猪场选址。但需要注意的是，千点评分不仅仅是给出一个分数结果，更是一种生物安全管理工具。在评估过程中会发现一些已存在或未来可能发生、可控或不可控的风险点，这就提示在未来应该想办法规避和消除这些风险，从而降低生物安全管理压力。

总之，生物安全从选址就已经开始，一个好的选址决定了后续的管理难度和成效。外部生物安全风险很大程度上取决于建场前的猪场选址评估，以及外部相关设施设备的规划与设计的合理性。生物安全评估必须是持续的，当外部生物安全风险增大时，它能及时地给出预警，通过采取对应的改进措施，最大限度地减少猪场引入新病原的概率。

2.3 猪场外部生物安全管理

对猪场经营业绩影响最大的因素之一是猪群健康，而猪群健康管理又分预防和控制两大方面，规模化猪场对于阻断外来疫病进入的一系列操作，在经历蓝耳病、口蹄疫、流行性腹泻和非洲猪瘟等重大动物疫病后显得尤为重要。与疾病处于长期斗争的状态不是规模化、集约化生产应该有的状态，能让猪群处于安全干净的环境从而最终发挥猪群生产潜能，满足市场需求的猪肉产品才是现代化养殖的未来。人们把阻断外来疾病进入猪场的一系列综合措施称为猪场生物安全管理。生物安全管理工作分为外部生物安全管理和内部生物安全管理，其中外部生物安全管理强调阻断外部病原微生物的进入，而内部生物安全管理重在病原突破外部“防线”后，通过各项管控措施，将新病原带来的损失降到最低。

猪场疫病防控可从进入猪场的各个要素一一开展，因此，对于外部生物安全管理需从区域内生猪产业链系统来对猪场外部设施设备进行科学规划、设计、施工和运营。成功的猪场外围生物安全管理都是生产、兽医(生物安全)、工程、机电、采购、销售等团队密切有效合作的结果。猪场外部生物安全管理核心内容依据外部进入的各项业务而设计和开展,主要包括车辆管理、人员管理、物资管理、猪只流动管理。

2.3.1 车辆管理

随着养殖理念的升级,健康管理已成为所有养猪人最为关心的问题,而车辆管理尤其是车辆的生物安全管理,是涉及猪群健康管理的头等大事,各种运输车辆已成为猪场生产经营活动不可或缺的一部分,猪场运输业务管理也不断向专业化、系统化的方向发展,对各类车辆和驾驶员的管控也成为猪场生物安全管理的重要组成部分。总体原则遵循:所有车辆在参与业务过程中,都应完成路径的闭合管理和生物安全管控关键点管理;在猪场规划运行后维持最小交叉的原则,凡是涉及交叉汇合点必然是生物安全管控关键点。

2.3.1.1 各种运输车辆类型

1.肥猪运输车

由于猪场生物安全防控的要求,猪场肥猪出栏管理目前都已采用(分段)外调中转操作,即使用猪场专用的车辆将要销售的肥猪倒运到距离猪场1~3 km外的中转场,通过内部可管控的运输猪只车辆,通过实体或者机械升降台,执行三段式管理将猪只转移到外部运输肥猪的车辆上,再由外部肥猪运输车辆将肥猪运到屠宰厂,通过这样的中转操作,结合对猪场内部中转车辆的洗消烘等操作,可以极大地降低猪场接触外来病原的风险。不同规模猪场采取的中转方式不同,有条件的猪场也可以采取增加封闭连廊的做法,通过连廊将肥猪转移到尽可能距离猪场更远的地方上车,从而避免外部车辆将污染源带到猪场附近造成猪群疫病的暴发。运输肥猪到屠宰厂的车辆见图2-2,其特点如下:

图2-2 标准化的肥猪运输车

①整车车厢使用轻型铝合金铺设层板，周边围栏使用不锈钢管，所有接口以及边缘实行无缝焊接。使用铝合金制作层板既可保证硬度又可兼顾重量，使用不锈钢方管可确保围栏不会被猪挤压变形。以上设计都是为了便于车辆彻底冲洗消毒和检查的。另外，无缝焊接可避免车辆冲洗消毒时的死角，对于层板面可增加防滑花纹，减少猪只的肢体损伤。

②车厢分 3 层，每层有 8 个小栏，整个车辆左 4 右 4 的对称设计，每个小栏都有独立栏门可以固定，每栏可容纳 125～130 kg 的肥猪 5～6 头，每次运输尽可能让每栏实现数量合适，从而实现车辆运行过程中密度合适，避免造成猪只严重应激。

③不同长度车厢(6.8 m、9.6 m)的肥猪运输车辆能适应不同的路况，尤其是较差路况的山路(如道路比较窄，弯度比较大)，可能需要使用车厢长度 6.8 m 的运猪车辆，所以，在匹配车辆时应充分考虑进场道路的特点，以免无法正常通行。

④车辆两侧都是栏杆，通风较好，容易降温，但路途中车厢内部容易受到外界环境污染源的污染。

⑤车辆安装电动可升降的尾门，从而能适应不同高度的卸猪设施，这种设计让从车内往外的卸猪操作更简便，尽可能减少猪只应激。

2.猪场专用中转肥猪车

选择猪场专用中转肥猪车最佳做法是使用与外部运输车辆一致的车型，至少容量不得低于外部车辆，且各层高度直接或者间接达到同样层高的车辆。因为同类车辆可以实现高效一对一中转。若需要考虑降低频次，且层高、道路条件允许的情况下，可以采购更大型的车辆，从而进一步降低中转车进入猪场的频次，提高转猪效率，减少车辆冲洗的总量。对于小规模猪场可以采取设计连廊走道的方式，将出猪口转移到距离猪场较远的一端，这样也可实现降低风险的目的。

3.仔猪车

仔猪车用途总体分为 2 种：一种用于两点式生产中母猪场的断奶仔猪转运到保育育肥场(含委托养殖)，另一种用于仔猪销售给外部客户使用。由于风险级别不同以及卸猪的要求差异大，对于这类车辆既可以做到有效保温和通风，又可以自由实现不同层猪只的卸猪操作。在多数情况下，仔猪销售也都通过肥猪中转点操作，但这类中转点基于风险级别的不同而有别于肥猪销售中转点，倘若没有中转点，可以采用自动升降尾门作为中转台面进行操作。基于成本的考虑，可采购肥猪运输车辆进行内部改造，以实现保温以及温度恒定(可增加风扇)、防贼风、易冲洗、便于观察等要求。仔猪车的特点如下：

①车箱体内设置 4 层，每层分 8 栏(对称分布成 2 排)，尾门可遥控升降，层板设计增加防滑印，必要时增设可增加垫板的装置，以满足冬季气温过低时仔猪保温

的需求。

②非长途运输用途，无须饮水设施，若为长途运输，须匹配饮水器以满足仔猪途中饮水需求，且在设计上要考虑不能造成仔猪外伤。

③封闭车厢内需要配置恒温控制系统，由探头进行运输过程中的温度监测，确保车厢内温度不至于过低或者过高；护栏上有排风小窗，可以实现内部的空气流通。远距离运输可以增加监控摄像头，可实时观察仔猪的精神状态。通常每栏仔猪的密度对于仔猪运输管理至关重要，密度过大极易造成损失。

④对于简易改造的车辆需要增加可以覆盖保温盖布的接口，在多数情况下，仔猪温度需求较高，同时可以有效避免运输途中被外部环境所污染。

⑤整个车体遵循无缝焊接接口要求，设计上要求便于冲洗消毒。

4.散装饲料罐车

散装饲料罐车可采购厂家生产的固定车型，如图 2-3 所示。猪场采用散装饲料罐车非常有优势，尤其是在生物安全管理要求严苛的今天，其生物安全优越性得到进一步体现，然而也要综合考虑经济效益的问题，在道路条件许可的情况下，更大容量的车型可有效降低运输成本。散装饲料罐车的特点如下：

①直接运输散装料，减少打包、拆包、倒运等中间环节，减少被污染的可能性。

②可分仓，可同时运输多种不同种类的饲料，满足不同群体和日龄差异的猪只需求。

③卸料口可伸缩、遥控控制，以适应不同的卸料环境。

④车体光滑，便于洗消操作，进一步降低饲料被污染的可能性。

图 2-3　散装饲料罐车

5.物资配送车

生产性和生活性物资管理在非洲猪瘟等重大恶性、烈性传染病横行的今天显得尤为重要。对于这两类物资的管理，要求努力做好管控前置，即通过对物资源头的选择和管控，以降低物资的来源风险，同时结合专用的物资调运车辆配送，降低

污染水平。在整个过程中,运输车辆和司机的管理至关重要,对于物资运输车辆,总体要求如下:

①专车专用,专车司机。

②适用于不同猪场的路况。

③全封闭车厢、驾驶室内部真皮包裹。

④车辆外表便于冲洗和消毒。

⑤自动升降尾门可适应不同的卸货需求。

2.3.1.2 各种车型载重量

不同车辆类型的载重量不同,见表 2-3。

表 2-3 不同车辆载重量

车辆类型	空车重量/t	载重量/t	备注
肥猪运输车	15.0	15.5	肥猪 134 头左右,体重 125～130 kg
中转运输车	17.0	30.0	肥猪 170 头左右,体重 125～130 kg
仔猪运输车	15.5	8.5	仔猪 1 300 头左右,体重 6 kg 左右
散装料车	16.8	16.0	需注意多个散装料仓的卫生管理

2.3.1.3 车辆管理原则

车辆是猪场的外来风险因素之一,需通过从车辆出发到终点的闭环思考开始设计,明确节点和风险管控点是关键。采取一切能增设的硬件来确保出发时的车辆和司机是“干净”的,明确运输途中的管控要求并实时监管,以实现途中的风险最低。接近目的地后,进一步采取洗消措施降低车辆上的风险,可通过猪场外围洗消中心的使用来实现,对于计划接近猪场的车辆通过洗消后,才能抵达猪场门口。猪场外围的二次洗消设计可彻底切断途中的污染风险,从而确保进入猪场的车辆是安全的。

科学规范的猪场车辆管理,准确描述应是猪场的物流管理体系,作为系统中最常移动的要素,要能实现其变成整个猪场生物安全管理体系的一部分,且为闭环和统一规范的管理。

1.猪场内部猪只中转车管理

猪场内部猪只中转车管理应遵循如下原则:

①猪场内部中转车辆专用于从猪场内部倒运待销售猪只到中转站,完成中转后返回猪场配套的洗车场(母猪场内部中转车辆通常停放在内部指定的停车棚,育肥场由于周期特点,同一体系下的育肥场可以共用一组中转车和停车棚),到猪场大门口前完成洗消烘,进入猪场指定的停车位,等待下一次任务。对于有烘干房的

猪场，每台车建议一天只允许使用一次，严禁当天连续往返多次中转运输；对于没有烘干房的猪场，建议每次中转结束，完成全面的清洗消毒后，静置隔离 48 h 以上，方可再次使用。无论何种配置的猪场，内部中转车辆每次完成任务后先回到专用洗车场清洗、沥干、消毒和烘干，对于有检测条件的猪场，对冲洗消毒后的车辆进行采样检测，合格后停放进车棚。

②中转车每次准备装猪前，先来到猪场大门口，完成外表面的清洗，有条件的猪场再次进行消毒和烘干操作（68 ℃，至少 40 min），根据猪场生物安全流程去出猪台装猪。

③猪场内部中转车辆每次开展任务时在指定的路线行驶，驾驶员在作业过程中不允许私自中途停车、改道或者开展其他可能造成生物安全风险的行为；若遇到不可抗力因素需要做路线调整或其他行为的情况，必须先向车队经理汇报，得到允许后，方可以调整。

④中转车驾驶室每次使用后，要及时进行全面的洗消，尤其要对座椅、方向盘、刹车、油门等全面彻底地擦拭消毒，最后对驾驶室内环境进行喷雾消毒，消毒后关闭窗户，让消毒液充分发挥作用，下次启动前需注意提前开窗通风。

⑤对于中转车的日常维护管理，建议采取指定公司维护保养，确保维护保养过程中使用已知符合生物安全要求的维修保养服务。

2.肥猪运输车管理

肥猪运输车管理应遵循如下原则：

①外部肥猪运输车接触了风险较大的屠宰厂环境，因此车辆到达中转站前要求对车辆进行重点部位的采样监测，特别关注轮胎、底盘、车厢和驾驶室。检测无异常，方可让车辆进入洗车棚进行清洗、消毒和烘干，以确保与内部中转车接触风险最低。若检测发现异常，需要再去外部商业洗车点进行彻底的洗消，直至检测结果为阴性方可放行，进入指定洗车点洗消烘。在多数情况下，严格管理的公司不会让有病原监测异常的车辆接触中转车辆，因为一旦检测到异常，无法判定车辆被污染的程度，即使完成洗消烘也还可能存在漏洞。

②每次完成运输任务后，在外部洗车场对车辆进行清洗消毒，才能重新开始任务，且来到中转点前需要再次完成洗消烘操作（因为车辆在屠宰厂卸猪后，很可能使用中水清洗车辆，风险系数较高，所以建议这类车辆卸猪后用清水冲洗）。

③无运输任务时，肥猪运输车辆须停放在指定的停车场，严禁这类车辆再去开展其他公司或者猪场的业务，同时避免司机私自外出，因为返回时可能污染车辆，对于这类车辆严格意义上讲，要签订协议，明确生物安全管理要求。

④建议车辆维修和保养到指定的服务站。

3.散装饲料车管理

散装饲料车管理应遵循如下原则：

①散装饲料车通常要求专场专人专车专用，杜绝由散装饲料车在不同猪场之间移动而带来的各种潜在风险，确实需要运输饲料去不同的猪场，需要经过根据猪场生物安全等级和健康状况规定卸料次序和标准的洗消隔离程序方可执行。

②对于散装饲料车行驶路线，这类车辆通常仅限在饲料厂和本猪场之间移动，路线选择上要求尽可能实现接触外部风险的最低频次，或者避开高风险村庄、屠宰场、停车场和集贸市场等。散装饲料车作业途中司机不允许私自下车、停车和改道。当需要加油、加水或车辆故障维修时，须第一时间上报车队管理者，经批准后执行。

③饲料车到达猪场后严格遵守猪场生物安全管理制度，进场时进行清洗、消毒和烘干，进场后由猪场内部工作人员负责接线和卸料，而饲料车司机不允许下车开展任何业务，直到离开猪场大门。

④饲料车回到饲料厂大门口，继续完成洗消流程，停放在指定的停车区域，或者从指定路线进入装料区装料，装料操作由饲料厂内部经过生物安全操作培训的工人完成。

⑤饲料车仅限用于专场饲料运输，不得他用，无任务时，车辆停放在指定停车位，而司机按照饲料厂的员工管理办法统一管理，不得私自外出。

4.仔猪车管理

仔猪车管理应遵循如下原则：

①仔猪车仅用于从母猪场运送断奶仔猪到对应保育育肥场或者运输待售仔猪给外部中转车辆，场与场之间的运输路线固定，路线选择同样遵守其他车辆路线选择的原则，每辆车配备专职驾驶员。无业务时，停放在母猪场专用洗车场晾车棚内统一管理。

②仔猪车每次需要开展任务前一天来到猪场大门口，完成洗消烘后，进入内部指定停车位，过夜停放，等待第二天上午的装猪工作。这样做的目的是提高第二天转猪的效率，同时满足车辆和司机的生物安全隔离要求。

③准备装仔猪当天，仔猪车来到猪场装猪台，由司机穿防护服后来到升降尾门，调整位置和高度，准备装猪。仔猪断奶体重在5～7 kg，对于市面上常用的仔猪车每栏可容纳55～60头仔猪。实际的装载密度要根据车况、断奶仔猪大小和运输距离等因素来确定，要确保不至于应激太大而造成路途中的损失。

④装猪结束，车辆经专用路线来到目的猪场或者中转点，运输途中严禁司机停车或者下车。当遇到其他拉猪车、饲料车等生物安全风险较大的车辆时，要及时提前准备避让；当遇到交通拥堵时，经提前预警，寻找可以停放车辆的区域，远离其他车辆停放。

⑤到达仔猪接收猪场后，遵守猪场生物安全流程，完成车辆清洗和消毒后，进入猪场装猪台卸猪。对于装有仔猪的车辆进行冲洗消毒要求及时和快速，当多种车辆出现汇集猪场门口时，要求所有车辆给仔猪车让路，让仔猪车优先洗消并进场卸猪。

⑥卸猪结束后，车辆回到专用洗车场进行彻底清洗、沥干、消毒和烘干备用。仔猪车洗消质量检查要严格，每次完成冲洗后要求生物安全专员进行全面的检查，要求无残留任何肉眼可见污物。检查合格后，方可进行烘干和消毒操作，由于仔猪车的密闭性，每次彻底清洗后，要求沥水管理，确保车辆沥水结束后再去烘干房，从而让消毒和烘干质量达到最佳。

2.3.1.4　驾驶员和车辆运输途中生物安全管理

驾驶员和车辆运输途中生物安全管理应遵循如下原则：

①专车专人专用类型车辆，除驾驶员和指定的监管人员外，车上禁止搭乘其他任何无关人员。

②所有业务车辆在开展运输任务途中，严禁私自停车或者人员下车，出现不可抗拒的原因需要停车或者下车需要第一时间上报车队长备案，否则视为违规操作。

③车辆驾驶途中偶遇其他公司拉猪车或饲料车等生物安全风险较大的车辆时，要及时避让远离，避免被污染；途中加油、加水等操作要提供实时证明材料发送到车辆监管群接受监管；车辆故障或其他原因要变更道路的，要报告车队队长，得到允许后才可操作。

④饲料车驾驶员作为猪场统一管理的一部分，要求无作业任务时，仅限在饲料厂区域活动，指定宿舍休息，接收饲料厂统一的生物安全管理，由饲料厂为驾驶员提供能充分满足其生活需求的硬件和软件。

⑤所有业务车辆驾驶员都要求定期开展生物安全管理制度培训，尤其是车辆相关的生物安全管理培训，以不断强化其生物安全意识。新入职的驾驶员，要求车队长和兽医进行专职生物安全教育培训，培训后进行考核，达标后再上岗。

2.3.1.5　车辆洗消中心

对计划接近猪场的车辆，做好洗消是保障猪场做好生物安全的关键环节之一。专业的洗消中心设计可以有效切断病原经由车辆传播。面对非洲猪瘟等重大动物疫病的肆虐，大部分车辆洗消中心增加了烘干房设计。对于没有条件增加烘干房的洗消中心，需要把各区有效分开，不仅能实现全面的冲洗和消毒操作，同时还应满足静置管理的要求。

1.车辆洗消中心选址

洗消中心的地块一般要求地势开阔、地面平坦、水源充足、废水处理方便和电源供应充足。选址上建议距离猪场 3～5 km 范围，洗消中心的周边 1 km 内没有

二维码 2-5
洗消中心

养殖场、屠宰场或肉食品加工厂，周边 500 m 以内没有村庄，与主干道路至少保持 50 m 以上的距离，且一般建在居民区下风口处。在地块地形上，可以规划出车辆的单向进出车道，区分清晰的脏区和净区，这是个关键点，同时对于进出的道路和场地要求硬化，硬化地面才能实现有效的清洁和消毒。二维码 2-5 所示的是一个科学设计的洗消中心，以供参考。

2.车辆洗消中心功能区域划分

科学规范的洗消中心要有完善、明确的功能区域，洗消中心必须严格划分脏区、沥水区、消毒区、烘干区、生活区和废水处理区。准备洗消的车辆从进入到离开必须是单向流动的，从而避免交叉污染。洗消中心内部场地各主要功能区需要水泥硬化，洗消区均设在防鼠墙内，洗车入口处设置大门做防鼠板，高 0.8 m，四周做防鼠墙，高 1～1.5 m 或做 2 m 以上的实体围墙，墙上安装 0.6～0.8 m 宽的防鼠板。车辆洗消中心功能区域可参照以下设计：

(1)脏区　分为车辆等待区域和洗消区域(含配套的设备间)，等待区域要求场地开阔，能停放 17 m 长的货车，地面要平整，硬化 10 cm 厚。在等待区域，可完成对司机、车辆登记、信息复核和必要的采样工作(部分重大动物病原检出后的处理方式依据洗消中心的级别而有所差异，越接近猪场的洗消中心，越需要更高级别的要求)。洗消区由洗车棚和设备间组成。清洗区域车间内场地要求有一定的倾斜度(15°～30°)，方便污水收集和场地清洁。设备间与清洗车间相邻，主要用于摆放各类冲洗设备、器械、零配件和部分消毒物资，整个设计要求清洗或者作业时方便操作，快速达成；对于全车冲洗消毒，通常采取的步骤是先清理肉眼可见的明显污物，然后进行全车喷湿，再进行泡沫清洁剂挂壁接触，从而让清洁工作事半功倍。

(2)沥水区　沥水作为车辆洗消操作中非常重要的一个环节，直接决定了洗消的质量。洗车位两侧空间需封闭到底层，顶部密封，能停放 17 m 长的车辆洗消，宽 6 m，最好配置 2 个洗车位，地面排水需要有一定的高度差，净区高于脏区，设 25 cm 宽的排水沟，设置沉沙井。车头高 30～40 cm，呈渐变高差，敞开式车厢的沥水可采取侧斜，封闭车辆可采取前高后低，侧斜沥水台。沥水区可独立于清洗区和消毒区之间，可根据场地情况进行适当设计，借助天然地形或人工斜坡，用于车辆冲洗后的沥干，也可借助机械通风的方式加速整车的干燥，从而为消毒做好准备。不同类型的车辆沥水的方式有所不同，在设计不同的沥水区域时，需要充分考虑当地的气候规律和特点。充分借助天然气候环境实现更有效的沥水操作，有助于提高洗消效率和质量。

(3)消毒区　平地，硬化 10 cm 厚，1～2 个车位，要与洗车位分开。对于已经完成沥水操作的车辆，来到消毒区域，使用标准浓度的消毒液进行全车喷雾消毒，尤其是对藏污纳垢的地方和冲洗有漏洞的地方，并要求消毒液持续作用 30 min 以上；对于有烘干条件的洗消中心，建议沥水后先进行烘干，把喷洒消毒液的步骤调整到烘干结束之后，针对性地解决烘干温度不达标的地方进行再次消毒，从而实现物理消毒和化学消毒的结合，强化消毒质量。建议使用泡沫消毒剂，使消毒区域肉眼可见，以及具有充分的接触时间。

(4)烘干区　在洗消中心内，车辆洗消后再进行烘干，实现物理化学消毒结合的方式，将车辆相关生物安全风险降到最低。烘干区需要的是全密闭的房子，墙壁有保温层，单个烘房停车位烘房内空长、宽、高分别不低于 15.5 m、5 m、4.5 m。烘干房两侧面留有 1.2 m 宽的设备安装通道。配备设备暖风炉(出风量为 5 000 m^3/h)、轴流风机、温度测定仪、温度控制设备，北方有些区域可以配备天然气燃烧炉或蒸汽炉作为热源，配备烘房温感系统及若干温感探头，可自动控制热风炉启/停，同时也可以监控烘干时车辆温度。为保障烘干消毒的质量，烘干前的沥水质量管理必不可少，烘干过程中驾驶室门窗需打开以确保驾驶室的烘干质量。烘干房设计和配套设备总体原则围绕着温度可实现物体表面温度不低于 60°，加热烘干期间，烘干房内的热空气循环设计可实现整个房间的温度尽可能减少分层。物体表面若能达到 60 ℃以上，维持 30 min，可以消灭大多数病原微生物，而在整个烘干的过程中，最容易出现的问题是热空气分层，从而难以达到对整车的全面消毒效果，因此需要经过专业的风流管理设计，若不能实现温度均衡，温度设定管理可以测试摸索，如 68 ℃，40 min，从而减少烘干消毒的盲区。烘干房还需要配备实时测温仪以监测烘房内的温度。

(5)车辆停放区　对于风沙较大的区域，烘完的车辆建议停放在封闭的停车区域停车。如果车辆较多，干净车停车区域，做密封顶棚，四周建 1 m 高防鼠墙，停车区四周加装不锈钢防蚊网。

(6)生活区　是工作人员和司机活动的地方，包含人员淋浴、食宿和物品消毒等功能，对所有接触猪场的司机一律要求到洗消中心进行彻底的淋浴并更换专用工作服。人员休息间、更衣间的尺寸：休息间 3.6 m×6 m，更衣间(设备房)3.6 m×6 m，根据人员数量配置 2 人/间，多配备一间司机休息间。人员在内部活动，尤其是进出生活区部分，需要采取必要的防范措施，从而杜绝司机从外部携带任何风险因素到猪场。

(7)废水处理区　洗消中心所产生的废水需集中处理，废水处理池应远离净区和生活区，为方便废水收集，可将清洗间和淋浴间的污水管道连通，设计之初要思考废气和废水的去向。

2.3.1.6 洗消中心管理

(1)人员管理　包括工作人员、驾驶员、到访人员的管理。

①工作人员:洗消中心工作人员开展工作期间实行封闭式管理,上班期间穿戴专用工作服、雨鞋和防护物资,工作结束立即冲洗消毒场地和使用过的物资器械,再淋浴更换生活区衣服。工作服要求每天更换,确保使用过的衣物可以及时得到清洁和消毒。

②驾驶员:准备执行任务的前一天,驾驶员应提前来到洗消中心登记、采样送检,淋浴并更换干净工作服。所有携带的物品都要求统一消毒,检测结果合格,第二天方可正常开展工作。检测发现异常,主管人员应立即暂停其运输任务,同时协调其他能承担该任务的驾驶员完成任务。

③到访人员:未被授权的情况下,洗消中心不接受外来到访人员。凡是来到该区域的所有到访人员,首先要求进行身份复核与登记,完成洗手消毒,并穿戴防护服和鞋套。所带电子产品未经消毒严禁使用。在工作人员的指引下方可进入相关工作区域。

(2)车辆洗消流程　具体步骤如下:

①车辆到达洗消中心门口,负责人复核车辆、驾驶员以及需要开展的任务等相关信息并登记,对驾驶员和车辆采样并送检。

②在工作人员监督下,由驾驶员对脚垫、驾驶室、方向盘、挡板等驾驶室内进行擦拭消毒,完成以上操作后,驾驶员前往浴室淋浴更换内部干净衣服、鞋子。

③工作人员检查洗消设备是否能正常运行,检查清洁剂、消毒液、燃油等是否充足,做好个人防护措施后,启动机器按要求热机。

④第一遍用清水将全车打湿,浸润 10 min,再从前到后,从上到下的顺序依次对车头、车尾、车顶棚、车底盘以下位置进行明显附着物的清洗。

⑤用发泡枪对全车进行覆盖式喷洒泡沫清洁剂,浸润 10 min(以挂壁泡沫逐渐消失为依据)。

⑥从前至后、从上到下分步高压冲洗,车厢由外到内再到外的顺序进行全面彻底冲洗。

⑦原地沥水 15 min 后,负责人依据车辆检查表对全车进行仔细检查,对于不合格车辆要求再次冲洗直至合格。

⑧检查合格车辆,移动至沥水台再次沥水 20 min(具体时间以车体没有明显挂水现象为准,不同气候环境下,沥水时间有明显差别)。

⑨完成沥水后再将车辆开进烘干间。烘干前,负责人需确认烘干设备是否正常,驾驶室窗户是否打开,驾驶室是否有人。检查完成后登记车辆烘干前的相关信息,打开烘干设备 68 ℃烘干 40 min,烘干结束,做好烘干记录。

⑩烘干结束后，按要求配比消毒液，由前到后、由上到下、由外到内对全车进行覆盖式消毒，尤其是容易藏污纳垢和温度无法穿透的地方。车辆消毒后，工作人员负责对清洗棚、架子、墙面冲洗消毒，由指定人员将车辆停放到专用停车场内。

(3)洗消中心的物资管理　洗消中心应设立独立的物资熏蒸消毒间，设立货架，对于配送到洗消中心的物资卸货后需用消毒液对物品表面进行喷雾消毒或擦拭消毒，完成入库登记，然后再进入熏蒸消毒间熏蒸 12 h，消毒完成后整齐摆放在货架上备用。

(4)洗消中心管控质量标准　包括人员、车辆和物资等的洗消标准。

①人员管控标准：人员到洗消中心后，须淋浴更换干净衣服，套上鞋套，不得带入任何违禁物品。对于准备开展任务的人员，在进入净区上车前，由洗消中心负责人进行检查，确认符合要求后上车开展任务。

②车辆洗消标准：所有车辆均按指定的流程和标准依次开展洗消烘，且都有明确的痕迹管理，便于检查每个环节的执行过程。由负责人对完成所有程序的车辆进行外部眼观检查，配合 ATP 仪器和随机采样监测。对于洗消前已经明确被污染的车辆，经过外部重新洗消后要求再次采样送检（通常对于重大病原污染，建议拒绝使用，因为洗消结果受不同因素的影响而难做到百分之百安全）。

③物资消毒标准：严格按照物资消毒流程对中心的物资再次消毒后，入库静置 1 周以上，达到要求后方可使用。

2.3.2　人员管理

猪场工作人员属于直接接触猪只的风险因素之一，要确保接触猪只时的绝对安全，就要从源头上开始层层设计。为了更好地管控人员及其随身携带的物资风险，所有猪场都应匹配对应的人员隔离点，在隔离点初步“过滤”，以清除绝大部分病原，再通过猪场门口的管控将进入猪场的人员和物资风险降到最低。人员入场流程见二维码 2-6。

二维码 2-6
人员入场流程

在猪场外设置人员隔离点，对返场人员及携带物资进行集中消毒，做好回场前的消毒工作，对于猪场降低外来疫病风险至关重要。返场人员在回场前被污染的可能性较大，如在农贸市场、餐厅、公共交通工具和酒店等人员密集的地方逗留过的人群，据部分同行研究/经验表明，病毒在人体滞留时间至少 48 h，因此所有设计进场人员管理上，建议严格控制不低于 48 h 的隔离时间。

1.人员隔离点选址

人员隔离点的选址建议选择距离猪场 1～3 km 的范围，周边要求没有养殖场、屠宰场、肉食品加工厂或者其他养殖相关的设施设备，最好远离村庄，人员、车辆流通量小，若周边有多个同一体系的猪场，可根据猪场分布来合理规划，兼顾到多个猪场，实现集中有效管理。

2.人员隔离点区域划分

人员隔离点也需进行脏、净区划分，在每个交接点做到对隔离人员彻底的风险“过滤”，且要确保过滤效果，直至猪场外生活区。

(1)脏区　人员到达隔离点后需要进行彻底的洗消处理，匹配的设施有采样区域、淋浴区、物资消毒室，隔离点负责人对进入的人员进行登记和采样，检查携带物品是否合规，人员淋浴、更换工作服，衣物浸泡消毒以及物品擦拭/熏蒸消毒。

(2)净区　属于经过“过滤”的人员和物资最终达到的区域，是“过滤”人员完成淋浴、更换隔离服后进入的区域。隔离生活区内有餐厅、宿舍、娱乐休息设施设备。人员所携带的物资通过消毒程序后也会在这个区域存放。

3.人员隔离点管理

(1)人员隔离管理流程　具体步骤如下：

①猪场养殖人员在返回猪场隔离前，不允许到可能有病原污染风险的地方(如菜市场、超市、有猪肉的餐馆、屠宰场、肉食品加工厂、肉食品贩卖点等场所)。猪场会提供相应的生活物资，以解决员工自己携带过多物资的问题，从而降低风险。猪场一般会制定“可携带物资清单”，猪场规定之外的必备物资虽然可以另外携带，但须确保这些物资绝对干净。

②为降低人员和物资带来的风险，可设计批次化休假和返场人员管理办法。所有计划返场人员要求在规定的时间内到达隔离点，接受登记、信息复核以及物资检查。在隔离点门口要求对人员衣物、头发等易被污染位置进行采样检测。

③隔离人员或者其携带的物资被检测到特定病原视为不合格。不合格的情况下，要求再次淋浴更换工作服并延长隔离期，并对其进行再次采样检测直至结果为阴性。阳性污染物品一律要求自行处理，不得带回猪场。

④员工在隔离点生活区域内活动，并由猪场或者隔离点管理者安排学习或者其他团建活动。猪场也应充分考虑隔离人员的需求，让大家在轻松舒适的环境下完成隔离。隔离结束后，按照隔离点的规定完成收尾工作，隔离点工作人员再次复核人员信息和所携带的物资情况，开具隔离证明单，专车送至各猪场。

(2)人员隔离点物资管理　为了保证隔离点的卫生，到达人员隔离点的物资必须符合要求，并接受检查。不得携带违禁品，携带物品应遵循少量、全新、未拆封、易消毒的原则。在采样送检后，对可浸泡物资进行浸泡消毒，不可浸泡物资(电子产品等)应全面擦拭消毒。对采样送检结果合格的物资给予下一步熏蒸消毒；检测结果不合格的物资，由隔离人员自行处置。

(3)隔离点车辆管理　所有计划进场人员的车辆都要求统一停放在人员隔离

点停车区，人员经过隔离后由内部专用车辆统一送到各猪场。每次运送前一天对物资配送车外表面冲洗消毒，每次送物资回隔离点后，及时完成外表面和内部的冲洗消毒，每周进行一次彻底的洗消。车辆的隔离管理包括静置管理，应依据猪场的数量和配送的业务量评估车辆的需求，在满足配送的情况下，尽可能延长车辆每次完成任务后的干燥静置时间。

(4)隔离完成的执行标准　包括人员完成隔离的标准和人员携带物资完成消毒的标准。

①人员完成隔离的标准：隔离人员及携带物资采样送检，检测结果安全，人员可按要求完成淋浴更换衣服，隔离一晚。携带个人物资完成擦拭或浸泡、熏蒸消毒，隔离期间未发生异常状况，人员方可离开。

②人员携带物资完成消毒的标准：到达隔离点的物资采样送检结果无异常，根据物资情况选择合适的消毒方式，如消毒液泡沫覆盖、擦拭、浸泡或熏蒸消毒过夜。

2.3.3 物资管理

猪场日常生产管理过程中需大量的物资采购业务，如疫苗、药品、劳保物资、备品、备件等，所有这些物资若是未经严格处理且无序进入，那么猪场将面临极大的外来疫病感染风险，只有经过科学且规范的进入程序，才可能将这类风险降到最低，甚至是杜绝风险。这些进入管理程序都要求在猪场外部完成至少一次，而不是来到场区门口才做处理，因此猪场周边需要配套一个物资第一次洗消和储存点。为了提高外围的管理效率，物资第一次洗消和储存点可与人员隔离点共用区域并做规划分区。

1.物资隔离中转点选址

对于猪场来说，物资隔离中转点用于将进入猪场的物资进行一次全面的消毒，仓库选址需综合考虑配送货物的效率和周边的大环境，“隔离”和“中转”两个动作，缺一不可，且隔离为主，中转为辅，二者相辅相成，遵循以下原则：

(1)协调性原则　物资中转点的选址应将其作为一个物流网络的中心来考虑，辐射到周边所有需要物资配送的猪场，同时考虑周边没有其他养殖场、屠宰场等猪源性因素分布，确保隔离和中转互相协调。

(2)经济性原则　有关选址的费用，主要包括建设费用及物流费用，选址的结果要保证费用合适，主要定在近郊区或远郊区，既有利于物资的接收管理，又能及时有效地将物资配送到猪场。

(3)战略性原则　选址应具有战略眼光，一要考虑全局，二要考虑长远。用发展的眼光看问题，既要考虑目前的实际需要，又要考虑日后发展的可能，如未来在区域范围内将会有多少个猪场投产等。

(4)可持续发展原则　主要在环境保护上,应充分考虑长远利益,保护生态环境。

规模化猪场常见物资隔离消毒中转仓,涵盖物资包括药品、疫苗、劳保办公、耗材器械、蔬菜食品、干货酒水等所有需要进入猪场内部的物品。全部经由采购部门发往物资隔离中转点,进行后续一系列的消毒、隔离、仓储、配送等流程。由于大环境的风险,建议对采购部管理的上一个环节进行管控,实现从厂家仓库到中转仓库,再到内部仓库的流程都可以得到有效的生物安全管控,同时对仓库之间的物流进行生物安全管控。

2.物资隔离中转点布局设计

物资隔离中转点的布局设计遵循物资进出的单向移动,物资先进先出和仓储1个月以上的原则。猪场配套的物资隔离中转点首要目的是消毒和静置,以实现进场前的安全;其次是仓储中转,故在布局设计时首先要考虑是否有利于各类物资的消毒、摆放操作的便利性和环境,包括密封性和通风要求等;再次要有利于物资的合理存储和进出管理,为保管和配送创造良好的硬件环境。

此外,针对大件物资,比如施工钢材、大型机器等因体积过大较难搬运进仓库消毒隔离,可"因材制宜"定制移动熏蒸间(图 2-4)。其专门用于大件物资或临时采购物资的消毒隔离,在可移动范围内"哪里需要去哪里",因其具备良好的密闭性/通风性条件,在特殊物资中转隔离过程中发挥重要作用。

图 2-4　移动熏蒸间

3.物资隔离中转点管理

针对不同类别的物资需制定科学规范的管理流程和操作标准,总体遵循"小区域全进全出、大区域先进先出、足够的存储时间"原则,每个环节由专人监督严格执行。其中,采样检测是个非常重要的环节,所有物资在到达物资隔离中转点时均需进行采样检测特定病原指标,确认风险。一般物资按照入库、消毒、出库一系列标准流程;对于蔬菜物资,则按漂洗、消毒、配送流程,确保各类物资安全之后再行仓储隔离;对于部分无法有效消毒的物资,可以采取延长储存时间,从而让病原失活。

所有物资在经过以上流程后再由专用车辆配送至各猪场。物资隔离中转点管理要关注以下几个要点：

(1)控制物资合理的进入频率　不同品类的物资按照需求和实际情况，制定相应的物资采购频率标准。严格控制临时采购物资的频率，必要时做好常见临时采购的备品备件库存。要求猪场负责人提前做好备货计划，以此来保证所有物资在到达隔离中转点有足够的静置时间，从而减少物资频繁进出带来的风险。

(2)保证进入物资的严格消毒　包括蔬菜干货及其他所有可浸泡物资和蔬菜干货消毒其他物资。

①蔬菜干货及其他所有可浸泡物资：司机双层防护定点运回采购的蔬菜，隔离点工作人员全身防护，采样、卸货、验货、复核。使用浓度为2%的柠檬酸浸泡消毒30 min，等待检测结果，合格后按需称重，分类配送。

②蔬菜干货消毒其他物资：到达隔离中转点后，先行采样，能做擦拭消毒的一律擦拭消毒，按需分类摆放到熏蒸室，熏蒸消毒12 h，非急需物资静置仓库存放，等待配送。

(3)确保洁净配送运输　所有到达隔离点的物资，确保经过标准的洗消程序和相关病原指标检测合格后，打印配送单及“已消毒”标签，用专用物资车配送至各场。为提高猪场健康管理，尤其是应对重大动物疫病的人员物资隔离点，可采样送到实验室进行检测，从而提升猪场预警监测的能力，尤其是需要先检测合格后放行的业务。

2.3.4　猪只流动管理

猪只进入管理和销售管理是猪场生物安全风险管理重点。在猪只进入管理上，后备种猪和断奶仔猪的进入管理，都是车辆直接接近猪场的，因此风险较大。对于进场猪只的安全管理，首先要从猪只来源场开始管理，确保来源场的猪只安全是前提。其次是运输过程中的管控，运输途中遵循上述猪只运输车辆的生物安全管理原则，而对于计划进入猪场的拉猪车辆，要进行安全有效的消毒管理后再开展工作。驾驶员要经过专业的培训管理才能上岗，每次开展业务都要求明确前一周内的移动轨迹，明确车辆经过哪些风险区域，若经过了风险较大的区域，则应适当延长洗消、消毒和隔离静置的时间。在猪只销售管理的过程中，为了确保安全，猪场周边需配套安全的出猪中转点，通常都采取用内部中转车辆将猪只转运出场并进行中转，其中内部车辆和外部车辆对接中的脏净区划分和卫生管理是关键，杜绝人员直接接触，并要求全面防护。通过猪只中转操作可有效切断屠宰场到猪场之间的直接或间接接触，进而解决外销过程中车辆、人员和环境的交叉污染。上述操作对于驾驶员的认知、匹配的硬件和实际的管理都有较高的要求。

1.中转出猪点

猪场外部中转出猪点的设计，可有效解决外来车辆带给猪场的各种疫病风险，科学的设施设计离不开正确的使用管理。

（1）中转出猪点选址　为尽可能降低外部车辆给猪场带来的风险，中转出猪点要尽可能远离猪场，理想距离是 1～3 km，地势平坦，周边 1 km 无其他畜禽相关设施或者场所。设计固定的水泥中转台或者电力升降台，同时要有开展冲洗消毒水源和电力的供应。在特定的情况下，也可以借助天然屏障因地制宜地进行设计规划。

（2）中转出猪点布局　中转出猪点布局上依然讲究猪只的单向移动，严格区分自有车辆区域缓冲平台和外部车辆停放区域。做好三段式管理，分别为净区、灰区（缓冲区）和脏区，且两类车辆进出路线不交叉，同时设计一小型污水收集点，用于污水处理，在这个过程中要充分考虑人员的操作便利性和防交叉污染的设计。建议从物理屏障上进行区分，从而杜绝人为因素的风险产生。

（3）中转出猪点生物安全管理　具体要求如下：

①客户车辆按要求在来到中转出猪点前，要求彻底完成洗消（无明显可视污染物为标准），停放在指定区域。

②内部倒运中转车从场内将猪只运至中转出猪点和转猪平台的另一侧。

③建议由 3 人共同配合完成转猪操作，其中一人负责内部中转车辆至转猪平台，另一人负责转猪平台上的猪只中转，剩余一人负责转猪平台到客户车厢。通常猪只可能会出现调头的现象，这种情况下要求赶猪人员做好预防管理，避免此类现象出现，否则极易造成交叉污染。

④转猪全程严禁中转点的转猪工人接触客户车辆及其转猪人员，用赶猪板防止猪只掉头，每次控制最多转移 5 头猪。

2.猪场隔离舍设计和管理

通常母猪场都要求在建设初期布局引种隔离舍，满足定期引种后备猪的需求，由于从外部引种存在一定的生物安全风险，正常情况下都要求设计能满足后备公猪和后备母猪的隔离圈舍。引进的种猪经过不低于 4 周的隔离期，用于评估种源猪场的健康状况和运输途中的感染风险。隔离舍的选址建议适当远离猪场主体圈舍至少 300 m 的距离，空间满足定期引种后备猪的数量和大小的需求。如果猪场需要经常引种后备公猪，则需要考虑增加限位栏以及公猪调教的设施。隔离舍也要配有物资消毒间人员进入洗消通道、卫生间以及人员居住设施，以满足隔离期间人员进出或者在隔离舍居住的要求。

2.4　猪场布局和生物安全管理

生物安全的执行力与猪场设施是否人性化有很大的相关性。猪场生物安全的设施包括猪场内的设施布局，以及猪场外部的辅助设施的布局（如人员和物资中转中心、车辆洗消点、中转出猪设施、疾病监测实验室等）。对于新猪场来讲，生物安全标准操作流程（SOP）决定猪场该如何建设和布局；而对于老旧猪场来讲，其设施也决定其 SOP 该如何制定，如果设施布局不合理，即使 SOP 很严格，员工也无法严格执行，严格和完美的 SOP 反而成为安慰剂，无法真正起到生物安全的作用。因此，对于老猪场，在不断升级 SOP 的同时，也要对设施逐步改造，以达到双方互相匹配。本节内容主要探讨该如何将猪场设施布局与生物安全要求匹配。

2.4.1　猪场设施布局设计

1.猪场内部布局设计

非洲猪瘟暴发后导致猪只接近 100％的死亡率，致使养猪生产者都开始关注和升级猪场的生物安全设施和 SOP，这极大地促进了猪场关于结构化防控非洲猪瘟相关硬件设施的完善。如二维码 2-7 所示，猪场内部布局设计按照红橙黄绿四级区域划分关口控制的策略进行布局，对所有进入生产区（猪舍）的人员进行至少 3 次消毒操作。

二维码 2-7
非洲猪瘟形势下
猪场结构化布局

（1）红色区域　为猪场实体围墙以外的区域。其生物安全危险系数最高，也是生物安全级别最低的，对于出入猪场的各类载体采取第 1 次的生物安全控制措施。附属设施具体包括中央仓库、中央厨房、人员和物资隔离中心、区域一级洗消中心、猪场二级洗消中心、淘汰猪待售场等。

（2）橙色区域　为进入猪场内部的第 1 个区域，称为后勤服务区。其生物安全危险系数仅次于红区，对于出入猪场的部分载体采取第 2 次的生物安全控制措施。附属设施具体包括猪场三级洗消点、猪场厨房、人员隔离中心、污水处理站等设施。

（3）黄色区域　为进入猪场内部的第 2 个区域，称为生活区。其生物安全危险系数低于橙区，生物安全级别高于橙区，对于出入猪场的部分载体采取第 3 次的生物安全控制措施。附属设施包括生活区宿舍、生活区餐厅、生活区（物资）消毒间、生活区洗澡间、中转料塔、无害化处理区、猪只进出台等。

（4）绿色区域　为密闭的环境中与猪只直接接触的区域，称为生产区。其生物安全级别最高，是猪只保证安全的最后一道防线。附属设施包括生产区洗澡间、生产区(物资)消毒间、生产区仓库、员工休息室、猪只进出口等(表 2-4)。

表 2-4　猪场各功能区的定义、设施和功能

区域	定义	附属设施	功能
生产区	密闭的环境中与猪只直接接触且人员经过洗澡、物资经过消毒才能进入的区域	生产区洗澡间	用于生活区人员洗澡更衣进入生产区的通道
		生产区消毒间	用于生活区物资消毒进入生产区的通道
		生产区仓库	用于储存生产区物资的仓库
		员工休息室	用于生产人员休息的区域
		猪只进出口	用于猪只出入生产区的进出口
生活区	与猪不接触,人员经过洗澡、物资经过消毒才能进入的区域	生活区宿舍	用于生活区员工休息的区域
		生活区餐厅	用于生活区员工就餐的区域
		生活区消毒间	用于进入生活区前物资消毒的区域,从中央仓库消毒后的生产/生活物资,经过生活区消毒间消毒后直接进入生活区,不经过后勤服务区
		生活区洗澡间	用于隔离人员进入生活区的洗澡更衣通道
		中转料塔	用于场内饲料中转的设施
		无害化处理区	用于病死猪无害化处理的区域
		猪只进出台	用于场内猪只出场的通道
后勤服务区	猪场除了生产区、生活区以外的附属设施所在的区域	厨房	用于猪场食品二次加工的区域
		厨师宿舍	用于猪场厨师住宿的区域
		厨房消毒间	用于进入厨房物资消毒的通道
		隔离区宿舍	用于从隔离中心人员回场的隔离区域
		隔离区洗澡间	用于从隔离中心人员回场洗澡更衣的通道,隔离人员必需物资是通过传递窗消毒后进入隔离区
		污水处理站	用于处理猪场污水的实施
		猪场三级洗消点	用于靠近猪场车辆第三次洗消点
		猪场二级洗消点	用于靠近猪场车辆第二次洗消点
外部附属设施	距离猪场 1～2 km 以外的防疫设施	区域洗消点	用于靠近猪场车辆第一次洗消点
		隔离中心	用于人员休假回场的第一道隔离
		中央厨房	用于食堂物资的第一次消毒和初加工
		中央仓库	用于猪场生产物资的第一次消毒和检测

2.猪场大门口

(1)主要功能　猪场大门的主要功能包括以下 4 点。

①为猪场和外界接触的关口,专人管控进入或靠近猪场的所有载体。

②对靠近猪场的车辆进行清洗和消毒处理。

③对进入猪场的物资进行消毒处理。

④对进入猪场的人员进行检查、采样检查等。

(2)设计要求　猪场大门口设计要求具体包括以下 4 点。

①猪场大门口为猪场单独管理,区域封闭,门卫活动区域明确划分。

②猪场大门口匹配车辆清洗消毒设施,北方区最好为密闭式的洗消点。

③猪场大门口匹配 2～3 间物资消毒间,分别用于生活物资、生产物资、食品等的消毒。

④如果猪场没有单独后勤服务区,所有人员要洗澡换衣后进入生活区隔离。猪场大门口要有人员进入洗澡间,故由门卫负责管理脏区。外来人员进入的区域,靠近生活区一边为净区,由生活区内勤管理。

3.后勤服务中心

(1)人员隔离区　具体要求包括以下 2 点。

①用于回场人员的第 2 次隔离,隔离一般为 1～2 个晚上,采样检测非洲猪瘟病毒抗原,检测结果为阴性后,方可经过洗澡和换衣服后进入生活区。

②隔离区净污分区,专门用于回场人员的洗消和隔离,隔离区净区由专人管理,隔离区脏区由门卫管理。

(2)厨房　具体要求包括以下 4 点。厨房生物安全管理的要点见二维码 2-8。

二维码 2-8
厨房生物安全
管理要点

①用于猪场食品的第 2 次加工处理,合格后进入生活区和生产区。

②猪场厨房需要进行生熟分区,中间有物理矮墙或标识红线标出,案板和用具至少 2 套,需进行生熟分区放置。

③猪场厨师住在隔离区,禁止住在生活区和进入生产区,并且厨师居住区域与隔离人员分隔开。

④厨房操作间具备食品洗消、加工、蒸煮、熟食的传送和食堂物资储存等功能区。厨房和餐厅均要配备电加热消毒柜,餐厅需要有单独的餐具,从厨房到餐厅只传递食物,不传递餐具。

(3)环保站　具体要求包括以下 3 点。

①用于猪场污水处理的区域。

②有的猪场将死猪处理设施也放在环保区,由环保区的人员处理死猪。

③环保站实施净污分区,进入人员和物资实施消毒处理。

4.猪场生活区

(1)主要功能　猪场生活区主要功能包括以下 2 点。

①用于猪场从事生产和相关人员的生活区域。

②对进入生产区的物资集中进行消毒、储存和发放。

(2)设计要求　猪场生活区设计要求包括以下 3 点。

①生活区设施主要包括宿舍、餐厅、消毒间、洗澡间、中转料塔、无害化处理区、猪只进出台等。

②猪场猪只转运道路和人员物资道路进行区分,减少不同载体之间的交叉感染,尤其是病死猪的转运及处理、健康猪只的转运、粪污转运方式和饲料中转方式。

③生活区各个功能区域与生产区相连的通道需要采用连廊进行封闭,保证经过处理的人员和物资在离开洗澡间和消毒间到达生产区是封闭的连廊,避免暴露在外界。

5.猪场生产区

1)主要功能

猪场生产区主要功能包括以下 4 点:

①猪只直接可以接触的区域,是保护猪只健康安全的最后一道防线。

②保护猪只避免直接接触来自生活区、后勤区服务等的风险载体。

③保护猪只避免接触外部环境中可能携带病原体的外来动物。

④为猪只提供良好的生存环境,包括温度、湿度、空气、营养等。

2)生产区设施设计要求

(1)匹配设施　生产区设施主要包括洗澡间、消毒间、仓库、员工休息室、猪只进出口等设施。根据不同猪场生产员工就餐的管理模式,以决定是否匹配员工生产区的休息室。午餐是否在生产区食用,需要根据各猪场的实际情况制定,如果午餐需要在生产区就餐,则需要有双层 AB 门的蒸箱,须保证食物经过高温蒸汽消毒后才能传递进入,餐厅内需有单独的餐具、洗漱池和餐具消毒柜(图 2-5)等。

图 2-5　双侧开门蒸箱

(2)生产区栋舍规模　基于非洲猪瘟病毒进入猪场后采取精准清除进行处置的难度高，考虑到采取单栋拔牙的操作，每栋舍的猪只饲养规模不易过大。具体要求如下：

①对于规模化母猪场，如果是一点式母猪场(从母猪、保育到育肥都在同一个地点)，每个单场设计存栏规模在 1 000～3 000 头为宜；对于大型养猪集团，因为土地的稀缺性以及单场投资的每头母猪的平均投资成本，可能会考虑单体规模较大的模式，但此类猪场多是两点式(母猪场为单独的场址，保育和育肥都要去专门的育肥场饲养)，可以实现多个单场的集中化管理。除了自有后备猪会在场内培育，其他所有的断奶仔猪都要转到代养农户或者专业的保育育肥场进行饲养。

②对于专业规模化保育育肥场，每栋舍猪只的饲养规模为 800～1 000 头，单场规模一般不建议超过 10 000 头，因为单体规模越大，断奶仔猪装满的时间越长，单体存栏猪群规模越大，一旦猪群有健康问题，也越难处理，损失相应也会越大。

(3)栋舍密闭性　生产区要求完全密闭性，通过连廊、猪舍、空气过滤系统、防蚊蝇老鼠板等将生产区完全进行密闭。所有进入生产区的载体只能通过可控安全的通道进入，如任何进入生产区的人员，必须经过生产区洗澡间洗澡后方可进入生产区，物资必须经过物资消毒间才能进入生产区，猪只必须经过指定的出猪口进出，并且实行三段式的赶猪操作，所有生产区的进出口必须做防鸟蚊蝇和防鼠措施。

6.猪场仓库

(1)主要功能　猪场仓库主要功能包括以下 2 点。

①具备外部物资引入后进行消毒的作用。

②储备一定时间内猪场不同区域物资的需求量。

(2)设计要求　包括后勤服务区仓库、猪场生活区仓库和猪场生产区仓库。

①后勤服务区仓库(猪场大门口):用于接受从中央仓库运送过来的各类物资,具体包括食堂物资、隔离区物资、环保站物资,需要匹配消毒间和仓库,用于物资消毒和储备使用,消毒间匹配 2 间来实现物资分类消毒和消毒间的全进全出。

②猪场生活区仓库:用于储存从中央仓库运送过来的各类物资,具体包括生活区物资、生产区物资,消毒间匹配 2 间,来实现物资分类消毒和消毒间的全进全出。

③猪场生产区仓库:用于储存从生活区仓库运送过来的生产区物资,匹配消毒间 1 间用于物资消毒,如有必要可以匹配 1 个消毒传递窗,用于食品、手机等小件物品的常规消毒。正常情况下,不建议将手机和除正常午餐食品以外的食物带入生产区,处理难度大,风险未知,甚至有很多猪场规定员工不在生产区吃午餐,中午下班员工都洗澡后出来在生活区餐厅就餐。

7.猪场出猪台设计

(1)出猪口和出猪台的定义　猪场猪只进出口分为两大类型,一种为栋舍处的猪只出入的专用通道称为出猪口,另外一种为位于猪场外部围墙处直接与外部接通的称为出猪台。规模化猪场出猪口属于生产区管理范围。出猪台属于生活区管理范围。猪场出猪口和出猪台距离较短时直接通过连廊进行连接为一体,距离较远时通过车辆进行中转。如果猪场的生产区栋舍将外转猪只通过封闭连廊赶到出猪台,则出猪台需要区分脏区和净区,生产区人员的一侧为净区,外部赶猪人员的区域为脏区(图 2-6)。

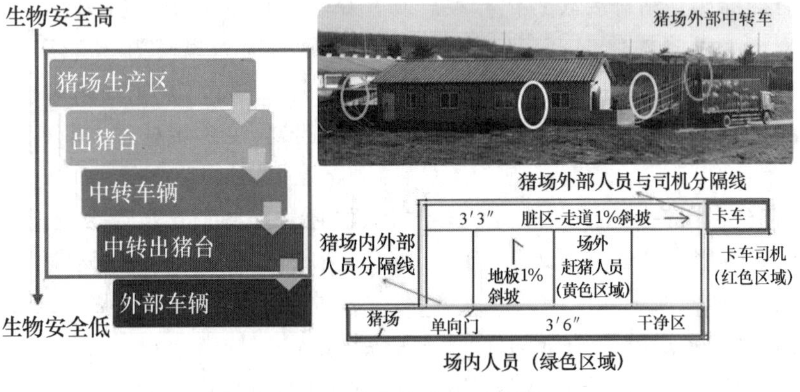

图 2-6　猪场出猪台示意图

(2)出猪口的设计　出猪口为栋舍处出猪的专用通道口,一般每栋猪舍会设计 1 个出猪口,出猪口采用双开门具备缓冲功能的设计方式,出猪口高度高于地面 60 cm 以上,一般高度是跟运输猪只的车辆车厢第一层的高度一致的(图 2-7、图 2-8),便于猪只出入、病死猪出栋舍时执行单向流动操作。

图 2-7　猪舍连廊处的出猪口

图 2-8　猪舍的出猪口

(3)出猪台的设计　出猪台为猪场外部围墙处直接与外部接通的区域，出猪台数量设计至少为 3 个，分别为正常猪只出场台(断奶仔猪/保育猪/育肥猪)、淘汰猪出场台和异常猪只应急台。对于引进后备猪的母猪场还需要匹配后备猪入场台。

①正常猪只出场台：该出猪台用于场内断奶仔猪、保育猪或育肥猪离场的出场平台。该平台需要采用保温供热密封式设计，以达到转猪前后清洗、消毒和烘干功能。断奶仔猪出猪平台部分养猪集团处于防止猪只回头考虑，采用溜槽方式辅助断奶仔猪出场。

正常出猪台采用三部分设计，如图 2-9 所示，包括赶猪连廊或内部中转车、内部卸猪平台、转猪吊桥，分三组人员进行操作，各个操作节点猪只不得回流。

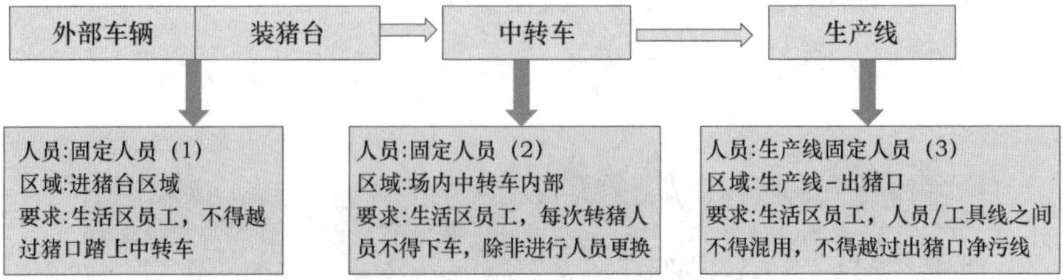

图 2-9　出猪台三段式管理示意图

②淘汰猪出猪台:该出猪台用于猪场淘汰猪出场平台。本平台采用封闭式设计以达到防蚊蝇和挡鼠作用。北方区猪场需要采用保温密封式设计,以达到转猪前后清洗、消毒和火焰烘烤功能。

淘汰猪出猪台采用三部分设计,包括赶猪连廊或内部中转车、内部卸猪平台、转猪吊桥,分三组人员进行操作,各个操作节点猪只不得回流。

③异常猪只应急台:该出猪台功能为用于场突发性异常猪只的紧急处理平台。本平台采用封闭式设计,以达到防蚊蝇和挡鼠作用。转猪后采用清洗、消毒和火焰烘烤进行清理。

8.猪场饲料运送设计

(1)袋装料进场设计　传统人工喂料模式的猪场,饲料进场的方式主要是袋装料。袋装饲料连同编织袋会一同进入猪舍内,并且有可能直接与猪只发生接触,在非洲猪瘟防控压力高的态势下,这种做法被认定为风险异常的生物风险因素,因此尽可能不让饲料袋进入猪舍,可以考虑利用在饲料储存仓库设料坑(图 2-10)。袋装饲料开包倒入料坑,通过绞龙传递到场内中转饲料车或者直接进入场内料线(图 2-11)。若袋装饲料必须进生产区,建议的进场设计流程为袋装饲料在生活区进行第 1 次熏蒸消毒,生产区进行第 2 次熏蒸消毒后,方可拆包装使用。部分猪场为了防止袋装饲料编织袋进入猪舍,在袋装饲料经过第 1 遍消毒后通过绞龙将饲料送达栋舍内进行人工饲喂。

(2)散装料进场设计　为了避免饲料车入场和袋装饲料编织袋入栋舍的生物安全风险,越来越多的规模化猪场开始将饲料通过中转料塔转移到栋舍内进行使用。通过散装封闭料罐车将饲料从饲料运输到猪场后,再经过规定的清洗消毒后到达猪场围墙中转料塔群处,然后通过车载伸缩臂将饲料无接触式打入中转料塔中,中转料塔通过料线将饲料输入到栋舍的料线和料槽中,或者通过场内中转料车将饲料运送到各猪舍料塔里,中转料塔的位置一般位于猪场围墙边上,靠近猪场的洗消中心。如果猪场围墙外道路空间足够,也可以考虑饲料车在围墙外给所有的猪舍料塔打料,这需要在猪场建设之初就把所有的料塔安装在围墙边上。

图 2-10　袋装饲料仓库料坑

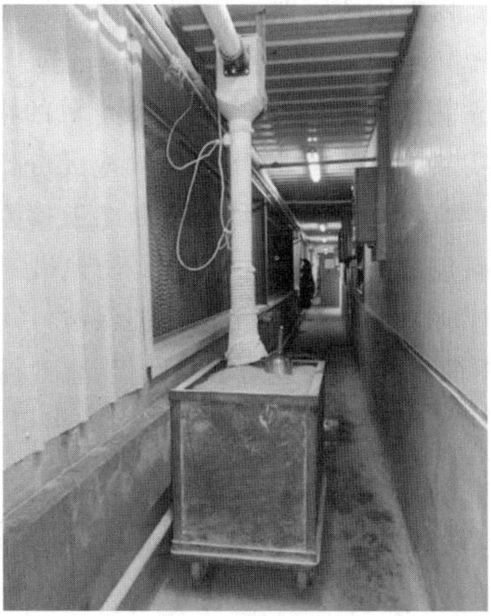

图 2-11　猪舍内下料口

9.环保站生物安全设计要求

环保区是猪场不可分割一部分，主要进行猪场粪污、病死猪、胎衣、垃圾等无害化处理。环保区对猪场存在较大生物安全威胁，因此环保人员在工作中不仅要避免将外界风险因素带入环保区内部，而且要切断粪污污染周边环境的风险，因此人员、车辆等进出环保区都需进行充分的消毒。此外，环保区管理过程中依然存在诸多风险因素，如物品、线路、人员住宿点等。

(1)环保站大门口　设计要求如下：

①安装高度不少于 60 cm 的挡鼠板，挡鼠板位置安装 U 形凹槽，防鼠板插入凹槽内，与墙柱衔接部分贴紧墙柱无孔、无缝和无隙。

②配置三段式洗澡间，实行三色脚垫(红、黄、绿)管理。洗澡间第一段和第三段安装溜管，且溜管外备有消毒水桶。物资配套齐全：热水器(水温水量舒适)、浴霸(第一段和第三段各 1 个，以保证员工脱衣服和穿衣服都处于温暖的小环境中)、垃圾桶、衣服浸泡桶、一次性贴身衣物、干净毛巾、干净工作服、保暖衣物(冬季必备)、袜子、水鞋和沐浴用品等。

③配置物资 AB 门、臭氧箱、臭氧机及浸泡消毒桶，臭氧箱必须密闭，带定时报警装置，要根据消毒空间的体积选择合适功率的臭氧机，保证消毒时离臭氧机最远物资的臭氧浓度达到 100 mg/m^3。

(2)内外围墙　设计要求如下：

①砌墙或者铁皮围墙，至少 1.5 m 高，围墙必须牢固且完全闭环无缺口。将环保站全部围在里面，和猪场与外部绝对隔离，具备双向防鼠功能。

②内外围墙墙根无孔、无缝和无洞，设置有防鼠带（石渣防鼠带至少 10 cm 厚、50 cm 宽，或者墙根至少硬化 20 cm 宽）。铁皮围墙墙根内外用水泥浇筑固定。墙根 1 m 内无杂草、杂物等易躲藏老鼠的物体。

③墙体的防护性：围墙墙体应无缝，安装有挡鼠板（垂直型挡鼠板要求 80 cm 宽，直角型挡鼠板垂直墙体阻断老鼠攀爬的部分至少 30 cm 宽），挡鼠板完全压紧墙面且包满围墙，围墙两面均做防鼠措施。如果是铁皮围墙，围墙光滑一面在外侧（与猪场隔断的围墙光滑面向环保站），铁皮衔接处完全闭合无缝隙，双面防鼠措施（立杆面可涂黄油、直角型挡鼠板、直型挡鼠板防止老鼠攀爬）。

④内外围墙下水道或排水沟的出口加装不锈钢钢丝网进行密封，防鼠网无破孔、开裂，铁丝网孔径不能大于 5 mm×5 mm，丝径 1.0 mm。

（3）出死猪/胎衣/猪粪设施　具体设计要求如下：

①出口门窗要求的净空最小尺寸必须达到宽 1.5 m、高 1.0 m；溜槽净空的最小尺寸必须达到宽 1.6 m。

②出口门窗必须是从猪场向环保站打开，环保区不能打开此门，此门窗必须是全封闭式的。

③溜槽底部距离围墙面的直角隔空距离大于 30 cm。

④死猪/胎衣/猪粪出口设计独立不锈钢溜槽，溜槽底端距离地面落差在 1.2 m 之间，做到彻底不交叉。

（4）带落差的出垃圾溜槽/溜管　具体设计要求如下：

①如果配置溜槽可参照死猪/猪粪溜槽设计，不过尺寸可以减小，但落差必须大于 1 m 以上。

②如果配置溜管（材质可选 PVC 或不锈钢），直径至少 0.5 m 以上，溜管可以设计成 45°以上斜角或弯头，进口需要做密封盖，但落差必须大于 1 m 以上。

（5）处理死猪的设备　具体设计要求如下：

①配置密闭的化尸池或焚烧炉或冻库，化尸池/焚烧炉/冻库做好防渗、防鼠、防雨、防蚊措施（底部 80～100 cm 挡鼠板，上部防蚊网）。

②配置铲车或其他车辆，用于接收病死猪、胎衣、猪粪、垃圾，以及用于猪粪装车。

③配置后驱中转车，用于接收病死猪、胎衣、猪粪、垃圾的场内或场外中转。

④配置病死猪中转库和粪污/垃圾中转场。中转库和中转场原则上配置在二消点以外，距离超过 1 km 更好。病死猪中转库应具备密闭、防雨、防鼠功能，并配备洗消设备、洗消场地和污水收集池。粪污/垃圾中转场具备高差切断功能，并配备洗消场地、洗消设备和污水收集池。

10.猪场洗澡间设计要求

(1)建设要求　主要包括以下5点。

①洗澡间需要安装在人员进出必经之道上,禁止旁边有其他可通行通道。

②洗澡间要求具备单向通道,有A、B门在洗澡间的入口和出口,可设置成三间结构,从外到内生物安全级别依次升高,分别设置为污区更衣间、淋浴间、净区更衣间,且热水器安装在淋浴间中间位置。对于洗澡人员较多时,可以分别设置一个大的污区更衣间和净区更衣间以及多个小的淋浴间,淋浴间按照3~5人一个淋浴位进行配置。

③每个洗澡间之间安装有封闭的门最佳。如果没有安装门,可以在两个更衣间与淋浴间之间分别安装一个50 cm高的隔墙。淋浴间比两边更衣间低2~4 cm,淋浴间与两边更衣间之间隔墙需要做好防水措施。

④更衣间与淋浴间的长、宽、高分别为1.5~2 m、1.5~2 m、2.5~3 m,洗澡间最重要的就是让洗澡的人感觉舒服,尤其是冬季要注意保暖,即使是在南方,冬季保暖也是非常重要的,因此为了保暖洗澡间不宜过大。污区更衣间侧边或淋浴间顶部需安装风扇通风进行排风排湿,排风口设置在淋浴间顶为佳,风机吹向朝向污区门外。

⑤隔离中心和猪场隔离区配备桑拿房。

(2)洗澡间配套要求　洗澡间尽量提供舒适的环境,使洗澡人洗澡能感受到舒心,要求配套见表2-5。

表2-5　洗澡间配套物品清单

区域	生物安全设施配套	摆放要求
污区更衣间	衣柜	使用无门的开放式衣柜,50 cm×50 cm;放置污区更衣间入口大门靠角落位置
	水桶(有传递窗则水桶放在更衣间外)	放在洗澡间入口旁(有传递窗放置传递窗外正下方)
	消毒剂	水桶旁边
	垃圾桶	靠近污区更衣间进门口的角落位置放置
	空调	污区更衣间大门避风的角落放置
	浴霸灯	污区更衣间正上方或衣柜旁边20~40 cm位置,高度170~200 cm
	防滑垫	污区更衣间的地面上,尽量铺满
	鞋架或鞋柜	靠近洗澡点门口,衣柜旁边
	凳子	靠近衣柜

续表2-5

区域	生物安全设施配套	摆放要求
洗澡间	花洒等可调节的热水洗浴设施	洗澡间正中间，高度 170～200 cm，5 s 能出热水
	浴霸	洗澡间正上方为佳，无合适位置则安放在花洒高 20 cm，水平距 20～40 cm 位置
	有平台的支架	靠近污区更衣间位置，高度 100～150 cm 固定在墙壁上
	洗发水	放置平台支架上
	沐浴露	放置平台支架上
	挂钩	固定在平台支架旁边
	防滑垫	垫子 1.8 cm 高，洗澡间的地面上，尽量铺满
净区更衣间	衣柜	使用无门的开放式衣柜，50 cm×50 cm；放置净区更衣间靠近出口大门角落位置
	鞋架或鞋柜	衣柜旁边，靠近出口大门
	消毒毛巾	放入衣柜中
	一次性内衣	放入衣柜中
	消毒衣服	放入衣柜中
	消毒拖鞋	放入鞋柜中或鞋架上
	垃圾桶	净区更衣间靠近出门口的角落位置放置
	防滑垫	净区更衣间的地面上，尽量铺满
	吹风机	靠近出口放置
净区更衣间外	洗衣机	出口旁指定区域
	烘干机	洗衣机旁
	水桶	洗衣机旁
	消毒剂	水桶旁边

(3)洗澡间配套要求　主要包括以下 5 点：

①隔离中心洗澡间：配备男女洗澡间各 1 个，每个洗澡间洗澡位 3～5 个。如果隔离区分一区和二区，则一区入口配男女洗澡间各 1 个，二区入口配男女洗澡间各 1 个，以确保各批次隔离人员之间不交叉。隔离人员房间内设置单独洗澡间。

②猪场大门口进隔离区洗澡间：配备男女洗澡间各 1 个，也可以 2 个洗澡间通用。场内大于 50 人，需设置 3 个洗澡间，单向不可逆。门卫房间内设置单独洗澡间。

③猪场隔离区进生活区洗澡间：配备男女洗澡间各 1 个，人数较少场也可以配备 1 个共用洗澡间，三间结构，单向不可逆。隔离区房间内设置单个洗澡间。

④生活区进生产区洗澡间：有条件的配备男女洗澡间若干个，具体根据 3 人一个淋浴位置配置洗澡位。生产区的洗澡位越多，生产人员进入生产区的效率越高，但还

需要根据洗澡时间要求来配置洗澡位，以确保洗澡入生产区的流程被严格执行。

⑤生产区内洗澡间：进入生产区洗澡间，单向不可逆。

(4)桑拿房　主要包括以下 3 点：

①桑拿房并不是必选项，有很多猪场人员不愿意接受，另外蒸桑拿不是所有人都能承受的，操作中也要注意人身安全的问题，所以猪场要根据实际情况来决定是否增加此项设施。

②桑拿房内部空间要求长和宽分别为 1.8 m 和 2 m 左右，如果人员较多，适当做大，桑拿房内配备计时器、水壶、一键报警器、心率检测仪等物品。

③隔离中心桑拿房，在进场人员进洗澡间清洗消毒后使用。猪场隔离区桑拿房，在进大门口洗澡间净区更衣间之后或在隔离区内使用。

11.物资消毒间

物资消毒间主要用于进猪场物品的消毒工作，主要分为物品烘干房、浸泡消毒间、熏蒸间、紫外灯消毒间等，其中烘干间和熏蒸间要求房间密闭性要好。物资消毒间一般分为总仓物资消毒间、隔离区物资消毒间、猪场大门口物资消毒间、猪场进生产区物资消毒间及连廊等。各消毒间功能类似，不过总仓消毒大物件较多，消毒间体积要做大；隔离中心小物件消毒较多，消毒间体积不宜过大。物资消毒间要求单向流动，未消毒物资入口与消毒物资出口要位于不同的通道，且两通道无交叉。物资入场流程见二维码 2-9。

二维码 2-9
物资入场流程

1)总仓物资消毒间

总仓物资消毒间由物资暂存间、物资消毒间、消毒物资暂存间和人员洗消通道等组成。

(1)物资暂存间　位于卸货口，一般要求 200 m^2 以上的房间 1 间、50 m^2 的房间 1 间，大的房间用于存放刚卸下车的物资，内有货架。小房间用于放置冰箱，存放暂未消毒的兽药疫苗，需要做好防鼠板。

(2)物资消毒间　有烘干房、熏蒸间、浸泡消毒间和紫外消毒间，均要求每个消毒间容易清理和保持干净，方便消毒，都要做防鼠板。

①烘干房：主要用于耐热物资烘干消毒，一般要求达到 60～65 ℃ 1 h 或 50～60 ℃ 8 h，烘干房要有温度记录仪，检查烘干的温度曲线，以确保烘干的温度和维持时间都能够符合要求，烘干房内需要安放镂空货架，以确保可以同时放置更多的物资。

②熏蒸间：主要用于不耐热但耐氧化物资的消毒，一般也要求安放镂空货架，货架使用耐酸碱、耐腐蚀材料制作。禁止堆放物资，房间容积不超过 30 m^3。需要配备加热器、耐高温的风机、镂空货架、臭氧机、温度计和温度记录仪等。

③浸泡消毒间：主要用于可以浸泡的物品消毒，使用 100～500 L 的水桶或者可以制作高度适宜的水箱，并且要有上水和下水管，以确保工作人员操作方便。

④紫外消毒间：主要用于精密仪器、不防水、不防氧化、也不耐热的物品消毒。一般要求紫外灯安装距离不能超过 2.5 m，屋顶太高则将紫外灯安装在侧面。紫外灯消毒要求越近越好，四面均有紫外光源照射。

2)隔离区物资消毒间

隔离区物资消毒间要求均有物品浸泡间、熏蒸间、紫外消毒间。该消毒间主要用于进猪场人员随身携带的物品消毒工作。

(1)物品浸泡间　用于进隔离区人员的衣服浸泡消毒，需要配备洗衣机和烘干机。

(2)熏蒸间　主要用于包裹、箱子或手机、电脑等物品的消毒。熏蒸间容积一般不超过 30 m^3，可以配 2～3 个熏蒸间，并安装臭氧机。

(3)紫外消毒间　使用成套紫外灯盒设备(60 cm×60 cm)。

3)猪场大门口物资消毒间

猪场大门口物资消毒间有熏蒸消毒间、浸泡消毒间和紫外消毒间。

(1)熏蒸消毒间　要求有 2～3 间，大小与其他物资消毒间相同，不宜过大。需要配备加热器、镂空货架、臭氧机。

(2)浸泡消毒间　需要配备容积明确的容器、上下水管，方便容器加水和放水，并配确实有效果的消毒药。

(3)紫外消毒间　需在消毒间不同高度配备紫外灯和镂空货架，紫外灯能从四面八方照射到货架上的物品。

4)猪场进生产区物资消毒间

物资熏蒸消毒间要求有 2～3 间，包括物资浸泡间、臭氧熏蒸间和烘干间。需要配备加热器、耐高温风扇、温度记录仪、镂空货架和臭氧机等。浸泡消毒间配备容积明确的容器和消毒药。

5)连廊

连廊是生产区内不同猪舍连在一起的设施，将猪场生产区内所有生产人员和所有健康猪只所行走的通道进行全密闭或者半密闭(底部是 1 m 左右高的水泥墙，上面是防蚊网，顶部是彩钢瓦材质的遮雨棚)，避免猪舍外部野猫、野犬和老鼠等动物的威胁，保护猪只健康。不同区域的连廊只是宽度和高度等不同，所使用的材料种类和尺寸基本相同的。还要注意连廊应具备清洗的功能，以确保可清洗和消毒。

(1)连廊的范围　从生活区进生产区洗澡间开始，沿着生产区各栋人员进出栏舍的通道、仔猪到断奶仔猪出猪口通道、母猪从产房到配怀舍的通道、物资进入生产区各栋舍的通道、各栋舍周围用不锈钢网覆盖的区域等，均需要建设连廊。所有连廊必须确保是密闭的。

(2)连廊的要求　材料和具体要求如下：

①材料：铁质光滑挡鼠板，不锈钢纱网(规格：20 目)。

②要求：顶部盖彩钢瓦，底部侧边做 1 m 高防鼠挡板铁板隔断(地面打宽 15 cm、厚 10 cm 混凝土压边)或者砌砖，中间部分不锈钢纱网做防鼠防蚊。地面有排水口，并且排水口要方便高效排水(图 2-12)，冲洗后地面不积水。连廊顶部排水有一定坡度，水往污区排。人员行走或猪只通道，连廊宽 1.2～2.5 m，高 2.5 m。车辆通道或拉料通道，连廊宽 2.5～3.5 m，至少高 3.0 m。

图 2-12　连廊排水

(3)连廊安装要求　防鼠板光滑面朝向走廊外，走廊内安装支撑不锈钢管或其他支撑材料，防止赶猪时防鼠板被母猪拱坏，连廊内做 1 m 高的防撞墙或围栏。

(4)连廊进出口设置　连廊除了保留洗澡间进出口外，其他地方均禁止开门，去连廊外须按洗消流程从大门口重新进入。

(5)其他禁忌　出猪台连廊安装至出猪台口，死猪无害化处理口设置传递窗，禁止直接开门。垃圾等若需要拿出连廊外处理，则在连廊上开传递窗，禁止开门。

2.4.2　猪场生物安全管控

根据出入猪场所有载体自身的生物安全风险高低，排序为后备猪＞生肉/血＞车辆＞器具＞鞋和衣服＞人员＞外来动物＞尘/空气。猪场生物安全控制点的关键点包括：猪只流动的控制、车辆流动的控制、人员流动的控制、物资流动的控制、外来动物的控制、猪场废弃物的控制、病死猪的控制、环境消毒的控制、猪场卫生的控制、饮水质量的控制等。

2.4.2.1 猪只流动管理流程

1.后备猪引种管控

种猪场根据猪群的更新数量和后备猪场的隔离舍设施，确定本猪场的单次引种数量和年引种次数，一般年更新率为40%～50%，年引种次数控制为4～5次，在冬季11月到翌年1月不建议进行引种。

2.仔猪断奶和母猪转群管控

首先赶断奶母猪下产床，然后对仔猪进行断奶。仔猪断奶时遵循三段式转猪：第一段，人员在产床到产房门口转猪，将猪赶至产房出口；第二段，人员将猪从产床门口转入栋舍出猪口；第三段，通过车辆或者连廊，将猪赶至猪场出猪台装车出售。断奶仔猪和断奶母猪转运前后，均须做好转运道路、磅房、出猪台等场地的消毒。

3.淘汰母猪转运管控

淘汰母猪在猪场内通过淘汰猪出猪台转运上车，对于瘫痪、虚弱、应激不能行走等淘汰母猪，一律不能对外销售，必须进行场内处死并无害化处理。母猪淘汰时需要至少1次中转，由经过在猪场三级洗消点清洗、消毒、烘干后的车辆靠近猪场淘汰猪出猪台装猪，猪场自有中转车将淘汰母猪转运至场外中转台进行中转，自有中转车辆每天只使用1次。

2.4.2.2 车辆流动管理流程

1.基本要求

车辆流动管理流程的基本要求如下：

①猪场内尽可能减少任何外部车辆靠近猪场的次数。

②任何猪场都应当在靠近猪场的地方设置专门洗车点，所有运输屠宰猪/淘汰猪/种猪/仔猪等的自有车辆在靠近猪场前都应当在专门洗车点彻底清洗干净，烘干后凭洗车单据靠近猪场。

③自有中转运输猪车选择合适的运输路径，途中尽可能避免和动物性污染源接触。

④装猪时需要三段式管理，场内饲养员将猪赶入出猪台，出猪台工作人员将猪赶到中转车上。饲养员严禁接触出猪台以及工作人员，拉猪车司机严禁接触装猪台。

⑤每次运输完毕后，出猪台应当天冲洗、消毒并将门及时关闭。

⑥运输各类型猪只的车辆根据各场情况实行专车专用，尽可能实现育肥猪、淘汰猪、种猪和仔猪车辆都是专用的。

2.猪场内车辆

(1)场内打料车辆　具体要求如下：

①场内打料车辆必须由专人进行使用和维护。

②场内打料车辆禁止与场外料车直接接触。

③场内打料车辆只能在猪场内部使用，禁止场外使用。

④场内打料车辆每天至少保证1次散落饲料的清理。

⑤场内打料车辆每周至少保证1次外部的清洗。

(2)场内转猪车辆 具体要求如下：

①场内转猪车辆必须由专人进行使用和维护。

②场内转猪车辆禁止与场外车辆进行直接接触。

③场内转猪车辆只能在猪场内部使用，禁止场外使用。

④场内转猪车在使用前必须进行消毒，消毒的重点为轮胎、箱体内外侧。在使用完毕后当天清洗干净，专门停车场停放。

⑤场内转猪车辆运猪次序为后备种猪＞哺乳仔猪＞淘汰猪，转运完淘汰猪车辆，再次转运其他猪只时，应在清洗干净和消毒后，至少保证24 h的隔离时间。

(3)场内病死猪处理车辆 具体要求如下：

①场内病死猪处理车辆为处理死猪和生产内部垃圾的专用车辆，不得用于其他用途。

②病死猪处理车辆当天使用后应进行清洗，干燥后进行消毒。

③病死猪处理车辆使用应按照公猪站—母猪场(产房和配怀舍)—保育舍—育肥舍的顺序进行病死猪和生产区内垃圾的清理。

(4)场内物资转运车辆 具体要求如下：

①场内物资车辆根据本场实际情况，确定车辆为本场专用或兼用。

②场内物资车辆1周内至少保证1次清洗和消毒。

3.猪场外车辆

(1)场外拉料车辆 具体要求如下：

①场外拉料车辆根据本场实际情况，确定车辆为本场专用或兼用。

②场外拉猪车辆在装猪前必须进行相应的登记。

③场外拉料车辆禁止进入猪场实体围墙内区域。

④场外拉料车为本场打料每次都必须有详细的信息记录。

(2)场外拉猪车辆(淘汰猪) 具体要求如下：

①场外拉猪车辆(淘汰猪)根据本场情况，确定车辆为本场专用或兼用。

②场外拉猪车辆(淘汰猪)在装猪前必须进行相应的登记和检查。

③场外拉猪车辆(淘汰猪)拉猪前12 h内必须清洗、干燥、烘干，经检查合格后进行消毒，消毒后方可进入待售区准备装猪。

④场外拉猪车辆(淘汰猪)司机禁止随意下车或接触装猪台和内部装猪车。

(3)场外拉猪车辆(种猪/仔猪) 具体要求如下：

①场外拉猪车辆(种猪/仔猪)应为本场专用拉猪车辆。

②场外拉猪车辆(种猪/仔猪)在装猪前必须进行相应的登记和检查。

③场外拉猪车辆(种猪/仔猪)尽量在拉猪前 24 h 内清洗、干燥、烘干,经检查合格后进行消毒,消毒后方可进入待售区准备装猪。

④场外拉猪车辆(种猪/仔猪)司机禁止随意下车或接触装猪台、内部装猪车。

4.员工自有车辆

员工自有车辆应按照公司规定停放到指定区域,禁止车辆进入员工生活区内。

2.4.2.3 人员流动管理流程

猪场员工分为生产人员、后勤服务人员、外来维修人员及其他人员,原则上猪场内部不允许非本场人员进场参观等事宜。

各场根据本场情况,制订好员工休班计划,原则上建议每个月每位员工歇班不超过 1 次,人员在休班期间尽可能避免接触其他猪群。员工衣物鞋帽按照猪场区域不同进行专门管理:生产区内所有衣物都要由公司提供,员工生活区衣物原则上由公司提供,一般建议为鲜亮颜色的休闲服装(男女分开)。员工隔离区衣物由公司提供,一般建议为红色;后勤服务区衣物根据各场情况自行确定,原则上由公司提供,一般建议为迷彩服装。生活区/后勤服务区衣物如果由员工根据喜好自行确定,公司必须给服装制作醒目标记的标志,便于监督检查,但是鞋子原则上禁止员工自行带入。

1.生产人员进场流程

生产人员进场流程见图 2-13。

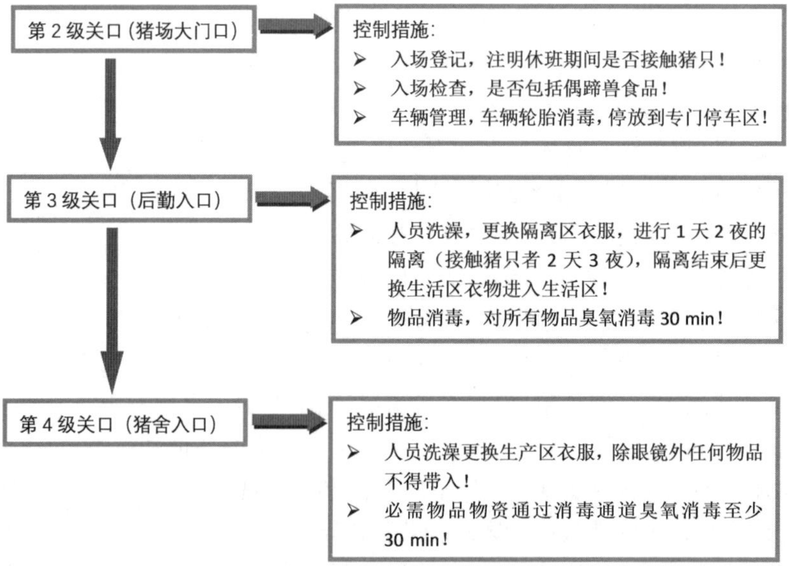

图 2-13 生产人员进场流程

2.后勤服务人员进场流程

后勤服务人员工作区域主要位于隔离区和生活区,入场流程和生产人员进入隔离区和生活区流程相同。

3.外来维修人员

外来维修人员应提前1周对场内联系人员告知自己的行程,包括近2周工作到过的地点,尤其是否去过其他猪场。外来维修人员到场后按照1天2夜的隔离时间进行隔离,然后进场维修。若没有提前告知行程,则按照2天3夜的隔离时间进行隔离。

4.其他人员

其他人员若需要进入生产区时,按照《外来维修人员进场流程》执行,若不进入生产区,由本场兽医人员根据来本场的工作目的,确定相应隔离防护措施,如穿戴鞋套、防护服等。

2.4.2.4 物资流动管理流程

猪场物资主要包括疫苗、兽药、食材、生产物资。

1.疫苗进场管理流程

(1)中央仓库环节管控　具体流程如下:

①物资到货后,检查外包装是否破损,如有破损作退货处理。

②疫苗入仓:搬运人员卸货前,穿工作服、鞋套,手浸泡消毒1 min,戴棉手套,先做喷雾消毒后,踩消毒垫,将疫苗拆泡沫箱后直接放入冰箱。搬运工工作衣物每天消毒处理。

③存放间日常消毒:用紫外灯和臭氧机,每天运行2 h,每天1次。

④将一次性手套、鞋套等于指定区域焚烧,并对场地进行消毒。

(2)物资运输车环节管控　物资出仓流程如下:

搬运人员装货前,穿工作服(每天消毒)、鞋套,手浸泡消毒1 min,戴棉手套(劳保手套),踩消毒垫,将疫苗装入消毒好的新泡沫箱中,并盖好。

(3)猪场大门口环节管控　具体流程如下:

①使用猪场内部中转箱中转,使用前后都用消毒剂全面消毒。

②司机穿戴一次性手套、防护服,穿水鞋,将该场疫苗卸至指定不锈钢桌子上,将水鞋消毒,并将手套、防护服放到指定位置。

③门卫穿戴一次性手套将疫苗拆掉纸盒,灭活疫苗浸泡消毒药,活疫苗用酒精擦拭瓶子后放入中转泡沫箱中。

④集中销毁所有的外包装和防护服等,并对场地进行消毒。

(4)猪场生活区环节管控　具体流程如下:

①生活区疫苗中转箱使用前后都用消毒剂全面消毒。

②门卫戴一次性手套在指定区域将疫苗转入生活区疫苗中转箱内。

③生活区人员洗手消毒后，才能打开疫苗中转箱盖子，转完后立即关闭盖子。

④疫苗可以在生活区的药房冰箱里保存，在使用之前，从生活区进入生产区的消毒间，经过消毒液浸泡后才能使用。

(5)猪场生产区环节管控　具体流程如下：

①生活区人员将疫苗中转箱放到生活区一生产区的传递窗。

②生产区人员将疫苗在消毒液中浸泡 5 s 后放入泡沫箱中置于冰箱储存。

③生活区人员回收中转箱，并消毒传递通道和中转箱。

2.兽药进场管理流程

(1)兽药采购要求　对于高危、高频率物品，要求厂商提供物资来源无污染证明。

(2)中央仓库环节管控　具体流程如下：

①物资到货后，检查外包装是否破损，如有破损作退货处理。

②兽药入暂存仓库：搬运人员卸货前，穿工作服、鞋套，手浸泡消毒，戴棉手套卸货前先做喷雾消毒，静置 0.5 h 后存放至暂存仓库。

③日常消毒：用紫外灯和臭氧机对仓库进行日常消毒，每天运行 2 h，每天 1 次。

④兽药从暂存仓库入消毒间消毒：搬运人员搬货前，穿工作服、鞋套，手浸泡消毒，要求一次性全进装满消毒间，贴上封条，记录物品消毒清单，用臭氧消毒。

⑤将一次性手套、鞋套、兽药外包装箱等于指定区域焚烧，并对场地进行消毒。

(3)物资运输车环节管控　具体流程如下：

搬运人员装货前，先用消毒水消毒装货通道。穿工作服(每天消毒)、鞋套，手浸泡消毒，戴棉手套(劳保手套)，踩消毒垫，将兽药从仓库搬上物资配送车。

(4)猪场生活区环节管控　具体流程如下：

①司机穿戴门卫提供的一次性手套、防护服、水鞋，将该场的兽药搬到指定位置，卸完后将水鞋消毒，并将手套、防护服脱到指定位置。

②门卫对兽药外包装箱六面喷洒消毒液后静置，门卫在车辆离开后消毒场地。

③门卫穿戴一次性手套，将兽药搬入大门口物品消毒间后，去掉外包装放上货架，尽量不堆叠。

④可以选用多种消毒方式，如静置、紫外线消毒、臭氧消毒和浸泡消毒等方式。能浸泡的兽药尽量浸泡，如在大门口无条件浸泡的可以熏蒸消毒后在生活区浸泡消毒。

(5)猪场生产区环节管控　具体流程如下：

①生活区人员佩戴一次性手套从生活区物资消毒间将兽药运往生产区物资消毒间货架，不可堆叠。

②可以选用多种消毒方式，如静置、紫外线消毒、臭氧消毒和浸泡消毒等。在生活区物资消毒间封仓全进全出静置 7～14 d，静置期间贴上封条，注明封仓日期。

③7～14 d 后，在转移至生产区仓库前，对能使用浸泡消毒结束后，送往生产区仓库。

3.生产物资进场管理流程

(1)中央仓库环节管控　具体流程如下：

①物资到货后，检查外包装是否破损，如有破损作退货处理。

②物品入暂存仓库：搬运人员卸货前，穿工作服、鞋套，手浸泡消毒，戴棉手套卸货前先做喷雾消毒，静置 0.5 h 后存放至暂存仓库。

③物品从暂存仓库入消毒间消毒：搬运人员搬货前，穿工作服、鞋套，手浸泡消毒，要求一次性全进装满消毒间，贴上封条，记录物品消毒清单。按照流程进行消毒处理，7 d 后全出消毒间。

④可烘物品从暂存间入烘房消毒：搬运人员搬货前，穿工作服、鞋套，手浸泡消毒，要求一次性全进装满消毒间，贴上封条，记录物品消毒清单。烘干结束后，至少放置 24 h 后才能出仓。

⑤将一次性手套、鞋套等置于指定区域焚烧，并对场地进行消毒。

(2)物资运输车环节管控　工作人员穿工作服(每天消毒)、鞋套，手浸泡消毒，戴棉手套(劳保手套)，踩消毒垫。每天运输前要检查车辆清洗和消毒记录，保证运输车辆的干净，装猪前再做一次消毒。然后搬运人员再消毒装货通道，最后将兽药从仓库搬上物资配送车。

(3)猪场生活区环节管控　物品分为耐高温物品、可浸泡物品、不能高温和浸泡物品 3 类。

①耐高温物品：五金类物品可使用火焰喷枪对物品内外消毒，以 10 s/m 的速度来回烧烤，重复 1 次；不能直接火焰消毒的，则采用热风炉 60 ℃，烘干 40 min 消毒。

②可浸泡物品：使用消毒液浸泡消毒 1 h。

③不能高温和浸泡物品：紫外线臭氧 2 h 后，再进行熏蒸消毒处理 2 h。

注意：消毒过后，在物资消毒间内静置 24 h。大门口物资消毒间需分成 3 间，消毒间的 2 个门不能同时打开，确保消毒间的密闭性。消毒间配备镂空式货架摆放物资。

(4)猪场生产区环节管控　具体流程如下：

①先对所有物品喷洒消毒液进行表面消毒。

②消毒间配备镂空式货架摆放物资。

③使用臭氧和紫外灯分别消毒 2 h，静置 24 h 后使用。

2.4.2.5 环境消毒的管理流程

1.猪舍周边环境消毒

①生产区各栋舍之间的空地要定期清理杂物、除草，保持干净整洁。

②每周对生产区道路及其两侧 2 m 内、猪舍间空地、各栋舍门口等地方进行 1 次大消毒。

2.装猪台清洗消毒

①出猪台需设低平处用于外来车辆的清洗消毒，地面铺水泥。设计好冲洗消毒后水的流向，切勿污染猪场生产与生活区。外来车辆先在此低平处全面冲洗消毒后才能靠近出猪台。

②装卸台外部应该是单向通行，一旦运出去的猪不许再运回来。

③出猪台场内、场外车辆行走路线不得交叉。使用装卸台时内外驾驶员应该各司其职，不得随意走动，交接猪只时装载台内外的人员不能直接碰触。

④装卸台外的车辆装(卸)完猪离开后，应立刻对停车处、装猪走道和装猪区域进行冲洗并消毒。

3.赶猪道清洗消毒

每次转猪后不论转猪数量多少、赶猪道脏否都要对赶猪道进行彻底清扫，并每周定期对场内所有赶猪道进行 1 次彻底消毒。

4.解剖台

猪场非管理人员严禁解剖猪只，解剖只能在解剖台进行，严禁在生产线内解剖猪只(特殊需要除外)。在解剖台解剖猪只后要直接返回生产区，要求回到更衣室洗澡、更衣、换鞋和消毒。

2.4.2.6 猪场粪污的管理流程

各猪场的排水系统应实行雨水和污水两套排水系统，以减少排污压力。所有污水严禁未经处理直接排放。建有污水处理设备的猪场必须经综合处理，达到排放标准后，方能排放。没有建污水处理厂的老猪场，必须建有污水沉淀、过滤系统，污水经沉淀、过滤接近排污标准后方可排放。各场均要尽量减少水的用量，这样既能减轻排污压力，又能节约水源。

1.粪污处理流程管控

①粪污必须经高低落差溜槽进入环保站，环保员用专用车辆转到粪房存放，传接过程不得接触溜槽，整个传接和转运过程粪污不得洒落。

②粪污处理原则每个场每月处理不得超过 2 次，并且雨天不得处理。

③处理方式可以根据各自猪场实际情况选择直接专车外运或通过中转外运，外运过程必须严格按生物安全规范操作，同时注意人身和设备安全。

④所有粪污外运必须用专车进行中转，外部拉粪车禁止进入环保站内拉粪。

⑤所有猪场干清粪粪污必须转入环保站中转，禁止猪场直接外运或场外粪房存储。

⑥每次作业前后必须对车辆、工具、道路、场地进行彻底消毒，并填写处理记录表。

2.污水处理流程管控

①污水必须经密闭管道输送到环保站集污池，整个传接和转运过程污水不得泄露。

②处理方式可以根据各自猪场实际情况选择各自的处理工艺，但必须符合环评标准，过程必须严格按生物安全规范操作，同时注意人身和设备安全。

③污水外排必须经林地消纳，不得流出林地范围。特殊情况需要外运的必须用封闭车外运，并严格按洗消流程洗消后才能外运和回场。

④每周必须用烧碱对道路、场地进行 1 次彻底消毒，并填写消毒记录表。

3.垃圾处理流程管控

废弃物包括过期的兽药、疫苗，注射后的疫苗瓶、药瓶，以及生产过程中产生的其他弃物。各种废弃物一律不得随意丢弃，应根据各自的性质采取煮沸、焚烧、深埋等不同的无害化处理措施，并要求填写相应的废弃物处理记录表。

①垃圾必须经高低落差溜槽或溜管进入环保站，环保员用专用车辆转到垃圾处理区，传接过程不得接触溜槽，整个传接和转运过程垃圾不得落地。

②垃圾必须当天处理完成。

③处理方式可以根据各自猪场实际情况选择场内焚烧炉焚烧后填埋(原则不允许露天焚烧)或中转外运。餐厨垃圾可以选择扔化尸池，其他不能焚烧也不能扔化尸池的可以通过中转外运，外运过程必须严格按生物安全规范操作，同时注意人身和设备安全。

④每次作业前后必须对车辆、工具、道路、场地进行彻底消毒，并填写处理记录表。

2.4.2.7　猪场病死猪的管理流程

1.病死猪处理方法

2017 年 7 月 10 日，农业部下发《病死及病害动物无害化处理技术规范》，该技术规范中明确了病死及病死动物无害化处理的主要方法，具体方法包括焚烧法、化制法、高温法和深埋法。其中，深埋法为传统猪场处理病死猪的主要方式，但是随着非洲猪瘟暴发，由此导致的病死猪不建议在猪场围墙内部进行处理，应及时外运远离猪场进行处置，同时随着焚烧设备成本和性能的不断优化，越来越多的猪场采用焚烧的方式来处理场内的病死猪和胎衣以及生活区垃圾等。

2.病死猪处理流程

病死猪和胎衣等应由生产区人员进行初步包装和消毒，然后从栋舍内部栏位内运输到生产区出猪口，再由非生产区人员操作专门病死猪处理车辆运输到病死猪处理处，进行焚烧或深埋或无害化外运至他处处置。病死猪运输车若由生产区人员操作，操作结束后要在非生产区洗澡间洗澡后才能返回生活区，禁止当天进入生产区。病死猪处理后，应第一时间内对使用过的病死猪处理车进行清洗、消毒和烘干。死猪移除转移的要点见二维码 2-10。

二维码 2-10
死猪移除

3.病死猪的处理技术

(1)焚烧法　是指在焚烧容器内，使病死及病害动物和相关动物产品在富氧或无氧条件下进行氧化反应或热解反应的方法。

①直接焚烧法：可视情况对病死及病害动物和相关动物产品进行破碎等预处理。将病死及病害动物和相关动物产品或破碎产物投至焚烧炉本体燃烧室，经充分氧化、热解，产生的高温烟气进入二次燃烧室继续燃烧，产生的炉渣经出渣机排出。燃烧室温度应≥850 ℃。燃烧所产生的烟气从最后的助燃空气喷射口或燃烧器出口到换热面或烟道冷风引射口之间的停留时间应≥2 s。焚烧炉出口烟气中氧含量应为 6%～10%(干气)。二次燃烧室出口烟气经余热利用系统、烟气净化系统处理，达到 GB 16297 要求后排放。焚烧炉渣与除尘设备收集的焚烧飞灰应分别收集、贮存和运输。焚烧炉渣按一般固体废物处理或作资源化利用。焚烧飞灰和其他尾气净化装置收集的固体废物需按 GB 5085.3 要求作危险废物鉴定，如属于危险废物，则按 GB 18484 和 GB 18597 要求处理。

②炭化焚烧法：病死及病害动物和相关动物产品投至热解炭化室，在无氧情况下经充分热解，产生的热解烟气进入二次燃烧室继续燃烧，产生的固体炭化物残渣经热解炭化室排出。热解温度应≥600 ℃，二次燃烧室温度≥850 ℃，焚烧后烟气在 850 ℃以上停留时间≥2 s。烟气经过热解炭化室热能回收后，降至 600 ℃左右，经烟气净化系统处理，达到 GB 16297 要求后排放。

(2)化制法　是指在密闭的高压容器内，通过向容器夹层或容器内通入高温饱和蒸汽，在干热压力或者蒸汽压力的作用下，处理病死及病害动物和相关动物产品的方法。

①干化法：可视情况对病死及病害动物和相关动物产品进行破碎等预处理。病死及病害动物和相关动物产品或破碎产物输送入高温高压灭菌容器。处理物中心温度≥140℃，压力≥0.5 MPa(绝对压力)，时间≥4 h(具体处理时间随处理物种类和体积大小而设定)。加热烘干产生的热蒸汽经废气处理系统后排出。加热烘干产生的动物尸体残渣传输至压榨系统处理。

②湿化法:可视情况对病死及病害动物和相关动物产品进行破碎预处理。将病死及病害动物和相关动物产品或破碎产物送入高温高压容器,总质量不得超过容器总承受力的80%。处理物中心温度≥135 ℃,压力≥0.3 MPa(绝对压力),处理时间≥30 min(具体处理时间随处理物种类和体积大小而设定)。高温高压结束后,对处理产物进行初次固液分离。固体物经破碎处理后,送入烘干系统,液体部分送入油水分离系统处理。

(3)高温法　是指常压状态下,在封闭系统内利用高温处理病死及病害动物和相关动物产品的方法。可视情况对病死及病害动物和相关动物产品进行破碎等预处理。处理物或破碎产物体积(长×宽×高)≤125 cm^3(5 cm×5 cm×5 cm)。向容器内输入油脂,容器夹层经导热油或其他介质加热。将病死及病害动物和相关动物产品或破碎产物输送入容器内,与油脂混合。在常压状态下,维持容器内部温度≥180 ℃,持续时间≥2.5 h(具体处理时间随处理物种类和体积大小而设定)。加热产生的热蒸汽经废气处理系统后排出。加热产生的动物尸体残渣传输至压榨系统处理。

(4)深埋法　是指按照相关规定,将病死及病害动物和相关动物产品投入深埋坑中并覆盖、消毒,以处理病死及病害动物和相关动物产品的方法。深埋法多用于发生动物疫情或自然灾害等突发事件时对病死及病害动物的应急处理,以及边远和交通不便地区零星病死畜禽的处理。不得用于患有炭疽等芽孢杆菌类疫病,以及牛海绵状脑病、痒病的染疫动物和产品、组织的处理。

①选址要求:应选择地势高燥,处于下风向的地点。应远离学校、公共场所、居民住宅区、村庄、动物饲养和屠宰场所、饮用水源地、河流等。

②技术工艺:深埋坑体容积以实际处理动物尸体及相关动物产品数量确定。深埋坑底应高出地下水位1.5 m以上,要防渗、防漏。坑底洒一层厚度为2～5 cm的生石灰或漂白粉等消毒药剂。将动物尸体及相关动物产品投入坑内,最上层距离地表1.5 m以上。洒入生石灰或漂白粉等消毒药剂消毒,最后在外层增加厚度1～1.2 m的覆土,防止外来动物破坏。

4.收集转运要求

(1)包装　包装材料应符合密闭、防水、防渗、防破损、耐腐蚀等要求。包装材料的容积、尺寸和数量应与需处理病死及病害动物和相关动物产品的体积、数量相匹配。包装后应进行密封。使用后,一次性包装材料应进行销毁处理,可循环使用的包装材料应进行清洗消毒。

(2)暂存　采用冷冻或冷藏方式进行暂存,防止无害化处理前病死及病害动物和相关动物产品腐败。暂存场所应能防水、防渗、防鼠、防盗,易于清洗和消毒。暂存场所应设置明显警示标识。应定期对暂存场所及周边环境进行清洗消毒。

(3)转运　可选择符合 GB 19217 条件的车辆或专用封闭厢式运载车辆。车厢四壁及底部应使用耐腐蚀材料,并采取防渗措施。专用转运车辆应有明显标识,并加装车载定位系统,记录转运时间和路径等信息。车辆驶离暂存、养殖等场所前,应对车轮及车厢外部进行消毒。转运车辆应尽量避免进入人口密集区。若转运途中发生渗漏,应重新包装、消毒后运输。卸载后,应对转运车辆及相关工具等进行彻底清洗、沥干和消毒。

2.5　后备种猪及精液引入管理

2.5.1　后备猪引入管理

后备猪是母猪场最重要的猪群之一,高质量后备猪的入群是母猪场能够维持甚至提高生产水平的关键因素。如果猪场所需的后备母猪更新只能依靠从外部引种解决,对母猪群的健康管理是极大的挑战。因为从外部引进后备猪入群,会带来引入疾病的风险,直接破坏母猪场的健康及稳定性,这也是我国的母猪场暴发疾病的常见原因之一。在我国复杂的猪病环境前提条件下,母猪场应尽可能做到封群自繁后备猪,或者通过在低风险季节引入后备母猪或者公猪更新来维持和提高母猪场的生产性能。

2.5.1.1　后备母猪引种入群

由于本场内无法繁育后备种猪,或者出于育种和遗传改良的考虑,部分母猪场需要从外部引种。兽医应根据后备猪来源场以及接收场的健康水平,在引种前制定相应的引种检测方案、运输计划、引种后的保健方案和猪群监测方案以及后备猪隔离适应计划。

1.后备猪源的健康状态

在引种之前,兽医需要了解清楚种源场后备猪的健康状态,避免后备猪携带病原,直接将疾病引入场内。根据目前国内的主要猪流行病,至少需要对非洲猪瘟、猪蓝耳病、伪狂犬病和流行性腹泻等猪病进行检测。可以通过抗体检测来判断后备猪是否感染或者免疫过,通过抗原检测来判断后备猪是否还处于排毒状态。对需要引种入场的后备猪,部分疾病的最低要求是抗原检测阴性,猪群不能处于排毒状态,但是这种情况对后备猪引入后的驯化和监测要求比较高,需要制定完善的技术方案以及猪场的积极配合;而对于非洲猪瘟和伪狂犬病病毒的抗体和抗原,要求必须是阴性,阳性后备猪一旦被引入,猪场损失巨大;对于某些疾病,接收母猪场必须是阴性场,除了相应疾病抗原是阴性以外,还要对后备猪相应的疾病抗体检测为阴性,以确保后备猪来源健康。对于新建母猪场来说,利用阴性或者不排毒的后备猪建群是最佳选择。

2.引种前的准备工作

从外部引种的后备种猪，通常都是公司最重要的生物资产。种猪经过长途运输已经非常疲惫，因此应做好充分的准备工作，让后备种猪到达后能够尽快适应新的环境，恢复身体机能，以及做好应对可能发生健康问题的准备。

①选定隔离舍，隔离舍离现有猪场生产区至少 300 m 的距离。隔离舍要有相应的生物安全设施设备，包括有闭环围墙、人员进出洗澡间、人员居住条件（被褥、床和卫生间等）、物资消毒间、到场车辆洗消设备和猪舍防鼠防蚊防鸟设备等。

②隔离舍的硬件条件，包括饲养空间、料槽空间、饮水嘴、通风和保温等（参考后文后备种猪相关饲养管理建议）。这里需要注意的是，如果栏位的地面是新漏缝板，需要注意是否有水泥倒刺，避免损伤猪蹄导致外伤。注意如果是引进公猪，需要分栏单独饲养防止打架造成的猪只损失，并配备假母台以应对可能需要在隔离舍进行的后备公猪调教工作。需要特别注意环控设施和设备，检查是否有符合要求的风机、吊顶、进风口、水帘等相关设备运行情况，冬季注意保温供暖。

③进猪前必须对猪舍进行彻底的清洗、干燥、消毒和空置。

④隔离舍工作人员的配备以及人员生活条件的准备工作，包括分配宿舍、配备生活物资和制定饮食方案等。

⑤猪群饮水和饲料的准备工作，需要确保有清洁的水源（不能是地表水），饮水管和饮水器需要被清理和消毒，匹配相应生长阶段的饲料，确保有料塔及自动料线，可以通过中转料塔或者隔墙打料的方式给猪舍供料。

⑥生产、兽医相关物资的准备工作，比如准备温度计、赶猪板、体温计、注射器、针头、标记蜡笔、采血物资、保定器、解剖工具、相应兽药疫苗、饮水加药或者饲料拌药相关工具等。

⑦检查出猪台和赶猪走道，准备好卸猪和出猪方案。

⑧引种车辆及司机的准备工作，根据引种后备猪的数量和体重大小，确定好所需车辆数量及司机。所选车辆需要了解车辆的过往使用历史，最好是安全性好易清洗的拉猪车，避免使用木板车。所有车辆必须经过严格的清洗、消毒、干燥和隔离（2～4 个晚上）流程，还可以对车辆不同部位采样进行重点猪病的病原检测，检测结果合格后才允许运输。司机需要经过系统的生物安全培训，还应为司机准备好运输途中所需要的洁净的食物和饮水等必需品。

⑨引种路线的提前规划和自驾车试跑，尽可能避开路途上高风险的区域。引种时需要种源场，运输团队和接受种猪的猪场密切沟通，以保证各种手续的办理、运输路途时间和风险控制、卸猪时间合适等。

3.卸猪

经过长途运输的种猪都比较疲惫，因此在卸猪过程中卸猪人员要保持耐心，动作要轻柔，不要给种猪造成额外的应激，同时在卸猪过程中，需要注意不要污染到车厢里面的猪只。在运输过程中，车辆的外表面、底盘、车轮等都是容易被污染的部位，但即使是对车辆的外表面、车轮、踏板等部位进行检测能检测到阳性，也不代表车厢里面的猪只已感染病原。因此，需要制定严格的卸猪程序，保护猪只在卸猪的过程中不被污染。

①如果是露天卸猪台，在卸猪前需要严格清洗、消毒、干燥。

②提前规划好从猪车到舍内猪栏的卸猪人员和行车路线，确保卸猪路线上路面平整没有高低落差或者障碍物阻止猪只前进。如果是晚上卸猪，需要确保从卸猪台到舍内猪栏的整个路径都有充足的光照，避免不同路段明暗交叉。

③对卸猪人员进行生物安全及卸猪工作的培训。注意在卸猪过程中卸猪人员不能接触猪舍以外的地面。卸猪人员的相互配合对整个卸猪过程顺利进行，有至关重要的作用。

④卸猪人员最好是隔离舍内的工作人员，尽量不要让运输车司机下车参与卸猪。

⑤运猪车辆到场后不可以对车辆外表面进行高压冲洗消毒，因为这样很容易将车外表面的病原冲到车厢里面。车辆到场后只对车轮进行低压消毒即可，一定要避免消毒过程污染车厢里面的猪只。

⑥卸猪前确保供水正常和料槽有料，猪只到达栏舍内就能喝到水、吃到料。

⑦卸猪前确保猪舍温度能够满足相应体重猪群的要求。

4.隔离

在入群前对引入的后备猪群进行隔离的目的，是防止新的病原直接进入母猪群。即使后备猪源检测是阴性状态，也无法保证在运输的路途上，后备猪不会感染新的病原。大量的引种检测已经表明，种猪车在运输路上存在被污染的可能。种猪运输车在路上最大的威胁是其他的运猪车，如果是在路上两车相会，或者跟随其他拉猪车行走，或者停靠在一起，感染风险极高。因此在引种时，行业内普遍的做法是安排兽医在拉猪车上跟车，根据路上的情况随机安排种猪车的行进状态，甚至会有公司安排兽医开私家车跟车，在种猪车前面开道确保能够避开路上的风险点，同时监督拉猪车司机的活动。种猪车在路上的风险点还包括从其他猪场、市集、屠宰场等高风险场所附近经过，因此有的公司在引种前会对引种车要经过的路线提前探路，根据实际情况设计路线，尽可能将风险点规避掉。一般来说高速路线比国道和省道等路线更加安全。在条件允许的前提下，应尽可能将引种车在路上的时间安排在交通量相对较少的晚上，或者和当地其他猪车的运输时间错开。

隔离后备猪的隔离场，需要和母猪场保持一定的距离。有很多猪病是可以通过空气传播的，如蓝耳病、支原体感染和口蹄疫等。如果隔离场和母猪场之间的距离不够，即使对后备猪进行了隔离操作，仍有可能无法阻止疾病传入母猪场。隔离场尽可能设在母猪场的下风向，距离母猪场至少 10 km 以上（蓝耳病通过空气传播的最大距离），同时隔离场和母猪场之间的没有其他感染猪病的风险点。但实际情况中能够达到这样要求的隔离场比较少，除非是在我国养殖密度较低的西南山区和西北部地区。没有达标的隔离场是很多猪场引种导致接收母猪场发病的原因之一。在养殖密度较高的地区，建议隔离场在母猪场的下风向距离母猪场至少 300 m 以上，以尽可能达到隔离的目的，同时降低从隔离场引种到母猪场的风险。隔离场除了距离要求外，还需要具备良好的生物安全条件，配置和母猪场类似的生物安全设施设备，执行相同的生物安全操作，确保在隔离场养殖阶段后备猪群也有良好的生物安全保障。

在隔离期间，主要的工作是缓解运输的应激，同时观察监测后备猪群的健康状态。隔离期根据后备猪群的健康状态一般最短要求 21 d，特殊情况下要求 90 d 以上。隔离期最短要求 21 d 的原因，是猪只感染猪病，如果是急性感染可能很快就表现出临床症状，如果是隐性感染则没有明显的临床症状，需要至少 3 周的时间，以确保猪群的抗体水平达到相对明显的水平，或者进入明显的排毒阶段。因此即使后备猪到达隔离舍 3 周之内都没有表现出任何临床症状，依然要对猪群进行相关抗原抗体的检测工作。如果后备猪在隔离期间确诊为阳性，而这些后备猪又必须入群，那么所需要的隔离期就更长。具体的隔离时间由不同的病原及不同的猪群状态决定，一般以达到连续检测猪群，直至所有猪只不排毒为标准。

5.健康水平的适应（驯化）

健康水平的适应指新引入的后备猪需要感染接收母猪场已存在的病原，并给予足够的时间恢复，在后备母猪配种之前建立起良好的免疫力并停止排毒。我们通常也会把这个过程称为驯化。新引种后备猪的驯化，通常是在隔离舍进行的。唯一的例外是后备猪在隔离期间保持了重大猪病阴性的状态，同时接收母猪场也是阴性状态条件下，可以先将后备猪引入母猪场内相对独立的猪舍再进行驯化。因为在这种情况下保持后备母猪的阴性的状态是最高优先级，相对隔离场，母猪场能够给后备猪更好的生物安全保护。如果因为特定的原因，后备猪需要隔离较长的时间，那么在后备猪群状态稳定的情况下，可以在隔离期进行相应的驯化工作。

目前行业内使用的比较多的主要是猪蓝耳病和猪流行性腹泻（PED）的驯化。

在后备猪是阴性、接收母猪场是阳性的情况下，有必要对后备猪进行猪蓝耳病和PED的驯化，让后备猪暴露于场内的猪蓝耳病病毒和猪流行性腹泻病毒，建立起良好的免疫力，同时不排毒之后再将后备猪引入母猪场。驯化也可以用于场内某些未知的病原。驯化的过程需要在兽医的指导下，可以使用自然暴露和疫苗免疫2种方式组合进行。自然暴露是通过直接接触病原、排毒猪只或返饲程序达成的。通过使用从接收母猪场取得的排泄物和/或组织匀浆经口接种，称为返饲。高胎次母猪不是很好的排毒者，所以应避免使用它们，应使用淘汰的后备母猪和低胎龄母猪作为同居排毒动物，目前也有通过注射从接收母猪场取得的阳性血清进行驯化的操作。前面所提到这些驯化方法，相对注射阳性血清而言，会是相对温和缓慢的驯化方式。血清驯化可以达到所有后备猪同时感染病原并缩短后备猪群排毒时间的目的。

返饲是一种很好的驯化手段。返饲物可以包括分娩后24 h内母猪/过去24 h内分娩的母猪的排泄物(最好使用头胎母猪的排泄物)、腹泻仔猪的粪便，24 h内死亡的并且日龄小于7日龄仔猪的肠道中的排泄物。水可以作为稀释剂，但不能使用干燥剂或者消毒液，因为它们会破坏病原，降低返饲物的病原含量。返饲程序一般会持续3周，每周进行3次返饲操作。

需要特别强调的是，驯化是在全面了解后备猪及接收母猪群健康状态之后进行的。如果有伪狂犬病、猪痢疾、传染性胸膜肺炎等特定疾病的风险，需要谨慎处理驯化过程。对后备猪的驯化来说，从感染中恢复也至关重要，后备猪需要停止排毒之后才能入群。猪群的规模大小、健康情况、生产流动和管理情况不同，恢复时间也不尽相同。猪流行性腹泻病毒可能需要1～3个月，而猪蓝耳病需要3～6个月，兽医应密切监视整个驯化过程，根据猪群的临床表现和实验室检测结果做出判断。

6.后备猪免疫

在市场上有很多疫苗是必要的健康管理工具。国内后备猪配种前一般会免疫猪瘟、口蹄疫、伪狂犬病、乙脑、细小病毒病等疾病的疫苗，以帮助后备猪建立坚强的免疫力。如果接收母猪场猪群是回肠炎和支原体阳性，也需要对后备猪进行回肠炎和支原体疫苗的免疫。兽医一般会根据接收母猪的实际健康状态，设定相应的免疫程序。在后备猪接种疫苗的同时，通过抗体检测来评估实际的免疫效果也很重要，可以根据抗体水平的变化，来评估免疫程序是否需要调整。

2.5.1.2 封群自繁后备猪入群

自繁后备种猪封群是我国很大一部分母猪场的运行方式。在我国猪病相对复杂的情况下，这是相对安全的运行方式。与从外部引种相比，自繁后备猪入群可以不必进行隔离。

1.后备猪选种

后备猪的选种是从选择什么样的母猪来繁育后备猪开始的。在育种公司或者和育种公司合作的猪场，有育种专家根据母猪的遗传潜能，给猪场推荐用于繁育后备种猪的母猪。对于没有育种人员能够提供指导的母猪场，只能根据现场能够掌握的信息来挑选用于繁育后备种猪的母猪。可供参考的一些指标包括：产仔数、断奶数、断奶后的母猪发情情况、断奶后母猪的体况等，应尽可能选择现场评估最优秀的母猪。

为了达到能够对后备种猪选种的目的，母猪场也需要留够充足的后备猪。母猪场可以按照 50%的种猪年更新率计算一年所需的后备种猪数量，按照断奶到配种 75%的利用率来计算断奶时需要自留多少后备种猪。母猪场后备舍可以每周、每 2 周、每 4 周自留 1 次后备猪，具体的自留频率与后备舍的建设设计、后备猪的管理理念、猪群流动方式有一定的关系，母猪场可以根据自身的实际情况决定。

后备种猪在出生、断奶、出保育、后备猪免疫程序开始前这几个时间点进行选种。主要的评估标准包括健康状态、体型及生长情况、乳头数量、肢蹄等。在后备种猪的整个饲养阶段，每一天都可以进行选种的工作。每天巡栏的时候，发现不符合种用标准的后备种猪都应该及时挑出并尽快淘汰出场。让不合格的后备种猪占用合格种猪的饲养空间，对猪场来说是巨大的浪费。

2.后备猪饲养管理

良好的饲养管理可以培养出优质的后备种猪，最大化其终身生产性能。不同品种后备期的饲喂管理有所不同，有的品种如 PIC，要求在后备母猪配种之前，要确保其采食量最大化，这可以让后备母猪拥有最佳的生长速度及头胎产仔性能。如果后备猪在配种之前的饲养管理阶段采食量受限，一胎的产仔数也会受到影响。因此，关于后备母猪的饲喂建议是从断奶到配种之前全程保持自由采食的状态。在后备猪的生长阶段，特别是配种前 16 d，尽可能不要影响后备猪的采食量。

后备猪饲养管理的目标是 90%以上的后备猪在配种的时候体重在 135～160 kg。配种时后备母猪的体重是最重要的一个评估指标，体重可体现后备猪的生长速度，同时也是体成熟的表现。现在市场上有可以测量体重的体重卷尺，按照要求从猪一侧腹股皱褶到另一侧的腹股皱褶测量腹围，通过腹围的数据大致估算体重。但不同公司的种猪体型不一样，不能用同一个体重卷尺预估不同种猪公司种猪的体重，具体要咨询种猪公司(表 2-6)。结合体重及配种日龄，可以计算出后备猪的日增重，一般日增重在 680～770 g 的后备猪繁殖性能最佳且使用寿命最长。

表 2-6　PIC 后备种猪的相关饲养管理建议

管理因素	保育舍	生长舍	后备舍
室温	取决于断奶日龄、地板和垫子的使用情况，保险起见，室温>26.5 ℃	21 ℃	19 ℃
通风	最低通风量(低温)：2～5 CFM/头；适度：15 CFM/头；最大通风量：40 CFM/头	最低通风量(低温)：5～10 CFM/头；适度：35～50 CFM/头；最大通风量：120 CFM/头	最低通风量(低温)：12 CFM/头；适度：60 CFM/头；最大通风量：150 CFM/头
湿度	65%	65%	65%
饲养密度	>0.33 m^2/头	>0.70 m^2/头	>1.11 m^2/头
地板	塑料地板仅可用到保育阶段结束；漏缝地板：缝隙≤2.5 cm，直边；实心地面：倾斜以避免粪便和尿液积存		
水源	洁净、新鲜、随时供应；每 10 头后备母猪 1 处水源；使用固定饮水嘴时，应与最小的后备母猪肩高齐平		
水流	>1 L/min	>1.5 L/min	大于 2 L/min
料槽和料槽空间	干料槽：每头后备猪 2.5 cm 料槽空间	湿/干料槽：每头后备猪 5 cm 料槽空间	湿/干料槽：每头后备猪 5 cm 料槽空间
饲喂策略	自由采食，避免饲料中断/饲料断供		

注：1 CFM≈1.7 m^3/h

3.后备母猪发情期管理

后备母猪的发情期管理是至关重要的，关键点是优秀的诱情公猪以及精确正确的公猪刺激。确保每一天后备母猪都能够接触到成熟、活跃的公猪，是开启后备母猪情期的最佳方式。而接受公猪刺激后越早开始发情的后备母猪，越有可能成为高性能、高寿命的生产母猪。

不要在 20 周龄之前对后备母猪进行公猪刺激。这个时候的后备母猪不会对公猪有反应，反而可能会引起打斗和应激。在后备母猪 24～26 周龄开始用公猪刺激，一旦开始对后备猪群开始用公猪刺激，目标是 60%左右的后备猪会在前 3 周开始发情，90%的后备猪会在前 6 周开始发情。因此一旦后备猪群开始公猪刺激，6 周之后就是启动配种的时候。反过来说，如果确定好启动配种的日期，那么就要在配种日期的 6 周前对达到配种标准的后备母猪开始公猪刺激，这样大部分后备母猪会在第二和第三个发情期进行配种，这也是最佳的配种情期。

诱情公猪的质量是关键因素之一。最佳的诱情公猪是 12 月龄以上且性欲旺盛的成熟公猪(梅山公猪为 6 月龄以上)。眼观上看起来好的诱情公猪乐于见到后备母猪并和母猪交流接触，嘴巴会分泌大量唾液，身上散发出吸引母猪的气味。诱情对公猪来说是消耗量较大的工作，因此 1 头公猪最好不要持续诱情超过 1 h，特别是夏天的时候公猪更容易累,需要格外注意。诱情公猪的体况应得到良好的管理 ,当不需要诱情的时候,公猪需要远离后备母猪的位置。一般母猪场按照 1 头成熟诱情公猪配比 200 头生产母猪存栏数,来计算所需的成熟诱情公猪数量。

在诱情时,员工应控制好公猪,同时注意观察后备母猪的反应,然后模仿公猪去刺激后备母猪,通过是否静立来判断后备母猪是否发情。

2.5.2　精液引入管理

由于生产体系的不同,有的母猪场需要定期从外部公猪站引入精液进行配种工作。公猪站建设所需要的面积相对较小,规模大多为 100～600 头公猪,也有超大规模的公猪站。公猪站生物安全等级要求较高且面积小,一般会建设在偏远地区,一般都能够保持较高的健康水平,因此有很多公司都会将公猪站单独建设。精液的引入相比后备种猪的引入风险要低一些,但是与其他物资相比,精液可以承受的消毒方式有限,因此精液入场也和其他物资入场有一定的区别。同时如果精液是由同体系人员从公猪站运送到母猪场,精液入场的操作也要注意避免母猪场的病原污染公猪站。对于任何一个生产体系而言,有健康稳定的公猪精液供应是稳定生产的基础。以下内容主要包括公猪站管理及精液入场管理两大部分。

2.5.2.1　公猪站管理

1.后备公猪隔离与驯化

独立运转的公猪站并不能生产后备种公猪,因此公猪站的更新需要从外部引种。根据 PIC 的推荐,商品化的公猪站公猪群年更新率不低于 100%,以达到公猪站基因总是处在最优水平的目的。这种情况下公猪站需要根据自己的种群大小、品系组成、隔离舍饲养能力等因素,来规划每年的引种次数和每次的引种数量。在当前中国部分传染疾季节性流行趋势明显的前提下,应将引种时间尽可能规划在暴发疾病风险低的季节。

隔离舍的配备对公猪站而言非常重要。隔离舍的地点需要根据公猪站周边的养殖情况进行选择。通常隔离舍距公猪站的合适距离为 3 km 左右。但在当地养殖情况复杂和土地资源获取有限的情况下,可以选择距离公猪站近一点的位置,尽量避免隔离舍和公猪站之间还有其他风险。

后备公猪的隔离驯化和前面所讲的后备母猪的隔离驯化的整体理念类似,有所区别的地方是公猪站的健康水平通常是比较高的,因此后备公猪隔离期间最主要的目的是要确保引入的后备公猪和公猪站的猪群健康度是相匹配的。在公猪到达隔离舍后的 7 d 内,应对引入的后备公猪采集样品,进行相应疾病抗原和抗体的检测。同时隔离舍的饲养人员须每天对公猪进行临床观察,一旦有异常应立刻向兽医报告,隔离结束前也要对猪群再次采样,对关注的疾病进行抗原和抗体的检测，从而确保后备公猪引入公猪站前的健康状况与现有公猪群的健康状况所匹配。

2.公猪站日常管理

公猪舍内会有很多因素影响公猪精液质量(表 2-7)，因此精细的日常管理非常重要。

①公猪本身是一种非常喜欢安静的动物，因此公猪舍内的工作人员在日常操作时应尽可能保持安静，特别是在赶公猪的时候，工作人员应该在公猪后面使用挡猪板温柔地驱赶，利用挡猪板赶猪同时也是对赶猪人员的保护。

②公猪舍的理想舍内温度是 18～20 ℃。在做公猪舍的温度管理时，也要兼顾空气质量和湿度等其他因素，对公猪舍进行综合的环境管理。喷雾、滴水、湿帘和空调等都可以用于控制公猪舍内的温度，但同时需要注意不能使公猪舍的环境过于潮湿，公猪舍的相对湿度应保持在 40%～65%。公猪舍内还必须保持适当的通风，保持舍内的空气质量。

③公猪平均每天要消耗 5.6～7.8 L 水，饮水嘴的水流量不得低于 1 L/min。每个季度至少进行 1 次水流量监测，高温季节应每周监测水流量。公猪站每年至少进行 2 次水质检测，检测内容应包括矿物质和细菌含量。

表 2-7　公猪精液的影响因素

影响因素	影响条件	产生的影响	参考文献	恢复期
高温	连续 3 d 或者 3 d 以上温度超过 29 ℃	精液中畸形精子含量急剧上升	McNitt and First, 1970; Wetteman et al.,1976	8 周
相对高温+高湿	温度 26～29 ℃，连续 4 周或者更长时间相对湿度超过 75%	精液中畸形精子含量逐渐增加	Suriyasomboon,2005	6～8 周
发烧（注射疫苗或者疾病引起）	连续 2 d 或者更久体温超过 39 ℃	精液中畸形精子含量急剧上升	McNitt and First,1970	8 周
频繁采精	每周超过 3 次	精液中精子含量会逐渐降低	Kennedy and Wilkins,1984	休息 2 周
营养不足	持续超过 8 周，饲料中能量或者蛋白质含量减少 15%以上	公猪性欲降低，精液中精子含量逐渐降低	Louis et al.,1994	根据限饲阶段的不同而异
光照	每天舍内光照时间大于 16 h 或者黑暗时间低于 8 h	公猪性欲下降，精液品质不稳定	Sancho,2004	不详
采精过早	年龄未达 6～7 月龄即开始采精（不同品系有所不同）	射精量低，精子含量低，精液中出现胞质化精子	Kennedy and Wilkins, 1984	采精应在公猪性成熟之后进行

3.公猪饲喂与营养

合理的公猪采食量与营养,可以优化公猪的精子产量。良好的公猪体况管理可以使公猪的使用寿命最大化。因此在对公猪进行饲喂管理的时候,应注意营养摄入与公猪体况的平衡。

①公猪体况,作为一个重要的指标,它会影响到公猪的性欲、精子产量以及爬跨的能力。体况控制的目标是保持公猪群里90%的公猪达到正常体况(图2-14)。

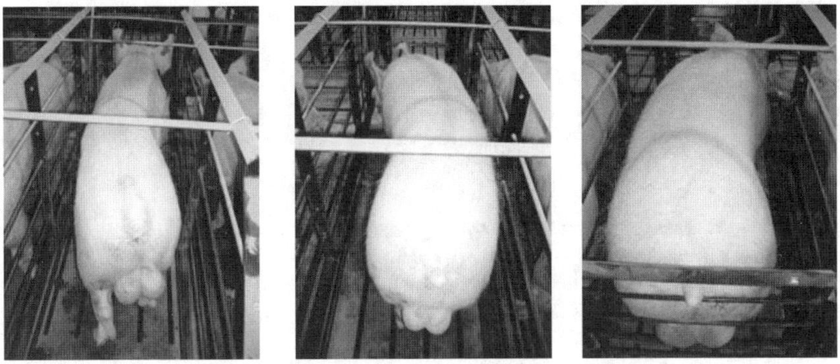

(a) (b) (c)

图2-14 不同体况公猪

(a)体况瘦;(b)体况正常;(c)体况肥胖

②正常体况的公猪应每天饲喂一次,每次2.3～2.7 kg(7.9 Mcal/ME)。为达到正常的体况,饲喂量可以适当进行调整。偏胖的公猪饲喂量应控制在1.6～1.8 kg/d,而偏瘦的公猪饲喂量应为3.2～3.6 kg/d。每两周需要根据每头公猪的体况对饲喂量进行一次调整,以确保公猪的体况维持在正常水平。

③如果是自动饲喂系统,每季度至少称量一次料杯中的饲料重量,以确保公猪采食量的精准性。当饲料的配方和成分配比发生变化时,饲料成分的变化会影响饲料密度,因此也应重新称量料杯中的饲料重量。

④霉菌毒素可以通过多种途径来影响公猪的生产性能,其中包括影响精液品质(表2-8)。应避免使用霉菌毒素可能聚集的饲料原料或者副产品。选择高质量的饲料原料并对霉菌毒素浓度进行常规监测。可根据营养专家的建议,在公猪饲料中适当添加霉菌毒素吸附剂产品。

4.公猪调教

在进行公猪调教之前,要把假母台调整到适合于年轻公猪的高度。采精区域应无贼风,地面情况良好。需要挑选有耐心并愿意花时间去调教公猪的工作人员,在公猪日龄合适后开始训练公猪,不要调教小于180日龄的公猪。调教的时候,需要确保有一个记录系统以方便追踪每一头公猪的调教情况。一旦第一头公猪开始调教,4周内所有的公猪都要开始调教。调教时可以遵照以下程序:

表 2-8　部分霉菌毒素对公猪生产性能的影响

霉菌毒素	产生的影响
玉米赤霉烯酮	性成熟延迟 睾丸小 性欲减弱 精液品质下降
黄曲霉毒素	包皮水肿—脱毛 精液品质下降 精子浓度降低 精子畸形率上升 受精能力下降
赭曲霉毒素	厌食 胃溃疡 精液品质下降
单端孢霉烯毒素 (T-2,DON,DAS)	厌食 呕吐

①清除采精区所有可能转移公猪注意力的物品。

②做好公猪的人员适应,确保人员的安全。

③刺激包皮囊,努力将公猪的注意力集中到假母台上。

④一旦公猪爬上假母台,锁住公猪阴茎开始采精。

⑤仔细观察公猪的阴茎是否存在畸形,如阴茎无力、阴茎粘连等。

⑥采精前将下一头待采公猪赶到相邻的热身栏里准备采精。

⑦如果公猪在 10 min 内对假母台都没有兴趣,则将公猪转移至准备栏并注射前列腺素。

⑧5～10 min 之后再将公猪赶到采精区进行采精。

⑨一旦采精成功,连续 3 d 采精进行巩固。

⑩调教成功后保持 1 周 1 次的采精频率。

5.采精

公猪的射精可以分成 4 个阶段,包括富精前阶段、富精阶段、少精阶段、胶体阶段。富精前阶段的精液包含尿液和大量细菌,因此在采精过程中,需要避免富精前阶段,采集富精阶段精液。整个采集过程如下:

①采精前将公猪转移到准备栏,这样可以使公猪做好采精准备。在准备栏做好公猪包皮的清洁工作,确保无尿液残留。包皮周围的毛要定期清理。

②采精期间注意保持卫生,避免细菌污染,最好采用双层手套采精。

③采精使用的保温杯及收集精液的袋子在采精前一天就要准备好，放置于干净、封闭、卫生及保温(37℃)的保温箱里面待用。

④一旦公猪爬上假母台，就会试图伸出阴茎。用戴有干净手套的手抓住螺旋状阴茎头，顺着公猪移动阴茎直至锁定，开始采精。

⑤将精液收集在一个干净的一次性容器里，如聚乙烯袋子或者泡沫杯子等。一定要使用滤纸清除精液中的胶体。

⑥采精时避免收集第一阶段的精液，在富精前阶段之后就是富精阶段，收集精液直到射精结束。这个过程可能会持续 6～8 min，个别公猪则需要更长时间。采精结束后把滤纸留在猪舍内，不要带进实验室。

⑦不管是否使用精液，对所有公猪都要有规律地进行放精。

6.实验室日常管理

①猪舍人员一般情况下不允许进入实验室，如果一定要进入，必须经过洗澡或者换衣后再进入。实验室人员的工作服应不同于猪舍工作人员，并且必须分开洗涤。

②实验室人员配备专门的实验服及帽子。

③实验室禁止饮食和吸烟。

④每天工作结束后需用消毒剂对工作台进行清洗。

⑤水管要在去离子水中漂洗，然后用酒精浸泡，再用去离子水洗净，悬挂晾干。

⑥实验室的安排布置要合理，并有利于快速有效地处理精液。

⑦水是精液稀释液的主要组成部分，因此实验室水质的监测非常重要(表 2-9)。

表 2-9　常规实验室水质参数

参考项目	目标值
细菌类	＜1 CFU/mL
纯无机物	＝18MΩ(25 ℃)
有机物	＞0.001AU(254 nm)
总有机碳	＞50 ppb
pH	6.8～7.2

7.精液评估

①精液在进入实验室之前，工作人员可以通过采集精液的颜色及气味来判断是否含有尿液及血液。

②称量精液的总质量，精确到克。

③利用稀释液或者生理盐水按照 1∶20 稀释部分原精，用于测量评估使用，如果感觉原精较稀，则以 1∶10 稀释，较稠则以 1∶40 稀释。稀释比例非常重要，它会影响精子浓度测量的精确性。

④用显微镜观察精子运动能力及其形态。将精液置于 37℃预热的载玻片上，用显微镜进行活力评估。也可以利用计算机辅助分析系统同时对精子形态及活力进行评估 。

⑤被舍弃的精液应该不超过公猪总射精量的 10%。如果高于 10%，则须进行详细分析原因。

8.精液稀释分装

①实验室工作人员在采精前需要知道所需的精液份数，以便准备充足的精液。一般经验是总头份数乘以每头份需要的精液，再多加 5%～10%，以满足精液制作及后续的使用，包括原精稀释、漏损、预稀释或者最后的调整。

②严格按照稀释粉说明书进行操作。准确称量纯水和稀释粉是非常重要的。这一个过程产生的偏差会改变稀释液的渗透压。加入精液之前，需要连续混合稀释液 1 h 以上使稀释液成分稳定。

③稀释液需要保持 35 ℃恒温。刚采集的精液为 37～38 ℃，在其后的质量评估过程中，温度会下降 2～3 ℃，因此稀释液的温度要保持在 35 ℃。

④在采精稀释之后分装之前，需要采样到显微镜下观察。

⑤稀释后的精液应置于 35 ℃水浴，或者立即进行分装。分装前应轻柔搅动精液，以防止精子聚沉。

⑥从精液达到传递窗口进入实验室到完成分装，一般用时在 20 min 左右。

2.5.2.2 精液入场管理

1.精液评估

精液入场首先需要关注的是精液来源健康，这是精液入场的基础。公猪站需要保持定期的健康检测，同时制作的每一批精液也应该进行相关疾病病原的检测之后，才能提供给母猪场使用。目前对精液的检测项目较多见的是猪蓝耳病病毒和非洲猪瘟病毒，同时也需要检测公猪精液的细菌含量（<1 CFU/mL）。不同的生产体系可以根据实际情况决定检测项目。

精液质量是能够配种成功的关键因素，因此需要对精液进行严格的评估（表 2-10），以确定公猪精液是否可以使用。

表 2-10　PIC公猪手册精液评估标准

精液参数	正常值	最低要求
外观	黏稠度在乳状到乳脂状之间	—
颜色	灰白色到白色	—
体积	100～500 mL	50 mL
精子细胞总数	200亿～1 200亿	150亿
运动精子数	80%～95%	70%
向前运动精子数	60%～90%	60%
凝集	0%～10%	≤30%
异常精子细胞(原发或继发性缺陷)	10%～15%	≤30%
细胞原生质滴(作为异常细胞的一部分)	5%～10%	≤20%
最大活力损失/24 h	2.5%～3%	≤3%
最大向前运动力损失/24 h	2.5%～3%	≤3%
使用时精子活力	≥70%	70%
使用时精子向前运动力	≥60%	60%

2.公猪精液的包装

公猪精液的包装，一方面要能够保持温度稳定，且符合精液储存要求并减少物理损伤；另一方面要有助于母猪场多次快速进行表面消毒处理。大部分公猪站使用单层厚壁聚苯乙烯泡沫箱或者双层薄壁泡沫箱运送精液，目标是在运输过程中保持每份精液温度为(17±2)℃，温度波动不超过1 ℃。精液包装时需要注意：

①确保精液在包装前处于储存温度状态(17 ℃)。

②在实验室内对精液可以做多层锡箔纸包装，一般是2～3层，以方便接受精液的猪场在快速传递精液的同时，可以兼顾生物安全。

③如果使用双层泡沫箱运输精液，需要使用保温箔包裹内层泡沫箱。使用单层厚壁泡沫箱的时候，可以使用保温箔直接包裹精液。

④使用精液存储冰箱里面的凝胶袋，以保持精液周围的运输环境稳定，凝胶袋不仅可以增强体积减轻波动，同时还可以维持温度稳定。

⑤如果使用双层泡沫箱的包装方式，在两层泡沫箱之间也可以放置冷冻凝胶袋，如果运输过程中温度较低，则可以在两层泡沫箱之间放置温暖的凝胶袋。

⑥将泡沫箱装入纸板箱中以增强保护，同时在纸板箱外部覆膜，方便精液到达母猪场时对外包装进行消毒。

⑦放入小型电子温度记录仪记录运输过程中的温度变化。

⑧尽可能缩短精液运输时间。

3.精液交付

精液到达母猪场后需要尽快放置到储存冰箱保存，因此母猪场处理消毒外包装的时间比较有限。一般精液到达母猪场门口时，对精液箱进行四面消毒后去除外包装，对泡沫箱进行四面消毒后进入场内。从母猪场门口到生产区里面的精液储存冰箱，可能至少需要经过2～3次生物安全红线，每经过一次生物安全红线都要拆除一次包装，净区的人只能接触内包装，脏区的人接触外包装。在公猪站健康的前提条件下，只对泡沫箱4个外表面进行消毒液喷洒或者擦拭消毒即可。

如果是同一生产体系的公猪站，安排指定的员工接送精液，可以在距离母猪场一定距离的地方交接精液。提前沟通好精液到达的时间，从公猪站送精液的员工将精液放置在指定地点后离开，然后母猪场员工到指定地点拿走精液，避免公猪站员工接触母猪场的人员。在生物安全上，公猪站比母猪场高一个级别，故这样操作可以避免公猪站和母猪场发生接触。

4.精液到场后的储存

精液到达母猪场后应尽快放置到精液储存冰箱保存，以下是精液储存时需要注意的事项：

①精液应在(17±2)℃环境内储存。

②精液与储存冰箱壁至少隔开2.5 cm的距离。

③将精液放入储存冰箱是应打开包装，将精液零散地水平存放。

④每天记录储存冰箱温度，同时检查库存量。

⑤使用多个温度计测量储存冰箱不同部位的温度(靠近冷却/加热元件、靠近门或中间部位)。

⑥尽可能在3 d内使用精液，并根据库存量及预计使用量订购新精液。

⑦拿精液到配种房时使用保温箱，并在保温箱内放置17℃凝胶袋。

⑧每次只拿配种房1 h内所需的精液量，不要从配种房拿精液放回冰箱保存。

⑨最近研究表明，每天旋转精液的做法是没必要的。

2.6 饲料生物安全及饲料厂生物安全审计

自2018年8月3日在我国发现非洲猪瘟以来，该病已在全国范围内传播并持续流行，成为地方性流行疾病。在无有效疫苗和药物的情况下，行业普遍依靠建立良好的生物安全体系来防止非洲猪瘟和其他疾病的传入。其中，采取措施减少或者消除饲料污染的风险成为生物安全体系里面重要的一部分。

1.关于饲料是一个传播病原的风险来源的证据

饲料原料，如玉米，可能在收获、晾晒过程中污染病毒，包括猪繁殖与呼吸综合征病毒(PPRSV)、猪流行性腹泻病毒(PEDV)和非洲猪瘟病毒(ASFV)等。饲料原料在运输过程中也可能污染病毒,例如原料接触到含有病毒的粪便、血液,运输车的外部、轮胎接触到含有病毒的粪便、血液和组织等。这些污染都可能因为人员忽视、操作不当而带进饲料加工车间,甚至直接带进猪场。

研究表明,在实验室条件下,一些饲料成分能够支持病毒生存。关于病毒通过污染的饲料进行传播的研究还在继续。已经发表的研究结果促使养猪行业从业者必须重视饲料的生物安全。因为饲料一旦污染,污染面可能是巨大的。

能够支持病毒生存的饲料原料包括豆粕、干燥玉米、酒糟、氢赖氨酸、氯化胆碱、维生素 D、肠衣、干燥和湿狗粮、有机豆粕、豆饼、湿猫粮以及含有猪源成分的饲料成分。

可能还有其他很多饲料原料能够支持病毒存活,但有待试验进一步证实。

一些其他原料,如维生素、氨基酸、添加剂、微量元素等,在生产和运输过程中,也可能因为接触到污染的车辆而携带病毒,成为间接污染源。

2.养猪企业降低饲料传播风险的实践

饲料传播 PEDV 的研究是在北美最先开展的。饲料传播 PEDV 风险的发现和干预也是最先在北美实践的。在北美的 PIC,从 2014 年夏天开始对饲料进行生物安全控制,从此以后,在 PIC 的猪场,PED 的暴发率比北美养猪行业 PED 暴发率显著降低。2015 年、2016 年、2017 年连续 3 年 PIC 的扩繁场无 PED 暴发。猪蓝耳病的暴发率也比北美养猪行业的暴发率显著降低。

2.6.1 饲料厂生物安全风险评估的关键点

1.选址

所有与猪场相关的设施都需要在建厂前考虑不同的选址所带来的生物安全风险,尽可能远离风险源(猪场、屠宰场、活畜交易市场等),至少 2 km 以外。

2.原料

①避免使用猪源成分,因其本身可能携带病原,且在原料工厂交叉污染的风险较高,一旦被污染,病毒半衰期长。

②谷物原料尽可能来自非洲猪瘟低风险区域和低养殖密度的区域。

③定期对原料商进行现场评估,从原料收集、干燥、储存等环节评价其被猪的有机物污染的风险。

④管控原料收集和原料运输所使用的车辆,避免使用畜禽运输车和未经过清洗消毒的车辆。

⑤管控原料从供货商到饲料厂路途中被污染的风险,避免原料暴露的风险。

3.原料的接收和储存

①应制定原料卸料过程中司机和卸料工的生物安全程序。

②卸料环或卸料锥可以避免卸料过程中车底污物进入原料坑,并减少原料溢出(图 2-15),溢出的原料应及时进行清理且扔弃。

③卸料坑应在室内,最大可能避免鸟类和其他动物的污染。

④避免车轮直接压过原料接收坑。

⑤避免原料车轮直接压过未覆盖的原料坑。

⑥原料在使用前尽可能在饲料厂储存 30 d。

图 2-15 在进料口加护挡板以防卸料漏出

4.人流控制

①应对每名员工定期进行生物安全培训。

②确认员工家中是否饲养猪只。

③访问过高风险区域(如屠宰场和仔猪交易市场等)的员工,进入饲料厂前需要进行一定的隔离。

④任何猪肉产品不得被带入饲料厂。

⑤外来人员未经允许不得进入生产区(原料库、饲料生产车间、成品库)。生产区人员在进入前需要更换专用的衣服和鞋子。

⑥饲料厂员工尽可能避免直接接触客户的袋装成品车。如不可避免,需要上车厢前和下车后消毒鞋底,避免交叉污染。

⑦避免不同区域工作的员工随意跨区。

⑧定义明确的净脏区分界线,人员从脏区进入净区时须采取措施减少风险。

5.车流控制

①任何进厂的车辆须彻底进行清洗、消毒，冬季消毒剂内需添加防冻剂。

②原料车与成品散装饲料车的行车道应该分开，避免交叉污染。

③客户的袋装成品料车尽可能避免进入饲料厂，可通过传送带将饲料传送到厂外。

④人道与车道分离，定义车道为脏区，人道为净区。

⑤车辆安装 GPS，实时监控车辆的行驶路线。

6.饲料生产

①所有饲料需经过熟化和制粒过程来减少风险。

②采取两次制粒：第一次 85 ℃ 2 min；第二次 60～70 ℃ 2 min；同时添加维生素类和对热敏感的微量元素。

③可在饲料中额外增加一些添加剂，有机酸和中性脂肪酸具有一定的灭活病毒的作用。

④通过安装驱鸟器、防鸟网、防鼠板等，减少交叉污染。

7.成品饲料的运输

①尽可能每个猪场都有专用的饲料车。

②若无专用饲料车，饲料车须遵循生物安全金字塔从高至低的顺序在不同猪场之间进行饲料运输。

③饲料车不得用于运输猪肉及相关产品。

④袋装成品饲料车需要使用干净的篷布覆盖在饲料上，避免在运输途中交叉污染。

⑤饲料车尽可能不进入猪场区域，通过中转料塔减少猪场的风险。

8.其他方面

①可定期对原料接收坑上的铁制格栅进行采集监测病毒抗原。

②脂肪产品在卸入脂肪罐之前，对罐车的排放软管进行取样。

③尽可能雇佣专用的灭鼠公司协助灭鼠。

④食堂的垃圾应及时清理，避免交叉污染。垃圾箱可放在饲料厂门口，垃圾处理车等高风险车辆禁止进入厂内处理垃圾。

二维码 2-11
饲料厂生物
安全审计问卷表

2.6.2　饲料厂生物安全审计问卷表

饲料厂生物安全审计问卷表详见二维码 2-11。

2.7 饮水生物安全管理方案

非洲猪瘟病毒通过饲料途径致猪发病的最小感染剂量是 10 000 单位的 $TCID_{50}$，而通过饮水途径的最小感染剂量仅为 1 单位的 $TCID_{50}$，由饮水导致非洲猪瘟发病的效率是因饲料感染效率的 1 万倍。此外，猪只对水的接触频次也显著高于其他传播途径，这增大了猪只感染非洲猪瘟病毒以及病毒大面积扩散的风险，这种风险主要体现在：非洲猪瘟病毒可在死猪体内存活 300 d 以上，死猪虽然经过深埋，但经雨水冲刷后，病毒可进入浅层地下水或地表水中，猪场用水量巨大，在使用这些水源时就有可能传入非洲猪瘟病原的风险。在经过雨水冲刷后，阳性猪场内泥土中和环境中的病原也更易通过车辆等载体携带和扩散，被稀释的病毒增大了猪只接触病原的概率，除了水源携带非洲猪瘟病毒传入猪场的风险外，发病猪可通过唾液散毒并经通料槽传播给同水线上下游的猪只，这也是非洲猪瘟在猪场往往表现为同一条水线的猪群集中发病的主要原因。体表携带非洲猪瘟病毒的老鼠在猪场内的采食时，也会将病毒传播到未经封闭的水槽，这也是通过饮水散播病毒的原因之一。

因此猪场饮水生物安全涉及两个主要方面：一是防控饮用水源携带病原进场；二是防控发病期病毒通过水线的扩散。

2.7.1 水源的生物安全

目前主要通过两种方式对水源进行非洲猪瘟病毒的净化或杀灭。

1.通过超滤或反渗透对水源进行物理清除

非洲猪瘟病毒的病毒粒子直径为 260 nm 左右，大多数细菌的直径在 200 nm 以上，大多数病毒的直径也在 20 nm 以上。部分规模化猪场采用水源三级过滤的方式，在去除水源中携带非洲猪瘟病毒风险的同时，还显著降低了肠道致病菌的病原载量，因此，猪群因腹泻造成的损失显著降低。部分超滤设备在终端使用二氧化氯发生器，能起到消毒的作用。

2.通过氯制剂对水源进行化学性消毒

猪场可通过建设 2 个水塔交替消毒和供水的方式对水源进行化学消毒处理。常见使用的消毒剂为漂白粉或二氧化氯，常见漂白粉添加量为 8～10 g/m^3，二氧化氯 0.3 g/m^3。在对水塔中的水源消毒时需注意次氯酸在活性氯消失后，不再具有继续杀病毒的能力，因此不能解决发病猪舍的唾液排毒传播的问题。在对经过漂白粉消毒后的水源往往需静置 1 d 后才能给猪饮用，使用前需检测余氯含量，否则活性氯会引起猪黏膜损伤，引起猪只呕吐和饮水量下降等问题。

3.水线的定期清洗

封闭的饮水系统可成为细菌繁殖的容器，对饮水系统定期清洁可以防止水藻、水垢的产生，避免产生堵塞、漏水引起的群体性饮水不均，减少顽固性腹泻和肠炎。可选择水线清洗剂定期对水线进行清洗，将清洗剂按比例配置后浸满整条水线，浸泡 24～48 h 后，将管线内的水放掉，用自来水冲洗后方可使用。水线消毒需每两周进行一次。

2.7.2 发病期水线的二次消毒

水源在水塔中处理后进入水线和水槽之后，仍有可能通过感染猪只唾液的散毒二次污染，并通过水线扩散。因此一旦出现疫情就需要对水线中的水进行二次消毒，以避免通过通槽造成疫情扩散，常常使用有机酸化剂和过硫酸氢钾复合物粉对水源进行持续消毒，以保证净化工作，全方位隔离病毒。

在 pH 小于 3.9 时，病毒可在几分钟之内被杀灭。水中添加有机酸化剂是常见的降低水源扩散非洲猪瘟风险的方法。可通过加药器或直接将酸化剂加入水塔中，常见的有机酸化剂按 1∶1 000 倍稀释后 pH 可达 3.7 左右，可对饮用水有效地进行持续消毒，并可维持 7 d。

有机酸制剂对猪适口性好，既不损伤黏膜，又不引起猪只饮水量的下降，是安全有效的水源消毒方式。除此之外，过硫酸氢钾复合物粉也可对饮水进行消毒，常见添加量为 1∶1 000 倍稀释。

2.8 其他动物管理方案

猪场的其他动物主要指的是鸟、老鼠、猫、犬等动物及苍蝇蚊虫。这些动物除了自身感染的病原可能会感染猪只外，还可以作为载体携带和机械性传播对猪群危害比较大的病原。这些动物如果进入场区或者猪舍，会破坏猪场生物安全防控系统，直接跨越猪场的生物安全红线，将病原带入净区，甚至直接接触猪只，如老鼠在猪舍内外窜动，可以把猪舍外的病原带入猪舍。在非洲猪瘟的防控生物安全体系中，如何切断猪场与外界环境的直接接触是极其重要的防控思路，因此对鸟、老鼠、猫、犬、苍蝇蚊虫的防控极其重要。这些动物不会遵从人类的指令行动，只能通过建立各种物理屏障，建立不适合它们生存、生活的环境，驱赶以及杀灭等办法进行控制。

2.8.1 猫和犬的控制

网格墙体对于动物来说容易翻越，因此猪场需要至少一道实体围墙来阻挡外界动物的直接进入,同时需要注意猫犬攀爬能力很强,鼓励员工主动发现并驱赶。如果猪场有两道围墙,最好是外围墙能够建成实体围墙,将猫犬挡在场外。实体围墙的建设可以是砖砌墙体,砖砌墙体经久耐用,但是墙面如果不经处理动物容易攀爬。也有猪场使用铁皮实体墙,墙面光滑不利动物攀爬,但是铁皮墙容易生锈或者被破坏,需要注意经常维护。实体围墙的墙体至少需要深入地下 50 cm,高 1.5 m 以上。需要注意的细节是猪场大门和排污管道/沟渠也很容易让猫犬进入,需要密封或者用铁丝网封住。

除了设置围墙等物理屏障,猪场内部需要及时合理地处理餐厨垃圾、生活垃圾和死亡猪只尸体,不要留有吸引猫犬等动物的食物源。

2.8.2 老鼠的控制

猪场的老鼠主要有 3 种类型,包括褐家鼠、黄胸鼠和小家鼠。①褐家鼠:又称大家鼠、沟鼠,体重 220～280 g,孕期 21 d,每年 6～8 胎,每胎 7～10 只。褐家鼠在室内主要在屋角、墙根、厨房、仓库、下水道和垃圾堆等杂乱无章的隐蔽处生存,在室外则主要在草垛、乱石堆、墙根、阴沟处等地方打洞穴居。②黄胸鼠:又称屋顶鼠,体重 75～200 g,孕期 21 d,每年 3～4 胎,每胎 5～7 只。黄胸鼠喜欢潮湿温暖的环境,在房屋内、临近村舍的田野中偶有发现。黄胸鼠喜欢攀爬,多隐匿于屋顶,常在屋顶、天花板、椽瓦间隙、门框上端活动。③小家鼠:俗称小耗子,体重 7～20 g,孕期 20 d,每年 6～8 胎,每胎 4～7 只。小家鼠是人类的伴生种,凡是有人居住的地方都有小家鼠的踪迹。住房、仓库、厨房等各种建筑物,以及衣箱橱柜、打谷场、荒地、草原等都是小家鼠的栖息处。

老鼠嗅觉超级发达,能闻到几十米以外的香臭味,能够发现地下 10 cm 深处的种子。老鼠主要依靠嗅觉寻找食物,常在巢穴周围和觅食地段用尿液或者生殖器分泌物标记,按照固定的路线活动,因此在猪场进行灭鼠工作的时候,发现老鼠的行迹路线非常重要。老鼠的味觉也很发达,能够察觉到食物中含量极微的化合物(0.5 ppm),例如它们能够察觉 250 ppb 的杀鼠灵和受霉菌污染的饲料。因此,在配置毒饵的时候要严格确保灭鼠剂和饲料诱饵的配比,同时要保持诱饵的新鲜。老鼠听觉发达,能准确判断声音来源的方向,使用超声波和回音定位,并利用超声波进行通信,例如被抓的老鼠会发出人耳听不到的超声波警告同伙。老鼠触觉非常发达,黑暗中老鼠活动时用触须不断触及地面、墙壁或者附近物体来判断方向。老鼠在行走时总是选择有垂立面的墙边,利用触须和身体上的刚毛的触动反应,沿着固定的路线从一个地方到另一个地方。

根据老鼠以上的生理特性,老鼠的控制主要通过在猪场创造不适合老鼠生存和活动的环境(猪舍周边建立隔鼠带、猪舍密封性、场区内环境的管理),以及在老鼠行动路线、巢穴周边布置药物来控制。由于老鼠极强的生存和繁殖能力，老鼠的控制是猪场生物安全工作的难点和痛点。可以说，猪场的防鼠工作是持久战，必须定期进行梳理。

1.建立隔鼠带

建立隔鼠带主要指在猪舍周边通过硬化或者铺设碎石带的方式阻止鼠类接近猪舍。隔鼠带至少需要 70 cm 宽，碎石带所使用的碎石直径需要大于 2.5 cm，并铺设 15 cm 厚。最好是整个场区能够尽可能大面积地铺设碎石或者硬化。场区内如果发现老鼠洞要及时使用水泥硬化。

2.猪舍的墙体需要密封

在接近地面以及地基的墙体最好是水泥实心墙体。有管道穿透墙体时注意管道周边缝隙的密封，特别是管径较大水料线管。猪舍过道的排水口需要特别注意，这些排水口有一部分是会直接排到猪舍外部和外部直接连通，需要用铁丝网密封。

需要特别注意，生活区和厨房也是老鼠常见的栖居地。生活区建筑和厨房周边的防鼠控制的做法和猪舍一致，需要硬化或者铺碎石。猪舍大门随手保持关闭状态。一些需要人员进出频繁的大门需要设置挡鼠板，比如厨房、仓库和电机房等。场区内不能硬化的地方，需要定期除草。同时定期处理猪场内外的垃圾，料塔周边或者其他地方有漏料也需要及时清理，尽可能减少猪场内老鼠的栖居点。药物杀灭主要是通过化学药物破坏老鼠血液里的凝血酶致死的。市场上较常见的一些化学药物有立克命、溴敌隆、杀他仗、杀鼠醚等，每个产品都有使用说明，猪场可以遵照说明书使用。此类药物的使用需要熟悉了解老鼠的一些活动轨迹和生存习惯，如在布置粘鼠板、鼠夹、诱饵站的时候，要靠墙边放置；老鼠拥有良好的跳跃和打洞能力，并能够转过极小的孔径(0.6 cm)，外界的老鼠比较容易通过排污管道/沟渠或者从地下挖洞进入猪场；等等。

药物灭鼠步骤主要包括查找鼠洞鼠道、评估诱饵使用量、制作诱饵、投放诱饵、定期检查补充诱饵、记录灭鼠效果。诱饵站的铺设主要沿猪舍及生活区建筑墙角，根据实际情况每隔 50 m 左右设置老鼠药/电猫/老鼠贴/老鼠笼，灭鼠方式不少于 3 种。每周投放老鼠药灭鼠(溴敌隆、立克命、溴鼠灵等)，老鼠药定期更换品种，一种老鼠药使用时间不能超过 1 个月，一般投药 3～4 d 之后就会出现死老鼠，洞外一只死老鼠，洞内大约死亡 5 只。对杀灭的老鼠还要进行无害化处理，并做好灭鼠、灭蚊蝇记录。猪场也可以选择与专业的灭鼠团队合作进行药物灭鼠工作，同时向专业的灭鼠团队学习如何进行有效的药物灭鼠工作。需要注意天花板也是老鼠的重要活动场所，猪场在对老鼠投药时也需要在天花板上重点投药。

2.8.3 鸟类的控制

猪场一般都建设在乡郊偏远地带、山林之间，鸟类数量较多。鸟类不受人类的控制，可以跨越猪场的任何生物安全红线。猪场主要通过保持猪舍密封性和保持场区环境干净，从而不利于鸟类停留，或者在特定地点驱赶鸟类来进行控制。

保持猪舍以及与生产区连通的所有房间区域的密封性，应特别注意猪舍连廊、库房电机房等，需要安装防鸟网或者口径更小的防蚊网。水塔和料塔随时保持盖住的状态。猪舍和外界连通的大门随时保持关闭状态。场区内杂草及时清理，垃圾及时清理。料塔周边或者其他地方有漏料及时清理，不给鸟类留下食物。料塔和水塔要安装驱鸟器，人员会攀爬的扶梯上面绑上驱鸟彩带，防止人员直接或者间接接触鸟类。死猪处理间也需要安装防鸟网，并安装驱鸟器阻止鸟类停留。

2.8.4 苍蝇蚊虫的控制

自非洲猪瘟在我国暴发之后，养猪人对同一猪场不同栋舍之间隔断猪病传播开始有了高度关注，同时也开始重视猪舍苍蝇蚊虫的控制。在非洲猪瘟暴发之前，人们对蚊虫的关注点主要是乙脑病毒，而非洲猪瘟让苍蝇蚊虫的控制引发了全行业的重视。目前行业中已有在苍蝇中检测到非洲猪瘟的报道，也有研究人员将吸食了非洲猪瘟阳性猪只血液的苍蝇做成匀浆液，混合到饲料中饲喂给健康猪只，实验结果是健康猪只发生临床症状。但目前还没有确凿的证据，证明在养猪实践过程中苍蝇蚊虫能够将非洲猪瘟病毒在猪群中传播或者在不同猪群中传播并导致感染发病。出于普遍意义上的生物安全风险考虑，苍蝇蚊虫作为机械载体，可以携带的细菌性或者病毒性病原数量无法估计，故苍蝇蚊虫依然是行业关注点之一。

苍蝇和蚊子都是完全变态的昆虫，它们的生活史大致可以分为卵、幼虫、蛹、成虫这几个时期。一般情况下前三期都是生活在水中，苍蝇蛹蛆需要从水中爬到干燥的地方羽化成有翅的成虫。苍蝇蚊虫的寿命虽然短，但是它们的繁殖能力极强，因此一旦形成有利于繁殖的环境，苍蝇蚊虫数量增长速度极快。在整个苍蝇蚊虫的群体中，幼虫的比例可以达到 80%左右，只有 20%是成虫，因此对幼虫的控制非常关键。

相较于不同种类的猪舍，在排污设计上，水泡粪设计的猪舍在猪舍内的苍蝇控制上有一定的优势，其原理主要是苍蝇蛹蛆需要从地沟中爬到干燥的缝隙或者土中才能发育成有翅的成虫，但如果粪污太稠水量不足，或者粪污表面形成硬结痂，这样的猪舍里面苍蝇数量会明显增多。这个时候需要搅动粪污打破表面结痂，往地沟加水稀释粪污，将苍蝇蛹蛆翻入水中。猪舍内湿度和氨气浓度的控制对苍蝇蚊虫的控制至关重要。如果地表湿度增大或者有积水，更有利于苍蝇蚊虫产卵，因此保持猪舍干燥干净通风良好是控制苍蝇蚊虫的重要前提。厨房餐余垃圾和病死动物的腐体含有丰富的营养和水分，是苍蝇蚊虫繁殖的绝佳场所。需要及时清理猪场的垃圾，病死动物需要尽快进行无害化处理，已经清空的猪舍需要尽快进行清洗排污。猪场需要做好排水设计，尽快减少雨水在场区内的停留，不在猪舍附近形成雨水滩。猪舍周边地面需要平整，定期除草，最好能够铺设碎石或者通过其他办法让地面不长草。

环丙氨嗪属1,3,5-三嗪类昆虫生长调节剂，对双翅目幼虫有特殊活性，有内吸传导作用，可诱使双翅目幼虫和蛹在形态上发生畸变，成虫羽化不全或受抑制。根据使用说明，可在饲料中添加环丙氨嗪，使得动物的粪便中带有化学药物，或者直接往粪污中喷洒或者混入一定比例的环丙氨嗪。针对成虫用药杀灭也是猪场经常采用的手段之一，市场上有种类繁多的相关药物。但一般情况下如果不能很好地将环境及幼虫控制好，只控制成虫效果并不理想。行业内有部分猪场会用防蚊纱网在猪舍进出风口将猪舍进行整体密封，防止外界的蚊虫进入猪舍。

2.9 猪场实用清洗和消毒流程

2.9.1 猪场常用清洁剂和消毒剂

1.猪场常用清洁剂

清洁剂是具有良好润湿力和表面渗透力的一类清洗类物质。清洁剂可以是酸性、碱性或中性物质，通常与消毒剂配合使用，以发挥双重作用。清洁是消毒过程中不可忽略的步骤，其作用如下：一是去除可能抑制消毒剂效果的油脂、渗出物或粪污等，使消毒剂用在清洁干燥的表面高效发挥杀灭效果；二是减少病原微生物的载量。在非洲猪瘟暴发前，很少有猪场使用专业的清洁剂，大多是在产床清洗时使用一些洗洁精。非洲猪瘟暴发后，随着从业者对洗消工作越来越重视，清洁剂已经成为多数猪场的必备物资。

目前最常用的清洁剂是泡沫清洗剂，它能够有效去除待清洗消毒物体表面的油脂、蛋白质、污垢和生物膜等，而且能够减少清洁的用水量和节省人工，高效的泡沫清洗剂能帮助节省约40%的水。泡沫清洗剂还可以去除地面表面及器具上顽固粪便和有机物，只需较低的压力喷淋猪舍或污物表面，即可达到良好的清洗效果，因此不会有气溶胶的生成，各种病原也不会弥漫在空气中。此外，泡沫清洗剂的泡沫吸附力可以增强消毒效果，泡沫清洁的可视性效果好，对作业人员和设备也安全。

泡沫清洗剂主要分为阴离子型、阳离子型、非离子型、两性离子型、聚合物型和复合型。不同的泡沫清洗剂在使用中可能会存在不同的问题。例如，阴离子型泡沫清洗剂难以降解，且具有慢性毒性；阳离子型泡沫清洗剂在碱性环境中的效果会受到影响；非离子型泡沫清洗剂不能够耐高温；两性型泡沫清洗剂的价格比较高；聚合物型泡沫清洗剂由于表面活性较低和发泡效果差，一定程度上影响清洗效果。现代化猪场的金属材料和高价值设备比较多，因此在选择泡沫清洗剂时，应注意选不腐蚀常规使用的任何金属、玻璃和塑料的清洗剂。在使用泡沫清洗剂时，要注意控制高压清洗机的压力和流速，对于一般的泡沫清洗剂而言，压强不低于 7 MPa，流速不高于 15 L/min，可以达到较好的发泡效果。

2.猪场常用消毒剂的分类

消毒剂的种类繁多，常用的消毒剂依据其化学结构大致可分为 9 类：季铵盐类、卤素类、氧化剂类、醛类、酚类、碱类、酸类、醇类和过硫酸氢钾类。

(1)季铵盐类消毒剂(单链、双链)　包括新洁尔灭、洗必泰、癸甲溴铵等，其优点是无毒性、无刺激性、气味小、无腐蚀性和性质稳定。多用于皮肤、黏膜、猪体表面、猪舍、用具和环境等的消毒。

(2)卤素类消毒剂　包括漂白粉、二氯异氰尿酸钠、氯胺 T、三氯异氰尿酸、次氯酸钠和碘伏等，具有广谱性，可杀灭多种类型的病原微生物。可用于环境、猪舍、用具、车辆和污水等的消毒，碘伏还可用于猪体表伤口的消毒。

(3)氧化剂类消毒剂　包括过氧乙酸、高锰酸钾和过氧化氢等，具有广谱、高效、无残留的特点，能杀灭细菌、真菌和病毒等。可用于带猪喷雾消毒以及料槽、环境的消毒，但强氧化剂与铁等易反应，易损伤车辆。

(4)醛类消毒剂　包括甲醛、多聚甲醛和戊二醛等，其优点是杀菌谱广、性质稳定、耐贮存、受有机物影响小。常用于处理猪舍、饲料间、仓库及饲养用具表面的熏蒸消毒。甲醛由于具有致癌性，目前基本不再使用，戊二醛常和季铵盐类组成复合消毒剂使用。

(5)酚类消毒剂　包括苯酚、来苏儿、复合酚、克辽林和农福等，性质稳定且在较低温环境下使用仍有效。常用于空猪舍、场地、车辆及排泄物的消毒。

(6)碱类消毒剂　包括氢氧化钠、生石灰等，对病毒、细菌的杀灭作用较强，高浓度溶液可杀灭芽孢。适用于墙面、消毒池、贮粪场、污水池、潮湿和背阴处的环境消毒。但容易和空气中的 CO_2 反应失效，有一定的刺激性及腐蚀性。

(7)酸类消毒剂　包括乳酸、醋酸、硼酸等，毒性较低，但杀菌力弱。通常以雾化形式用于空气的消毒,柠檬酸可用于水线的消毒。

(8)醇类消毒剂 如75%乙醇,常用于皮肤、工具、设备和容器的消毒。

(9)过硫酸氢钾类消毒剂 产品多为复合剂,溶解稀释至0.5%可用于畜舍环境消毒、饮水设备消毒、空气消毒、终末消毒、设备消毒、场地消毒和人员鞋底消毒等;0.1%过硫酸氢钾溶液可用于饮水消毒;0.2%过硫酸氢钾溶液可用于雾化消毒。

2.9.2 消毒剂的消毒效果比较

常见消毒剂对细菌、真菌和病毒等微生物的消毒效果见表2-11。

表2-11 不同消毒剂的消毒效果比较

消毒剂	受有机物影响程度	细菌	孢子	病毒	真菌	寄生虫
醛类	−	+++	+++	+++	+++	++
氯制剂	+++	+++	−	+++	++	+
季铵盐	+++	+	−	−	−	−
酚类	+++	++	−	+	++	−
氧化剂	++	+++	++	+++	++	−

注:+表示有效作用与强度;−表示无效。

该表仅仅是对几类消毒剂一般效果的阐述,对于非洲猪瘟病毒或其他具体病原的消毒效果以权威机构的实验结果为准。

2.9.3 猪场消毒方式的选择

选择消毒方法的基本原则主要有以下几点:①高效,即快速彻底杀灭目标微生物,病原污染不反复;②安全,即对人畜安全,毒副作用小,保护消毒物品不受或少受损坏;③有国家正式批准的产品文号;④环保,作用后易分解,无残留或极低残留,对环境无污染或污染轻微;⑤经济,即成本低,畜牧养殖适用,且实地操作简单。

在实际生产中,对不同动物或不同环境消毒时选择的消毒剂及消毒方法均不同。总的原则如下:①对于外部的道路、出猪台和猪舍地面墙面等消毒剂用量大的实质或水泥表面,可以使用烧碱等低成本但腐蚀性强的消毒剂;②对于仪器设备比较多的现代化猪舍,金属和橡胶部件多的运输车辆等,建议使用无腐蚀性的消毒剂(如戊二醛、过硫酸氢钾复合物等);③实验室建议用氯制剂消毒,因为氯制剂对核酸有很强的破坏作用。

猪场常用的方式包括:静置、紫外线、高温、熏蒸、浸泡和喷淋,其中后三种需要用到消毒剂。

(1)熏蒸　是将消毒剂分子(包括化学消毒剂和臭氧)通过一定的设备散布到密闭空间内,与空间内的物品表面充分接触,经过一定的时间后杀灭物品表面病原的消毒方法。熏蒸是进场物品最常用的消毒方式。过去物品的消毒大多使用紫外灯,但紫外灯的照射强度会随使用时间的延长而衰减,紫外线是表面消毒,且容易受到遮挡形成死角,受环境湿度影响较大,所以现在都是配合臭氧同时进行熏蒸。熏蒸时要注意检查空间的密闭性,监控臭氧浓度(根据原卫生部消毒作业标准:不低于 10 mg/m^3,30 min),要确保被消毒物资所在区域都能达到消毒的有效浓度和作用时间。如果使用化学消毒剂熏蒸,要按照说明书推荐或实验证明的浓度进行(一般高于普通喷淋消毒)。

(2)浸泡　将可以浸泡的物品浸入稀释好的消毒液,主要用于防水物品的消毒。疫苗等有低温要求不能进行烘干等消毒方法的,可以拆去外包装后浸泡,但需要注意疫苗瓶的密封性。用于浸泡的消毒液应选择无腐蚀、安全性高的,要勤更换以保证消毒效果。

(3)喷淋　是最常见的消毒方式,用喷淋设备将稀释好的消毒剂均匀喷到物品、车辆、栏舍的表面。为保证效果,喷淋前应保证被消毒表面洁净干燥,喷淋时从下往上,不能留下死角。水泥等渗透性表面的用量应高于金属等非渗透性表面,同时避免在高温蒸发量大的时候喷淋。

2.9.4　影响猪场消毒效果的因素

(1)消毒剂质量　选用质量合格的消毒剂是保证效果的先决条件。必须严格检查消毒剂的实际浓度、有效成分含量、有效期、保存条件等,确保使用真实合格的消毒剂。

(2)消毒剂浓度　通常消毒效果与消毒剂有效浓度成正比。但某些情况除外,如 75%的酒精消毒效果要强于 90%的酒精。工作浓度应该严格按照实验结果来确定,不要盲目提高浓度,以防造成安全问题和浪费。同时要考虑消毒时物体的干燥程度,以免降低实际有效工作浓度。

(3)作用时间　其与消毒剂浓度成正比,浓度越高消毒时间越短。市售常见消毒剂的作用时间一般在 10～30 min。

(4)病原微生物的数量　微生物越多,需要消毒剂的剂量越大,但严格的清洗可以除去较多的微生物,因此从使用效果和成本考虑,建议认真清洗后再消毒,不建议盲目提高消毒剂的用量。

(5)温度　通常消毒速度随温度的升高而增快,故温度高杀灭效果好。冬季结冰时,应提高水温或加入防冻剂。

(6)酸碱度　酸性、碱性消毒剂的消毒效果受酸碱度影响很大,必须保证配制和使用环境的 pH 符合消毒剂的化学性质。

(7)有机物或拮抗物质　一些有机物对病原有保护作用，大大影响消毒效果，所以，消毒前必须先清洗，以除去有机物。

(8)消毒频率　消毒频率越高，消毒效果相应越好。但过于频繁会使环境湿度过大，反而影响猪只健康。

2.9.5　消毒后冲洗污水的处理

集中收集消毒后冲洗产生的污水至污水处理池，并按比例投放含氯消毒剂消毒处理，其排放应符合《畜禽养殖业污染物排放标准》(GB 18596)。

2.9.6　非洲猪瘟病毒的理化特性及常用敏感消毒剂的选择

非洲猪瘟病毒是大型 DNA 病毒，表面的蛋白质比较多。这意味着表面的化学基团种类和数量都要多于其他病毒，因此与不同的消毒剂发生化学反应的概率更大，更容易被杀灭。目前市面上常见的消毒剂只要质量合格，使用方法正确，都可以有效杀灭非洲猪瘟病毒。一般来说，猪场可以准备 2～3 种消毒剂，用于不同的场景/场合的消毒，在保证效果的同时兼顾成本。非洲猪瘟病毒对物理和化学作用的抵抗力见表 2-12。

表 2-12　非洲猪瘟病毒对物理和化学作用的抵抗力

项目	抵抗力
温度	耐低温，不耐高温。加热 56 ℃/70 min 或 60 ℃/20 min 可灭活
pH	在无血清培养基中，pH＜3.9 或 pH＞11.5 可灭活。血清可增加病毒的抗性，在 pH 13.4 时，无血清抗性持续 21 h，有血清抗性持续 7 d
化学品/消毒剂	易受醚和氯仿的影响。灭活：2％氢氧化钠(30 min)、次氯酸盐为 2％～3％氯(30 min)、0.5％戊二醛(30 min)等
生存	在血液，粪便和组织中长期存活，尤其是未经烹煮或未煮熟的猪肉产品

2.9.7　在非洲猪瘟风险下猪场科学使用消毒剂的建议

在非洲猪瘟风险下猪场科学使用消毒剂建议见表 2-13。

(1)猪场粪沟道路以及猪场周边区域(包括门口围墙)　使用 1％～3％烧碱和 10％～20％石灰水。优点是便宜，强力杀菌消毒，可视化消毒；缺点是强腐蚀性，腐蚀橡胶金属，对人员危险性极强。

(2)猪场脚踏盆　带猪的猪舍、走道以及带人的走道洗澡间办公室等，使用有效氯制剂、复方过硫酸氢钾复合粉。优点是消毒效力高，对人员动物相对友好；缺点是强氧化性腐蚀金属，消毒效力容易受温度及有机物影响。

(3)猪场空猪舍　空走道及出猪台、拉猪车辆消毒一般使用戊二醛制剂。优点是消毒效力高，不腐蚀任何仪器设备，不受低温有机物影响消毒效力；缺点是对人及动物呼吸道有刺激性，价格较高。

(4)猪皮肤　伤口消毒可使用复合碘制剂或酒精。优点是对人及动物友好，刺激小；缺点是消毒效力较低，易挥发，短效消毒特殊消毒。

另外，在暴发特殊疫情及疾病净化时使用的消毒方式如下：冬季产房腹泻时降湿的干粉消毒剂，消毒效力低，干燥效果明显；产房疾病净化的火焰消毒，杀灭效果好，需要干燥使用，需要持续时间才能消毒；猪场消毒间的紫外/臭氧消毒，杀灭病菌能量强，但穿透力低，消毒时间长，仅适用于小房间，小环境消毒；空猪舍水线消毒柠檬酸浸泡过夜，可将残存的矿物质生物膜溶解破坏，但消毒力低，对金属管线有腐蚀性。

表 2-13　猪场对非洲猪瘟病毒敏感的常用消毒剂和使用场景

消毒对象	消毒剂	消毒浓度	使用方式	消毒时间
池内粪污泥	氢氧化钠	2%～4%	喷雾	10 min
	盐酸	2%～4%	喷雾	10 min
设备设施表面	氢氧化钠	0.8%	喷雾	30 min
	次氯酸钠	3%	喷雾	30 min
	次氯酸钙	3%	喷雾	30 min
	邻苯基苯酚	3%	喷雾/浸泡	30 min
	过硫酸氢钾	1%	喷雾/熏蒸/浸泡	30 min
	戊二醛	2%	喷雾/熏蒸/浸泡	30 min
木材表面	柠檬酸	0.1%～0.2%	喷雾	30 min
无法冲洗表面	戊二醛	2%	气雾熏蒸	30 min
舍外硬化地面	次氯酸钠/次氯酸钙	3%	喷雾	30 min
舍外未硬化地面	去渣生石灰	2 kg/m^2	翻土层 15～20 cm 混拌	洒水

2.9.8　消毒剂猪场消毒程序

1.前期准备

①消毒物资准备：高效消毒药(过硫酸氢钾复合物、新鲜的生石灰、烧碱等)、冲洗设备、浸泡设备和人员防护装备。

②如果是全场消毒，则消毒顺序为猪舍—生产区—生活区—场区外围，并且可能需要至少 2 轮的消毒，第二轮消毒时要确保人员开始按照洗澡流程进入猪舍。

2.物资清理

①将猪舍内垃圾、易耗品、木质材料等密封打包后，由猪舍内冲洗人员放到生产线出猪台外，再由场内生物安全员负责运往无害化处理点处理。

②对场内剩余饲料进行无害化处理。

③将兽药、疫苗、器械等冲洗干净，用 0.5%过硫酸氢钾复合物浸泡 30 min，干燥后收集到场区库房，封存备用。

④将舍内可拆卸物资冲洗干净，用 0.5%过硫酸氢钾复合物浸泡消毒后收集到舍内库房，封存备用。

⑤生活区：用 0.5%过硫酸氢钾复合物擦拭门把手、电源开关、水龙头、窗户把手、床和衣柜等物品，床上用品用 0.1%过硫酸氢钾复合物浸泡 2 h，清水洗净 65 ℃烘干 1 h。宿舍内所有个人物品选择浸泡与烘干 2 种消毒方式，不能消毒的物品需销毁。办公室物品、纸质类文件在烘干箱内 65 ℃烘干 1 h。

3.运猪车辆消毒

运猪车消毒遵循六步法原则，即粗洗—皂洗—精洗—干燥—消毒—再干燥。

(1)粗洗　清洗车厢内外侧、隔板、顶板，车头外侧，轮胎轮毂、缝隙，车底部等。

注意：车厢侧面边缘、车底部、挡泥板、车头和车厢连接处、栏杆、轮胎缝隙、栏杆与车厢缝隙，保持不留一粒猪粪。

(2)皂洗　从前向后、由下向上对车辆和所有表面通过发泡喷枪喷洒 1%发泡剂的稀释液浸泡，作用 15 min。

注意：专用发泡枪，冲洗机压强不低于 7 MPa，出水速度不高于 15 L/min，陈旧顽固污渍需要用刷子刷洗。

(3)精洗　使用高压冲洗机用清水冲洗车辆所有表面内外(有条件的使用热水)。

注意：该环节耗时最长，冲洗从前向后，自上而下。车辆尽可能倾斜，沥水后有利于干燥。冲洗效果与冲洗机压强、冲洗工人的细致程度、车辆的设计和车辆材料都有较大关系。

(4)干燥　自然晾干、专用消防用吹风机吹干或者热辅助系统烘干，这些都有助于缩短干燥时间。

(5)消毒　使用稀释消毒剂喷洒所有表面，不低于 15～20 min 的作用时间。

注意：消毒剂与水的配比必须量化，不能凭感觉，有必要时，需要明确容器的容积和消毒剂使用量的对比关系，让操作人员简洁明了地知道如何配消毒液。冲洗机枪头调成雾状喷洒均匀。冬季寒冷地区需添加一定比例防冻液。

(6)再干燥　待车辆完全干燥并检测合格,经过一定的隔离时间后,方可使用。

4.猪舍消毒

1)猪舍的洗消

猪舍的洗消可以分为7步,即清理—皂洗—精洗—干燥—消毒—再干燥—白化/熏蒸。

(1)清理　拆除所有无法消毒的物品,保护好重要设备。清理的顺序应为从屋顶到地板,从舍内到猪舍门口。不要遗漏横梁、进气口、风扇轴等。排空地沟粪尿,漏缝板、产床需要掀起后进行反面清洗,人员要下地沟清理污物,注意地沟通风。清洗前应切断猪舍电源,做好用电插座、开关、灯口的防水工作,注意用电安全。

(2)皂洗　通过发泡枪喷洒泡沫清洗剂浸泡所有表面和设备,作用时间至少15 min。

(3)精洗　使用高压冲洗机用清水冲洗,顺序也应按照从屋顶到地板,从建筑物的一端到另一端。注意冲净粪沟内所有污物。

(4)干燥　待所有表面干燥,可以使用烘干设备。

(5)消毒　使用对非洲猪瘟病毒有效的消毒剂,按照规定浓 100 mL/m^2 的标准,喷洒于所有物品、地面和墙面的表面,最少保持15 min的作用时间。地沟用2%的烧碱溶液(pH 13.7)浸泡24 h后排空。有条件的可以用火焰消毒地面和金属栏杆。

(6)再干燥　消毒后待所有表面干燥。

(7)白化/熏蒸　用烧碱石灰乳(20%生石灰和3%氢氧化钠)白化或者每28 m^3 的空间,用500 mL的福尔马林和200 g高锰酸钾熏蒸消毒(也可以根据自有消毒剂进行熏蒸)。

烧碱石灰乳配制方法如下:将20 kg生石灰加入100 kg水中,搅拌,使用纱网过滤残渣,制成石灰乳;然后向石灰乳中加入3 kg氢氧化钠,搅拌备用,使用时每平方喷洒100 mL配制好的烧碱石灰乳。

注意:烧碱石灰乳应现配现用,同时要注意烧碱石灰乳配制过程为放热反应,做好人员的防护,避免人员烫伤。

另外,出猪台也是重点污染区域,应按照上述步骤重复洗消。

2)水线的处理

水线的处理应在猪舍消毒后,在第二次消毒的同时进行。推荐处理方式如下:放空水线,清洁;用柠檬酸将水调成pH=3的酸化水浸泡水线8～24 h,再用清水冲洗;或使用过硫酸氢钾复合物或戊二醛稀释液浸泡管线1 h,再用清水冲洗干净;饮用水中可以使用氯制剂消毒,消毒后终端有效氯浓度应在5 mg/L以下。

5.猪舍外生产区消毒

清除室外所有残留饲料、粪便,并无害化处理。清除猪场内所有杂草树木和各种垃圾,喷药季节喷洒除草剂。2%烧碱水喷洒场区道路及两侧 2 m 范围的地面,新鲜的生石灰白化。2%烧碱水喷洒猪舍周边 5 m 地面,新鲜的生石灰白化后覆盖 5 cm 厚碎石。2%烧碱水喷洒死猪掩埋区,均匀洒水后用新鲜的生石灰覆盖并覆膜。死猪掩埋区周围加装围栏,并设立警示标识。无害化粪污应自然发酵 6 个月以上。将生产区内所有辅助生产的房间(兽医室、物品库等)进行熏蒸消毒后密闭 72 h 以上。

2.9.9　消毒剂使用的常见注意事项

(1)先清洗后消毒　使用消毒剂前,必须先对要消毒的区域进行清洁,确保去除生物膜、杂质和有机物等,从而使病原充分暴露,便于消毒剂充分发挥作用。

(2)合理稀释　按照说明书进行配制,选择最适合杀灭非洲猪瘟病毒的浓度。不要随意提高消毒剂浓度。以最便宜的烧碱为例,2%即可达到 pH 13,足够杀灭非洲猪瘟病毒,无须再提高浓度;高浓度烧碱既浪费,又容易对人和猪产生灼伤。

(3)现用现配　多数化学消毒剂配制好后,会与空气或环境中的某些成分发生反应,时间过长,消毒效力会显著下降,宜现用现配。如次氯酸钠等的稀释液放置不能超过 24 h。可以将盛水的容器按照常用量事先画好刻度,并标好对应刻度的消毒剂添加量,方便一线人员操作,如果换消毒剂或者稀释比例,要及时调整。例如,消毒拉猪车每次需用稀释后的消毒液 30～50 L,那么就可以在水桶的 30 L、50 L 处画好刻度线,每次加入消毒剂原液后,将水加至刻度处即可。注意工作温度消毒剂在结冰情况下是无法和病原微生物有效接触发挥作用的,北方冬季易结冰,消毒时因根据天气情况适当添加防冻液或提高水温。

(4)注意反应时间　消毒剂必须同病原微生物充分接触作用一定的时间后,才能将其有效杀灭。不同类型、不同稀释度的消毒剂的作用时间都不一样,需要根据专业机构的实验结果来确定。目前常见的消毒剂大多在 10～30 min 内可以杀灭病原微生物。不能为了追求洗消速度,而缩短反应时间。

(5)根据不同的使用场景科学选用消毒剂　不同的消毒剂杀灭病原微生物的效果不同,因此应使用推荐的且经过测试和批准的消毒剂,同时还要综合考虑消毒对象、应用场景和成本来选择。场区、地沟、水泥地面等可以用烧碱;车辆、设备和栏杆等宜用无腐蚀性的中性消毒剂;核酸检测实验室要选用氯制剂,因为氯制剂可以破坏环境中的核酸;物品熏蒸时可以使用臭氧,需要注意熏蒸室的密闭情况并定期监测臭氧浓度,确保整个熏蒸过程中有效浓度达标。

(6)确保人员安全　目前市场上的多数化学消毒剂对人体和物品有一定的危害,使用时需要注意安全。为保险起见,建议配制消毒剂时应该戴手套和护目镜或防毒面罩。有明显致癌性的甲醛应杜绝使用。

(7)谨慎带猪消毒　带猪消毒的效果值得商榷,因为对于有猪的猪舍而言,病猪会不断排出病原,在此情况下喷洒消毒剂,仅能暂时杀灭环境中非常有限的病原,而且许多消毒剂对猪的呼吸道黏膜有伤害,反而会损伤黏膜便于病原入侵。但是,在某些疾病情况下,发病限位栏或大栏的猪被清除后,应对发病栏位和过道进行仔细消毒,防止污染面扩大。

(8)不必经常轮换消毒剂　轮换使用消毒剂是针对单一成分消毒剂的使用方法。如果猪场使用的是经权威机构认证的、有效成分含量符合标准的广谱消毒剂,只要操作得当,即可以杀灭目标病原微生物,故不需要经常轮换使用。况且轮换使用不同种类的消毒剂会给一线工作人员带来操作上的不便,造成人为操作失误率升高。一个猪场根据不同常见需求储备 2～3 种消毒剂即可。

2.9.10　消毒效果的评估

1.ATP 检测

ATP 检测是一种很好的评估清洗消毒效果的方法,这个方法被广泛地应用在食品生产领域和实验室质量评估中。虽然病毒不能产生 ATP,但是细菌可以产生 ATP,同时猪场残存的有机杂质中也会存在很多生物细胞,生物细胞也可以产生 ATP。如果通过清洗消毒能把环境中的细菌/有机质彻底地清除掉,病毒就没有生存的载体,那么环境中的病原也会被得到很好的清洗消毒处理,因而 ATP 检测是帮助我们评估洗消效果的有效方法之一。操作方法如下:具体检测时,用专业荧光拭子对各种风险区域擦拭 10 cm×10 cm 的面积,检测结果如果小于 30 RLU(相对照度单位),则表明清洗消毒结果是好的(表 2-14)。ATP 荧光检测基于萤火虫发光原理,利用"荧光素酶-荧光素体系"快速检测 ATP(图 2-16)。

$$\text{ATP}+\text{LH}_{2(\text{荧光素})}\xrightarrow[\text{荧光素酶}]{\text{Mg}^{2+}}\text{LH}_2\cdot\text{AMP}+\text{二氢吡咯酸}$$

$$+\ \text{O}_2\ \downarrow$$

$$\text{AMP}+\text{CO}_2+\text{氧化荧光素}+\text{光}$$

图 2-16　ATP 荧光检测发光原理

表 2-14　猪舍清洗前后，经 ATP 检测的清洁度变化

评估位置	处理前采样检测平均值/RLU	处理后采样检测平均值/RLU	下降幅度/%
铸铁漏缝板反面	1036	0	100
猪舍栏杆	182	20	89.01
猪舍水帘	649	0	100
猪舍栏墙角	870	0	100
料槽边水泥地面	1545	4	99.7

2.荧光定量 PCR 检测

荧光定量 PCR 可以直接检测场内经过严格清洗消毒后的地面或者其他区域是否残留有非洲猪瘟病毒的遗传物质(基因)，是评估清洗效果的有效方法之一。

环境表面采样时，采用 7.5 cm×7.5 cm 无菌纱布，用适量无菌生理盐水浸湿，在采样区 5 cm×5 cm 的区域内涂擦表面。每块纱布可采集 5 个环境取样点。车辆采样使用同样的方法，每层取 10 个点，每个车轮各取 1 个点，驾驶室取 4 个点。将采样后的纱布放入一次性封口袋，冷藏保存，立即送检。样品可由 3 份合成一个混合样品，送实验室进行非洲猪瘟病毒的荧光定量 PCR 检测。

运猪车辆洗消前后的非洲猪瘟检测及细菌培养情况见表 2-15。

表 2-15　车辆清洗前、泡沫清洗剂清洗后、戊二醛消毒后不同位置的采样检测结果

采样位置	时间	非洲猪瘟 Ct	细菌计数/10^2	细菌计数/10^3	细菌计数/10^4
大车前栏杆	洗前	18.43	1	0	0
	洗后	35.78	1	6	8
	消毒后	—	0	0	0
大车前底部	洗前	34.67	8	2	1
	洗后	—	1	0	0
	消毒后	—	0	0	0
大车驾驶室	洗前	—	272	112	31
	洗后	N	N	N	N
	消毒后	—	0	0	0
大车后栏杆	洗前	33.21	0	45	0
	洗后	—	0	45	0
	消毒后	—	0	0	0

续表2-15

采样位置	时间	非洲猪瘟 Ct	细菌计数/10^2	细菌计数/10^3	细菌计数/10^4
大车后底部	洗前	22.49	1000	108	21
	洗后	—	1	0	0
	消毒后	—	0	0	0
大车轮胎	洗前	37.58	38	3	1
	洗后	—	7	2	1
	消毒后	—	12	0	0

注:N 表示未检测,—表示未检出

非洲猪瘟阳性车辆在经过清洗消毒后,没有非洲猪瘟病毒检出,且菌落数量也很少,证明经过严格的洗消流程,可以完全去除车辆携带的非洲猪瘟病毒。

思考题

1.如何理解猪场生物安全“净区”和“脏区”的概念?
2.在猪场洗澡间的生物安全设计中都需要注意什么?
3.猪场物资消毒的方式有哪些?简述各种消毒方式的优缺点以及适用范围。
4.饲料厂生物安全的关注点有哪些?如何降低其风险?
5.后备种猪引入的流程以及生物安全关键点有哪些?
6.猪场消毒的需要遵循的原则是什么?如何选择消毒剂?

第3章

非洲猪瘟病毒的检测与监测

【本章提要】本章分四部分介绍了非洲猪瘟的检测技术在生产中的应用和注意事项。第一部分围绕着生产和防疫的需求，介绍了检测技术在日常检测（及时排查风险点）、监测与检查（预警风险、查找漏洞）、定点清除（提供精准剔除的数据支持）和程序评估（评测复养的风险）等领域中的价值。第二部分介绍了不同目的下的采样方案和流程，尤其是在定点清除和复产检测等环节重点介绍了如何通过采样方案的设计来提升检测效率。第三部分介绍了良好的实验室体系是检测结果的准确性和及时性的保证，并围绕参考实验室、区域实验室和快检实验室的定位和功能，介绍了检测实验室所需匹配的硬件设施和合理布局。第四部分对检测中可能遇到的常见问题进行了解答，如出现了核酸污染的处置方法、特殊样品的处理方法等等。

3.1 非洲猪瘟检测与监测的价值

科学的诊断与分析可了解疫情传播途径、传播范围，从而针对性地进行感染途径的溯源、消毒和重点群体的监控与筛查，并改进生物安全措施。检测与监测在防控非洲猪瘟中的价值体现在向决策层提供数据支持，从而降低病原入场概率和扩散风险，进而更高效地开展猪群净化工作。

涉及猪场防疫时常用的非洲猪瘟病毒检测方法为核酸检测和抗体检测。核酸检测灵敏度高，主要应用于对病原的追踪，包括对人员、物品、车辆和环境和发病初期或潜伏期猪群的检测，起到切断病毒传播途径，剔除感染动物的作用。抗体检测操作难度低，便于推广，主要应用于感染后猪群的监测，有利于快速剔除隐性感染的猪只，避免其存在复发散毒的风险，提高引种成功率等。相信检测对于猪场净化非洲猪瘟、区域净化以及引种监测中会发挥更大的应用价值。

针对非洲猪瘟的检测在日常检测(及时排查风险点)、监测与检查(预警风险、查找漏洞)、定点清除(提供精准剔除的数据支持)和程序评估(评测复养的风险)等领域中(图 3-1)与生产息息相关,主要发挥以下几个方面的作用:

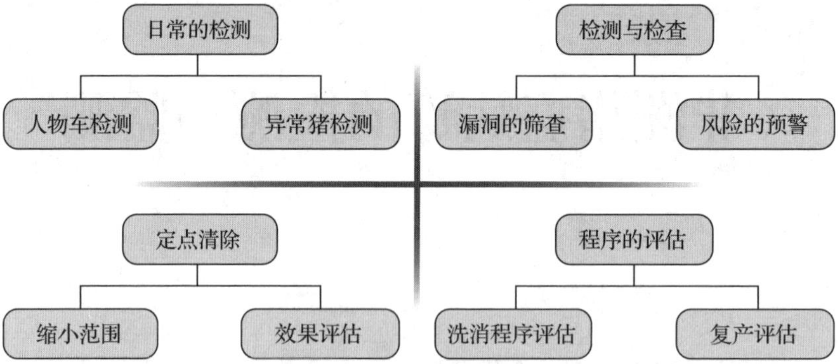

图 3-1 非洲猪瘟检测的价值

1.降低外部载体携带病原进场的概率

在针对人员、车辆和物资的日常检测工作中,检测发挥了监督者的作用。通过对人员、车辆和物品核酸检测,除了可降低携带病原的载体接触猪场的概率外,还对日常洗消工作和生物安全工作执行情况起到监督和审查作用,通过核酸检测可了解相关工作制度是否得到有效的执行。

2.早期发现并确诊异常猪或异常猪群

在对异常猪只或猪群的排查中,检测发挥着“吹哨人”的作用。以非洲猪瘟的临床症状为标准,饲养人员每日汇报排查异常的猪只,并由兽医进行采样检测。通过对异常猪的检测,容易在发病初期发现感染源,从而降低感染范围和病毒扩散的载量。异常猪的检测是定点清除工作的开始,越早发现异常猪,越有利于减轻定点清除时的工作难度,这也是提升定点清除工作成功率的必要保障。

3.对猪场进行风险预警和漏洞筛查

通过检测对猪场进行风险预警与漏洞筛查是猪场兽医管控的有效工具,从而根据风险级别调节工作节奏,实现生物安全工作张弛有度。定期对从猪场外围到内部的环境检测,可通过阳性点分布和检出率的数据评估目前疫情对猪场的影响,并从阳性点入手,分析猪场在生物安全管理工作中的漏洞。此外,定期的风险筛查数据可使得生物安全工作有条不紊。当管理者发现周边非洲猪瘟检出频次增加时,或当发现车辆普遍检出时,生物安全的风险级别也应随之升高,这时就需要适时启动对内部猪群的排查工作。

4.对疑似猪群定点监控与精准清除

当有异常猪确诊感染非洲猪瘟后,必须启动定点清除拔掉风险点并使猪群恢复至阴性群体状态。定点清除的核心是需要做到精准，在定点清除中，检测起到了精确制导和定位的作用，包括监测范围的精准和感染猪只的精准发现。通过环境样本采样可确定疫病传播的范围，通过猪只感染率和病毒载量数据的统计可评估在定点清除中所采用的措施是否有效，最后通过对猪场环境和猪群的检测可判定是否可以解除风险。通过精准检测和精准剔除，可在潜伏期内淘汰感染猪只，从而实现其他猪舍猪只的安全，往往可在1个月内能实现正常的生产活动。

5.确定阳性场清群后是否清除感染源

阳性场清群并经过洗消后，通过核酸检测一方面可以评估洗消程序的合理性，另一方面也可以评估猪舍内是否还存在非洲猪瘟病毒，是否具备复养条件。由于清洗和消毒受多种因素的影响（如水质、干扰物、温度等），洗消过程中同样存在执行不到位的问题，没有经过核酸检测会增大复养失败的风险，核酸检测阴性是猪场复养的必要条件。

6.降低猪场引种与和转群过程中的风险

在涉及引种和转群过程中，对猪只、车辆和猪舍的核酸检测是必不可少的。首先在引种前对猪群按照一定的比例进行采样，进行病原学和血清学检测，确定是否存在传染源，如检出核酸阳性和抗体阳性则表明存在风险，就需要终止对该猪群的引种工作。装猪起运前通过对车辆、人员进行检测可降低引种过程中被感染的风险。运猪的车辆到达目的猪场之后，对车辆的检测可评估运输过程中被感染的风险，从而采取应对措施。进入隔离场之后通过对引种后的猪群监测，可及时发现被感染的猪，并通过定点清除技术止损。

对于多点式饲养模式正常转群时，装猪起运前通过对车辆、人员的检测可降低引种过程中被感染的风险。车辆运猪到达目的猪场之后，对车辆的检测评估运输过程中被感染的风险从而采取应对措施。如涉及对阳性感染场挑选健康猪的转群，还可通过逐一的核酸检测剔除可疑猪只，转移至洁净场之后，通过连续监测为猪场留下合格的阴性猪。

3.2 非洲猪瘟检测与监测

3.2.1 针对人员、车辆和物品的日常监测

非洲猪瘟病毒可在猪体外长时间存活，因此人员、车辆和物品上都可能携带病毒，猪场规模越大，生产活动越频繁，人流、物流和车流的频次越高，猪场感染的风险就越高，所以对人员、车辆和物品的检测是每日例行的工作。可按如下流程开展

日常的监测。

3.2.1.1 采样工具准备

1.棉纱包的制作及采样方法

①将 20 cm 长、5 cm 宽的棉纱折叠成 5 cm×5 cm 的棉纱包。

②将棉纱包放入自封袋中，加入 10 mL 生理盐水，在自封袋外部贴上标签纸。

③使用时采样者戴一次性手套将棉纱从自封袋中取出，对人员的体表、衣物、鞋底或物品表面等区域进行采样。

④每个棉纱包可采集 1 名人员或多件物品的样本，采集后将棉纱包放回自封袋中，在标签纸上编号记录。

⑤采集后的样本放入冰盒中，冷藏或冷冻保存和运输。

2.棉签采集器的制作及采样方法

①将一根棉签和装有 1 mL 的生理盐水的 EP 管放入自封袋中，在自封袋外部贴上标签纸。

②使用时戴一次性手套将棉签和 EP 管从自封袋中取出，将棉签取出蘸取生理盐水，对脸颊、手指、耳朵或车辆的缝隙、栏杆等区域进行采样。

③每采集一个区域后将棉签浸入 EP 管中，同时蘸取生理盐水再采集其他区域。

④采样结束后可将棉签杆折断，只留棉签头浸入生理盐水中，盖上 EP 管盖。

⑤更换一次性无菌手套，继续采集下一个采样位点。

⑥将 EP 管放入自封袋，在自封袋的标签上进行编号。

⑦采集后的样本放入冰盒中，冷藏或冷冻运输保存。

3.拖布采样器的制作及采样方法

①首先在拖布上套上至少 2 层的干净塑料袋。

②再将纱布完全覆盖整个拖布，采样前在拖布上倒上 200 mL 的纯净水。

③对栋舍、办公室等过道地面与墙壁或车辆车厢等区域进行全覆盖擦拭。

④采集下一个样本时，需换新的塑料袋和纱布。

⑤采样结束后将纱布样品挤出至离心管作为一个样品，样本放入冰盒中，冷藏或冷冻运输保存。

3.2.1.2 采样工具准备

针对车辆、人员和物资的样本采集方案总结见表 3-1。

表 3-1　针对人员、物品和车辆的采样方案

序号	项目	范围	区域数量	采样方法	备注
1	车辆	拉猪车、饲料车、中转拉猪车、外部拉猪车、死猪转运车、淘汰猪车辆、私家车等	车头采样	纱布擦拭	1个
			驾驶室(方向盘、脚踏处、中控台)	纱布擦拭	1个
			底盘、车轮	棉拭子采样	3～5个
			车厢夹缝等	棉拭子采样	3～5个
			车厢厢壁、厢底等	拖布棉布条和纱布擦拭	1～2个
			随车物品(篷布等)	纱布擦拭或棉拭子采样	2个
2	人员	防疫人员、配怀查情人员、隔离点人员返场人员、司机	指缝、手指甲、衣物口袋口	棉拭子采样	1个
			头发、手、鞋底	纱布擦拭	1个
			脸颊	纱布擦拭	1个
			手机、电脑等电子产品	棉拭子采样	1个
3	物资	饲料、动保产品、生活物资、精液、个人物品等	公猪精液	每5瓶中分别取样混样检测	批批检测
			个人包裹	纱布擦拭	个人物品合检
			疫苗瓶	棉拭子表面擦拭	抽检10%
			物品外包装	棉拭子表面擦拭	抽检10%
			兽药	表面擦拭检测	抽检10%
			饲料	下料口采样浸泡	每次打料均需检测
			玉米	浸泡后取液体富集后检测	每批次采样检测
			蔬菜	浸泡后取液体富集后检测	定期抽查

3.2.2　对异常猪或猪群的监测流程

当发现猪群中有母猪和育肥猪拱料不食、剩料的猪只，以及发生流产、打针后流血不止(凝血不良)、突然呕吐、血便、发烧、身体发红、发绀、口鼻出血、耳朵或体表出现紫斑、毛孔出血、转群后精神表现沉郁异常的猪只都要及时采样检测，采样方案如下：

3.2.2.1　采样工具的准备及采集方法

1.鼻腔或唾液拭子的采集方法

①选用长度大于10 cm的大头长棉签3支，并配置采样试管等物品放置于自

封袋中。

②采样时操作者需佩戴乳胶手套后，再佩戴一次性 PE 手套，从自封袋中取出棉签。

③将 3 根棉签同时插入鼻腔或口腔中，棉签深入鼻腔至少 8 cm 处并使棉签浸润。

④将采集后的棉签放入自封袋中，准确标号（采样时间、样本原始编号、样品类型），对应做好原始记录；也可将棉签折断，将棉头部分放入 EP 管中，并编号。

⑤采集下一头猪时需更换 PE 手套。

⑥将采集后的样本放入冰盒中，样本需冷冻保存和运输。

2.直肠拭子的采集方法及流程

①选用长度大于 10 cm 的小头棉签 2 支，并配置采样试管等物品放置于自封袋中。

②采样时操作者需佩戴乳胶手套后，再佩戴一次性 PE 手套，从自封袋中取出棉签。

③采样前先清理污物，可用酒精棉对肛门进行擦净。

④将小头的棉签以 2 根棉签为一组深入直肠中。

⑤棉签深入至少 5 cm 以上，搅动 3 圈，当棉签完全润湿后取出（尽量避免粘到粪便）。

⑥将采集后的棉签装入试管或自封袋中，准确标号（采样时间、样本原始编号、样品类型），对应做好原始记录。

⑦采集下一头猪时需更换 PE 手套。

⑧将采集后的样本放入冰盒中，样本需冷冻保存和运输。

3.血拭子的采集方法及流程

①带好手套，提前编号，准备好采血针等用具。

②耳缘静脉采血法：将猪横卧式保定，耳根捏压静脉的近心端，手指轻弹，用酒精棉球反复擦耳使静脉扩张，用一次性采血针顺着血管方向扎破血管。

③尾根静脉采血法：将猪站立式保定，将猪尾抬起与背中线平齐，在近尾根与肛门间 3～5 cm 处进针。

④出血后立即用灭菌的棉签按压出血点 30 s 以上。

⑤按压过程中吸血 0.1 mL 并止血，若血流量过大需更换新棉签。

⑥止血后将棉签放入自封袋中，做好标记和记录送检。

⑦采血人员更换手套，采集工具进行无害化处理。

⑧血拭子运输可冷冻、冷藏，也可常温保存。

⑨实验室收到样本后，可将棉签头剪下，放置于生理盐水中溶解血液。

3.2.2.2 采样方案

由于发病猪的排毒量要显著高于各种载体携带的病毒，因此采样时需避免交叉污染。采样时需对个体异常猪逐一采样，采样过程中避免交叉污染，尤其在针对便血、流产和打针后流血不止的猪采样时。采样后人员的工具、鞋底和工作服须消毒，防护服等须进行焚烧处理。针对异常猪的采样方法总结见表 3-2。

表 3-2 异常猪采样方法对照表

序号	表现	采样方法
1	定位栏中母猪厌食，拱料不食，剩料，喜卧	用棉签进行唾液采样或鼻拭子采样
2	妊娠母猪大面积流产	分别采集污染区域的血拭子和流产母猪的唾液等
3	打针后流血不止	血拭子逐一采样
4	发烧，发绀	唾液或血拭子逐一采样
5	呕吐的猪	唾液采样、直肠拭子逐一采样
6	血便或毛孔出血	直肠拭子或血拭子逐一采样
7	转群后精神状态不佳，喜卧	用咬绳或唾液采集袋大群采样

3.2.3 风险预警与漏洞筛查

为了解稳定猪场周边的疫情感染压力，监控猪场是否存在生物安全漏洞，需要定期从猪场外围到猪场内部“灰区”和“白区”进行采样，进行非洲猪瘟核酸检测，采样的重点区域及采样方法见表 3-3。

表 3-3 风险预警与漏洞筛查采样方案

区域	项目	采样区域	采样方法	样本数
猪场外围	5 km 外围区域	河流、主干道、周边餐饮等	地表水每个点 10 mL、用棉签采集进出猪场的主干道或周边餐饮区	不少于 20 个点
	洗消中心和洗消点	大门口处浅层土壤	取 5 cm 下土壤 1～2 g 至采样管中	不少于 5 个点
		洗车点冲洗用水和淤泥	取下水道水和淤泥 1～2 g 至 EP 管中	不少于 5 个点
		工具、工作人员鞋子和衣物表面	用棉签纱布等进行表面擦拭	不少于 5 个点
	中转站	浅层土壤	浅层土壤采样、中转台栏杆擦拭	不少于 5 个点
		中转台	用棉签纱布等进行表面擦拭	不少于 5 个点

续表3-3

区域	项目	采样区域	采样方法	样本数
猪场门口	门卫处	地面、桌子	棉签和纱布擦拭	不少于 5 个点
	人员消毒间	地面墙壁	棉签和纱布擦拭	不少于 3 个点
	物品消毒间	地面	地面和墙壁擦拭	不少于 3 个点
	饲料消毒间	地面	地面和墙壁擦拭	不少于 5 个点
	饲料车停车处	表层土壤	取表层和浅层土壤 1～2 g	不少于 2 个点
	装猪台	表层土壤、出猪台栏杆等	浅层土壤采样、中转台栏杆擦拭	不少于 5 个点
	污水清水池	水样	取 10 mL 水至 EP 管	1 个样本
灰区	食堂	案板、地面、洗菜池、污水桶	棉签纱布采样及拖布采样	不少于 3 个点
	办公室	地面、家具	拖布和纱布采样	不少于 3 个点
	宿舍	地面、家具	拖布采样、纱布采样	不少于 3 个点
	场区道路	地面、浅层土壤	拖布采样	不少于 3 个点
	淋浴间	下水道污泥等	取下水道水和淤泥 1～2 g 至 EP 管中	不少于 3 个点
白区	饲料库	地面、墙壁	拖布采集地面和墙壁的样本	不少于 3 个点
	猪场办公室	地面、家具	拖布采集地面和墙壁的样本	不少于 3 个点
	靴子、工作服	物品表面	棉签和纱布擦拭	取样比例 30%
	猪舍	地面、墙体、通道	拖布采样、纱布采样	每个猪舍不少于 5 个点
		漏粪板、地沟	棉签和纱布擦拭	每个猪舍不少于 5 个点
		饮水器、食槽	棉签和纱布擦拭	不少于 3 个点
		风机、料线	棉签和纱布擦拭	不少于 3 个点
		工具、内部车辆	纱布擦拭	不少于 3 个点

注：采样时如涉及地面、墙壁等区域可用拖布采样法；涉及物品表面采样时可用纱布采样法；涉及缝隙处的环境采样可采用棉签拭子。水样、泥土样本均可储存于塑料材质的 EP 管中。

3.2.4　定点清除中的监测流程

猪场进行定点清除时的关键是要确定检测的范围和把控时间节点，在定点清除中共有 6 步关键环节，每个环节采取措施的必要性和有效性都需要通过对检测数据的分析才能得出结论，定点清除检测流程见表 3-4。

表 3-4　定点清除检测流程

序号	阶段	时间	检测区域及关键点	采样方法	评价指标
1	确诊并启动应急预案	出现异常猪后 1 d 内	异常猪	唾液单头采样和血拭子采样	Ct 值
2	确定感染范围	确诊后 2 d 内	以单元格划分为基础检测通道、周边猪栏、食槽等和异常猪只	棉签拭子采样不同区域的环境拭子，采集异常猪的唾液	阳性率与 Ct 值
3	淘汰已感染或易感动物	确诊后 3～4 d 内	异常猪和周边的风险猪群	先淘汰猪然后对其唾液进行后采集检测	阳性率与 Ct 值
4	持续监测与淘汰	两个潜伏期内	在已确定感染范围内的连续排查，对周边栋舍异常猪检测，对内部道路环境样本进行检测	唾液监测，猪舍内外通道进行环境样本采样，对工具和鞋底进行采样	猪群阳性率和 Ct 值变化，环境样本的检出率
5	内外部环境评估	未出现新增案例 1 个月后	对污水池、道路、无害化处理区域环境样本进行检测	棉签拭子、拖布采样	环境样本是否仍有阳性
6	剔除耐过猪只	未出现新增案例 2 个月后	定点清除期间检出抗体阳性的栋舍所有猪只	采血清进行非洲猪瘟抗体检测	抗体是否为阳性

1.确诊并启动应急预案阶段

如唾液荧光定量 PCR 检测结果其 Ct 值＜30 时(以 Ct 值＜35 判定为阳性为基准)，此数值置信区间可靠性高，在排除实验室中污染的可能性后，可判定为猪场的猪只感染了非洲猪瘟(保险起见可送其他三方检测机构复核)。如初次检测结果为可疑，则表明其病毒载量很低，置信区间也较低(有多种因素可导致类似的结果，因此需慎重)，为了以防万一降低疑似病猪传播的风险，可以将异常猪就地隔离并做好消毒，2 d 后可采集唾液和血拭子复诊。

2.确定感染范围阶段

要以单元格划分确定感染范围，以便减少排查时的工作量和采样交叉传播的风险。采样过程中需时刻注意操作规范避免交叉感染。确定感染风险范围时，要以疫点栏为中心向外排查同栋舍的猪只感染情况，对厌食猪群、发烧猪只需优先检测。环境检测主要为了确认疫情扩散的范围,重点针对工具、通道、非硬化的路面等区域检测。需注意的是,环境中核酸阳性虽不能断定猪感染了,但提示有感染的可能。确定感染范围后就能集中人力和检测资源对该区域进行定点清除,也可最大限度地保持栋舍的静默状态,这样定点清除的成功率也会更高。

3.淘汰已感染或易感动物阶段

在淘汰已感染或易感动物阶段有 2 个关键点:一是第一次处置时,不需要等待检测结果,直接根据临床表现将有症状猪或弱仔淘汰,降低疑似感染猪排毒的风险。二是虽然对易感动物先进行了淘汰,但还需要在剔除时进行逐头采样,通过检测感染比例和病毒载量评估猪场感染状况。此数据不仅可作为对周边猪群处理或监测的依据,还可与后续数据比较,评估猪场的疫情处置措施是否有效或猪场是否逐步趋稳。

4.持续监测与淘汰阶段

以 28 d 为 1 个阶段(2 个最长的潜伏周期),以每周为节点可将持续监测与淘汰期分成 4 个节点。每周对感染风险区内的猪群进行 1～2 次排查,其中前 2 周为关键时间节点,如在前 2 周内猪群的感染率和病毒载量持续降低,则表明猪场执行的定点清除方案是有效的,猪场是可控的。在猪场猪群中最后一个阳性案例出现后再连续监测 28 d 未出现新案例,则表明已剔除所有的排毒猪只(注意非洲猪瘟的潜伏期有延长的趋势,猪场在时间节点的把控上需考虑延长观察期)。持续监测时除了需对异常猪和猪群进行排查外,还需对环境进行监测,如工具、鞋底和通道。若从这些物品表面检出非洲猪瘟病毒核酸阳性,则表明洗消和生物安全工作中存在漏洞或盲区,需及时整改。

在持续淘汰时当检测到阳性猪只时,结合荧光定量 PCR 的 Ct 值,可对周边猪群进行处理(表 3-5)。

表 3-5　临床处置方案与检测数据对照表

序号	唾液或鼻拭子 Ct 值	临床症状	建议措施
1	可疑	无症状	隔离,2 d 后再次检测
2	接近可疑区间(如≈35)	无症状	妊娠栏舍应关注相邻两头母猪的检测结果;中大猪栏进行清理消毒后,14 d 内做 2 次逐头检测,无新增阳性病例,可排除风险
3	32～35	减料,剩料,发烧	妊娠舍同时处死或淘汰左右各一头母猪;保育和育肥舍处死或淘汰整栏猪或逐一检测隔离观察,不断淘汰
4	＜30	出现流产、发绀等	妊娠舍同时处死或淘汰左右各 2 头母猪;保育和育肥舍处死活或淘汰整栏猪
5	＜27	急性死亡,大面积流产	如猪栏非实体,需整栋扑杀,同时监测周边栋舍的情况

注:所有数据参考都以 Ct 值＜35 判断为阳性的试剂盒为基准。

5.内外部环境评估阶段

猪舍中传染源彻底清除后，随后需对猪场各功能区进行检测，以避免疫情再次通过其他载体传入猪舍。在此阶段需重点对无害化处理、污水池、污水沟和未硬化路面进行检测。

6.剔除耐过猪只

目前，无法确认耐过猪只是否会再次排毒，耐过母猪群的生长性能和繁殖性能是否受到影响也需要时间的考验。非洲猪瘟感染后其抗体持续期可长达 270 d 以上，因此有条件的猪场特别是种猪场，可通过抗体检测剔除耐过猪，以避免不确定的风险。

7.其他注意事项

对送检不便的猪场，可以依据临床症状对疑似感染猪进行预防性淘汰（而不是等待检测结果出来再淘汰，以免延误时机）。在对减料不食的猪只剔除过程中仍需对其进行采样，此数据可作为后续淘汰力度的依据。定点清除时应保持静默状态，因此排查的频次不宜超过每周 2 次。

3.2.5 对阳性猪场全面清理后复产前评估

在猪舍完成改造和对猪舍全面洗消后，可通过对环境样本进行非洲猪瘟病毒核酸检测确定猪场是否还存在传染源，也可通过对“哨兵猪”进行饲养并检测，只有当检测结果都是阴性后，猪场的复产成功概率才会高。在复产评估时同样要考虑样本的分布及覆盖量，一般分为 6 步检测，其检测流程及样本分布见表 3-6。

表 3-6 复产前猪场洗消评估流程

序号	流程	条件/时间	采样方法和区域	采样数量
1	抽样检测-摸排	清粪并全面洗消后	用棉签对发生疫情的栋舍进行采样（重点：漏粪板、地沟、饮水器、食槽等）	30%的栏
2	猪舍全覆盖采样	以上结果为阴性时	用纱布、拖布等工具对猪舍各区域进行采样	每个猪舍不少于 10 个样本采集点
3	重点采样	以上结果为阴性时	用棉签对每个猪舍内漏粪板、地沟、饮水器、食槽等区域进行重点采样	100%猪栏覆盖
4	生活区和功能区采样	以上结果为阴性时	用纱布、拖布等工具对和生活区和办公区、仓库、污水池等区域进行采样	每个区域不少于 3 个样本采集点
5	随机抽检	以上结果为阴性时	用棉签对容易忽视的墙角、工作服、工具、水线、料线、出猪台、转运车、天花板、风机等区域进行采样	10%覆盖
6	哨兵猪监测	“哨兵猪”引种前	“哨兵猪”引种前需先进行唾液的抗原和血清抗体的检测，引种车辆也需要采样	逐头采样，车辆检测参照前文
		引种后 1 周	车辆达到后进行运输车辆进行检测，哨兵猪引种后 7 d 进行唾液逐头采样	逐头采样，样本可以 3 份合 1 份
		引种后 15 d、30 d、45 d	哨兵猪散布于各猪舍后，分别于 15 d、30 d 和 45 d 进行唾液采样	

1.栋舍内采样点分布

将每栋猪舍内每 4 个相邻栏作为 1 个样本点，如图 3-2 所示，可将该栋舍分为 8 个区域，每个区域包含采样点包括：地面墙体、漏粪板、地沟、饮水器、食槽，每个区域合样检测。过道、风机单独采样，共计 10 个样品。每个区域为 1 个采样单位，每个位点单独采样，采样方法如下：

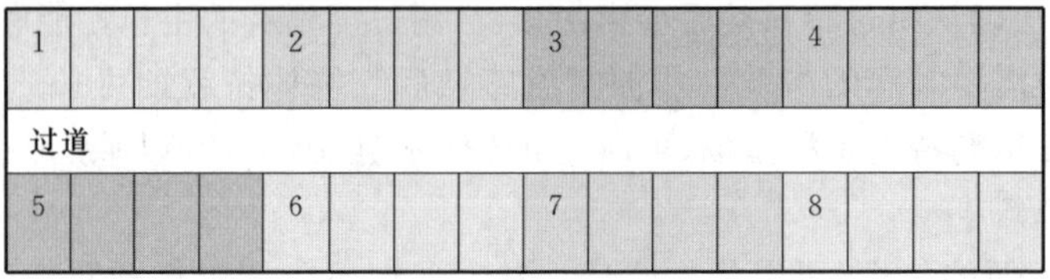

图 3-2　栋舍内区域划分

①使用一个 3～5 层，长×宽为 20 cm×20 cm，10 mL PBS 液润湿的纱布将区域内的饮水器、食槽全部擦拭一遍。重点将每个栋舍的 5 个位点(漏粪板及缝隙、排粪区地面、躺卧区域地面、猪只可拱咬的栏门、栏位墙壁区)进行采样。

②对区域内的通道和栋舍内的地面可使用拖布，在拖布上套上至少 2 层的干净塑料袋(避免样本之间的交叉污染)，再将 3～5 层纱布完全覆盖整个拖布，用拖布将整个区域的栏位进行全覆盖擦拭，将区域内的所有纱布样品挤出到离心管为 1 个样品。

③采集下一个区域更换塑料袋，编号是按“栋舍名称-区域号”进行编号。

2.猪舍外采集点分布

猪舍外重点区域为装猪台、污水池、饲养工具、宿舍、洗澡间、熏蒸间、料库、食堂、舍外道路和场区门口，采样的分布点见表 3-7。

表 3-7　猪场外采样分布点

项目	采样点和采样方法	样本数	项目
食堂	案板、地面、洗菜池、污水桶	棉签、纱布采样、拖布采样	不少于 3 个点
办公室	地面、家具	拖布采样	不少于 3 个点
宿舍	地面、家具	拖布采样、纱布采样	不少于 3 个点
场区道路	地面、浅层土壤	拖布采样	不少于 3 个点
淋浴间	下水道污泥等	取下水道水和淤泥 1～2 g 至 EP 管中	不少于 3 个点
饲料库	地面	拖布拖地面	不少于 3 个点
猪场办公室	地面、家具	拖布拖地面	不少于 3 个点
靴子、工作服	物品表面	棉签和纱布擦拭	取样比例 30%

3.2.6　对引种(包括“哨兵猪”)与转群的猪只的监测流程

在引种和转群中,除了存在潜伏期感染的猪只外,在运输途中也涉及多个环节的生物安全风险。为保证引种安全,运输前需对猪源和运输车辆进行检测,在隔离期需严格监测猪群的健康,排除路途中感染的风险。在引种中其核心检测流程见表 3-8。

表 3-8　引种猪群监测流程

序号	流程	条件/时间	采样区域或方法	采样数量
1	引种前猪只检测	引种前 1 周	采集唾液进行抗原检测,采集血清抗体检测(样本运输时间超过 12 h 的猪场建议以血清为样本检测非洲猪瘟病原)	逐头采样
2	运输车辆检测	车辆启运前 1 d	驾驶室(方向盘、脚踏处、中控台)、底盘、车轮、车厢夹缝车厢厢壁、厢底等区域	参照车辆检测流程
3	到场后检测	到场后	驾驶室(方向盘、脚踏处、中控台)、底盘、车轮、车厢夹缝、车厢壁、厢底等区域	参照车辆检测流程
4	猪只隔离早期检测	回场后进入隔离舍 3 d 和 7 d	唾液棉绳或纱布袋大群采样	每栏猪采集一个样本检测,逐栏采样
5	猪只隔离后期检测	回场后 14 d、21 d 和 28 d	唾液棉绳或纱布袋大群采样	每栏猪采集一个样本检测,逐栏采样

对于进行两点式饲养或三点式饲养模式的生产体系,在猪只转群时,需特别注意对接触的人员和车辆的检测,可采用的流程见表 3-9。

表 3-9　转群猪只监测流程

序号	流程	条件/时间	采样区域或方法	采样数量
1	转群前洗消检测	引种前 3 d	重点对出猪台、运输车辆进行检测	覆盖 20%区域
2	转群后检测	转群后	使用棉签或纱布等驾驶员、转群人员进行采样检测;转群后对车辆轮胎等区域进行检测	参照车辆检测流程
3	病弱猪检测	回场后 3～7 d	用唾液拭子对病弱猪和异常猪进行检测	病弱猪逐一采样

涉及非洲猪瘟阳性场猪只的转群,转运前以栏为单位进行唾液大群监测,并淘汰弱仔或异常猪。涉及猪群监测时可采用唾液大群监测的方法。

3.3 检测实验室的规划与规范化管理

3.3.1 检测实验室的分类及功能

非洲猪瘟的感染传播规律：从单头至单栏发病，2～5 d；而从单栏至邻栏发病，4～5 d；从单栏至蔓延整栋，7～10 d；从单栋至邻栋发病，1～2 周；全场发病，4～7 周。因此早发现、早诊断是降低损失的关键点。此外，在日常生产活动中也需要对人员、物品和车辆样本快速排查。这些都需要检测体系的快速响应，因此检测需要具备及时性原则。

检测的及时性要以准确为基础和前提。结果的准确性又与人员的素质、操作的熟练程度、仪器设备、实验室环境控制等因素密不可分，这就需要一支高素质的检测团队和高标准的检测实验室条件。为了平衡检测的时效性和准确性，并考虑到检测时疾病扩散的风险，部分养殖集团在防控非洲猪瘟过程中逐渐形成以快检实验室、区域实验室和参考实验室为基础的检测响应体系。一些规模化场也建立了快检实验室，并利用社会化的三方实验室资源作为自己的区域实验室或参考实验室。

快检实验室、区域实验室和中心(参考)实验室的定位和功能是不同的，因此其选址和对基础设施要求也是不同的，其基本特征总结见表 3-10。

表 3-10　不同级别检测实验室的基本特征

序号	类别	服务的群体	检测能力	理想的位置	主要工作和功能
1	快检实验室	距离猪场 5 km 范围内的猪场、隔离点和洗消中心	人员少，设备简单，检测工作量少，可定性但不可定量	距离洗消中心或隔离点、物资存放点 2 km 的区域	1.对洗消点车辆的核酸检测；2.对稳定猪场异常猪只的确诊；3.对隔离点和进入猪场的人员和物品的核酸检测
2	区域实验室	地市级范围内车程为 3 h 内的猪场	检测工作量大，检测可定性可定量	靠近物流中心、车站等地的工业区	1.定期的环境监测和漏洞筛查；2.对发生疫情的猪场在定点清除时的大量样本的确诊；3.抗体监测功能；4.复产前的评估
3	中心(参考)实验室	种猪场、快检实验室和区域实验室	检测精确性高，设施完善，具备培训输出能力；兼具研究和评价能力	养殖集团总部	1.对快速实验室和区域实验室的检测质量进行内审，开展相关培训；2.对有异议的样本的最终确诊；3.实验室操作流程和设备试剂评测；4.非洲猪瘟更系统的评价方法研究

1.快检实验室的功能和基本要求

快检实验室主要检测的样本来自猪场外部隔离点的人员和物资、进入洗消中心后的车辆、猪场内异常的猪只等。快检实验室每日的样本量不多，人员设置中除了有1～2人负责日常检测外，还要配置或其他部门配置专属的外围采样人员至少1人。在快检实验室检测活动中，其检测多以定性为主，对血液样本可粗略定量但其灵敏性不足，因此在对环境样本进行检测时有可能出现假阴性。快检实验室在实验室设计时往往存在着诸多不足，在样本量增加后由于超出其承载量会出现污染的可能，会出现假阳性，另外环境控制的不当也极易出现假阳性。因此，针对稳定场异常猪检测呈阳性的样本，一定需要再次采样送到更高等级的实验室进行复核。

2.区域实验室的功能和基本要求

区域实验室的主要功能是针对猪场的日常环境样本、水样本和漏斗筛查时的精确检测，定点清除时大量样本的准确检测，并进行数据分析，复产时相关数据的评估，引种时抗体检测的工作等。区域实验室的检测结果除了需要更加精确和可靠外，其检测能力也需要更强。这就要求区域实验室在基础设施和设备必须更加完善。设备以中大型设备为主，如96孔的荧光定量PCR仪、核酸提取仪等自动化设备，从而提高效率，降低人员失误操作的风险。此外，其技术负责人能与一线兽医配合制定采样方案，并对结果的可靠性进行分析，从而以合理的样本分布分析猪场的现状，减少无效的采样。在管理上，区域实验室需要专业的人员，其检测人员必须是专职的，具备解决常见实验室污染的能力。

3.参考实验室的功能和基本要求

参考实验室除了日常检测任务之外，还承担着对检测体系质量进行评审的功能，因此对其人员的技术能力以及实验室基础设施、设备有更高的要求。参考实验室可通过制备盲样对区域实验室的检测准确性进行评定，对检测试剂和设备进行评测；制定检测流程并开展对驻场兽医、采样人员和区域试验室检测人员的技能培训；制定实验室生物安全操作规范并开展培训。在方法学上，参考实验室承担研究的职责，如提高唾液样本的保存效果，提升水源和饲料检测的灵敏度等，因此对参考实验室的技术实力要求是最高的。

参考实验室有时也会承担对区域实验室无法判定样本的复检工作，如对痕量样本的检测。因此，参考实验室的环境控制标准和设施配备要求是最高的，尤其体现在PCR核酸检测设施上，不但要有功能分区，还要对空气流向、人员流向、负压环境有要求，以避免或降低气溶胶污染和生物安全隐患。

3.3.2 不同级别检测实验室的布局和设施要求

1.核酸检测实验室不同分区的要求

快检实验室、区域实验室和参考实验室围绕非洲猪瘟的核心工作是 PCR 核酸检测。核酸检测实验室需设置 4 个功能区即 PCR 试剂配制区、样本处理区、PCR 加样区、PCR 扩增，4 个分区的风险性见表 3-11。

表 3-11 不同功能分区的风险及来源

序号	类别	风险来源和危害
1	PCR 试剂配液区	对剩余试剂和环境的污染，导致试剂盒报废
2	样本处理区	样本处理过程中的交叉污染，导致加样区污染
3	PCR 加样区	空气中气溶胶污染，污染的移液器
4	PCR 扩增区	一旦 PCR 管破裂或泄露可能释放大量 PCR 扩增产物

(1)PCR 试剂配液区 承担着配制反应液的工作，也是试剂存放区，一旦该区域被污染，配制试剂就会被污染，导致结果出现假阳性。因此，对 PCR 试剂配液区的环境要求是最高的，必须从人流频次和设备设施上加以规范。

(2)样本处理区 主要负责接收样本并提取核酸，在这个操作过程中，阳性样本中的病毒有可能会扩散到其他区域污染其他区域或样本间的交叉污染造成假阳性。

(3)PCR 加样区 PCR 加样时需要一个稳定的、无气流扰动的环境，否则空气中如果有气溶胶将出现假阳性。

(4)PCR 扩增区 是风险最高的区域，因为 PCR 反应是将病毒的核酸片段进行几百万倍的扩增，如果阳性对照或阳性样本的 PCR 产物一旦扩散，可导致整个实验区长时间污染，甚至几周内无法正常开展工作。

2.对不同级别实验室布局和设施的要求

根据不同功能区的风险级别和污染后的损失大小，考虑成本因素和样本数量，针对不同级别的实验室有不同的解决方案和处置措施。

(1)快检实验室的布局和设备要求 快检实验室的选址会设置在猪场外距离洗消中心、隔离点和物资存放点 5 km 范围内，如不方便在附近找到理想的检测场所，可在规划洗消中心建设时，将快检实验室建设于洗消中心(相对而言将检测点设置在洗消中心要安全得多)。不宜将快检实验室设置在猪场内部或隔离点或物资存放点，除非该猪场有专用实验室时方可考虑。猪场内的检测点只检测猪场样本，隔离点只检测隔离点的人员，专用实验室不接收外部样本(尤其需要注意外部的样本是坚决不能送到猪场内部的检测点进行检测的)。由于快检实验室的投资成本往往比较小，其核酸检测室 4 个分区设置(图 3-3)。

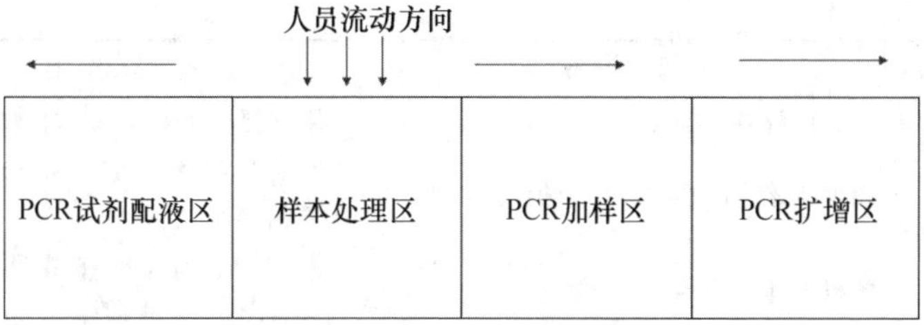

图 3-3　快检实验室分区模式图

快检实验室的内部布局原则如下：

①PCR 试剂配制区：尽量降低人员频次，需专人负责 PCR 试剂区的工作，专用于此区域配置的设备和移液器等。

②PCR 扩增区尽量远离 PCR 试剂配制区，PCR 反应时需开启排风扇等设备，房间门需密闭，一旦出现 PCR 产物泄露时可降低污染其他分区的可能。

③在样本处理区需设置排风扇，如有条件可在样本处理和核酸提取时使用通风橱。

④PCR 加样区尽可能保持无气流扰动，如有条件可在生物安全柜中完成。

快检实验室的内部设施，为了满足快检实验室对环境污染和准确度的基本要求，其设施配制及作用见表 3-12。

表 3-12　快检实验室的设施设备配制及作用

序号	类别	基础设备	作用
1	PCR 试剂配液区	移液器 1 套（10 μL、100 μL、1 000 μL 各 1 把）	配样时使用，专用于试剂配制，减少交叉污染
		手型离心机和旋涡振荡器	使 PCR 试剂离心混匀，专用于试剂配制，禁用于样本处理
		4 ℃冷藏冰箱	储存荧光定量 PCR 试剂
		紫外灯管	操作后消毒，降低气溶胶污染
		消毒剂，如 84 消毒液等	对使用后移液器废弃的枪头、EP 管等消毒，对实验台面的消毒
2	样本处理区	紫外灯管、消毒剂	操作后的空气消毒和实验台面的消毒
		核酸自动提取仪（选配）	降低交叉污染，提高效率，减少人为失误操作
		小型台式离心机	用于核酸提取时离心操作
		排风扇	操作时去除空气中可能悬浮的病毒污染
		通风橱（选配）	降低交叉污染，尽量将污染源排出室外
		专用移液器一套（10 μL、100 μL、1 000 μL 各 1 把）	专用于核酸的提取

续表3-12

序号	类别	基础设备	作用
3	PCR加样区	10 μL 移液器 1 把	用于提取的样品核酸加样至 PCR 管中
		超净工作台或生物安全柜(选配)	相对封闭的空间中避免气流扰动造成的污染
		紫外灯管、消毒剂	操作后消毒,对移液器和废弃的枪头、EP 管等消毒
4	PCR扩增区	PCR 管收纳容器(装有一半体积的 84 消毒液)	将使用后的 PCR 管浸泡于收纳容器中,避免漏液形成气溶胶污染
		荧光定量 PCR 仪(16 孔或 32 孔)	PCR 扩增
		电脑	数据处理
		紫外灯管	操作后消毒
		大功率排风扇	防止漏液形成的气溶胶

(2)区域实验室的布局和设备要求　区域实验室一般需周边猪场 3 h 车程范围内交通方便的市区,以便于满足 8 h 内出具诊断结果的要求。此外,由于在排污和生物安全上须达到国家标准,区域实验室可设在工业园区。若该工业园区能靠近物流中心或客运站则在日常送检时更为便捷。

满负荷运行的区域实验室的样本量多,除了需配置更大通量的检测设备,并在人员和管理上需更加精细外,可靠的实验室布局、环境控制和设备也是必不可少的。在环境控制上,如果能对核酸检测各功能区进行空气净化或压差控制则实验室污染的概率将显著降低。若不具备净化条件则需通过多设置生物安全柜和缓冲间来建立相对封闭的小环境,并降低空气扰动。区域实验室的基本布局如图 3-4 所示。区域实验室的内部布局原则如下:

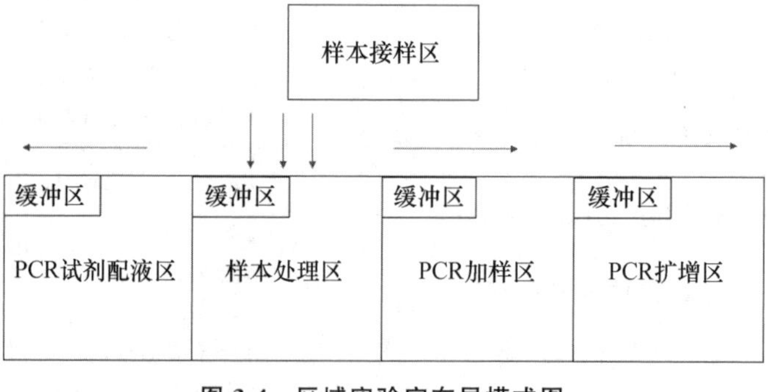

图 3-4　区域实验室布局模式图

①区域实验室样本量较大,需设置一间样本接样区对样本先进行处理。如果检测中心为多楼层结构,可将样本接样区放置于低楼层(一层最佳),以避免产生交叉污染。

②样本扩增区产生的核酸气溶胶污染可能性最大,这个分区一定要独立于其他分区并放置于最高层,一旦出现污染,可及时通风排除 PCR 气溶胶污染。

③空间较大的实验室可在各分区入门处加一道缓冲区,这样可降低人员进出时导致的气流扰动。

④各区域需设置更多的通风橱或生物安全柜,以便降低污染的概率。

⑤各区域需设置独立的空调系统,禁止使用中央空调,并禁止回风共用。

为了满足区域实验室在高负荷下对环境污染处置的要求,需要有配套的设施保障,其设施配置及作用如表 3-13 所示。

表 3-13　区域实验室的设施设备配置及作用

序号	类别	基础设备	作用
1	样本接样区	生物安全柜或通风橱	处理样本,分装并编号
		−20 ℃冰箱	储存样本用以回溯
		消毒剂和高压灭菌锅	样本处理后消毒及高压无害化处理
		紫外灯管	操作后消毒,降低气溶胶污染
		排风扇	去除处理过程中产生的气溶胶污染
2	PCR 试剂配液区	生物安全柜	配置 PCR 反应体系,降低污染概率
		专用移液器 1 套(10 μL、100 μL、1 000 μL 各 1 把)	配样时使用,专用于试剂配制,减少交叉污染
		手型离心机和旋涡振荡器	PCR 试剂离心混合均匀
		4 ℃冰箱	储存荧光定量 PCR 试剂
		紫外灯管	操作后消毒降低气溶胶污染
		消毒剂,如 84 消毒液等	对使用后移液器废弃的枪头、EP 管等消毒,对实验台面的消毒
2	核酸提取区	紫外灯管	操作后消毒,降低气溶胶污染
		核酸自动提取仪	降低交叉污染,提高效率,减少人为失误操作
		通风橱	提取核酸时避免交叉污染
		大型台式离心机	核酸提取时离心
		排风扇	排除气溶胶污染
		专用移液器 1 套(10 μL、100 μL、1 000 μL 各 1 把)	专用于核酸提取
3	PCR 加样区	加样 10 μL 移液器 1 把	用于样品加样
		超净工作台或生物安全柜(标配)	相对封闭的空间避免气溶胶交叉
		紫外灯管	操作后消毒
4	PCR 扩增区	PCR 管收纳容器(装有一半体积的 84 消毒液)	将使用后的 PCR 管浸泡于收纳容器中,避免漏液形成气溶胶污染
		2 台荧光定量 PCR 仪(48 孔或 96 孔)	PCR 扩增
		2 台电脑	数据处理
		紫外灯管	操作后消毒
		大功率排风扇	排除漏液形成的气溶胶

(3)参考实验室的布局和设备要求　为了控制污染问题的产生,参考实验室需考虑气流的走向,并从根本上防止各功能区病原的扩散和交叉污染,这就需要保持各分区的密闭性,并能控制各分区的压差,其布局见图 3-5。

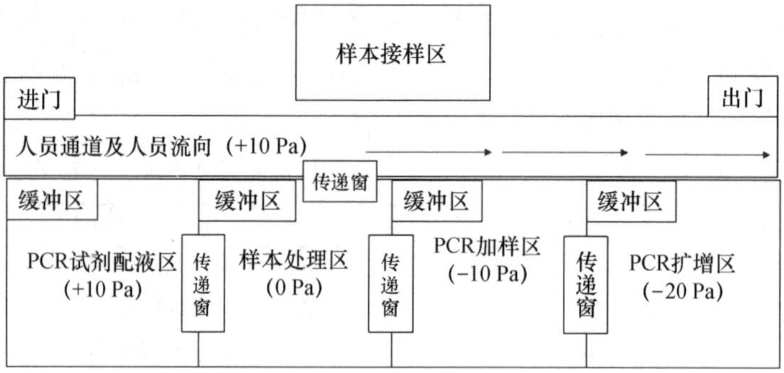

图 3-5　参考实验室布局模式图

在设计参考实验室时,需考虑以下几个关键点:

①需设置人员通道,在人员通道中通过风机风量控制,保持 10 Pa 压力,从而使下游分区产生的污染物无法漂移至洁净区。

②人员通道需规定人员流动方向,不允许人员走回头路。

③核酸检测区的 4 个分区通过送新风系统进行环境控制。4 个分区通过对送风量进行控制来实现压差控制,以 10 Pa 的梯度递减,其压差为 PCR 试剂配液区＞PCR 样本处理区＞PCR 加样区＞PCR 扩增区。通过压差控制可确保最大的风险区——PCR 扩增区一旦出现污染不影响其他分区。

④各分区需通过传递窗传递物品,传递窗内有灭菌设施,从而保证样本传递时无污染。

⑤各分区均要设定缓冲区,缓冲区内可更换工作服。

⑥各功能区密闭性良好,空调送风时需独立送风,不共用送风与排风管道,各分区内的回风直排,不再循环利用。

⑦核酸检测室尽可能至于顶楼,以便安装净化系统或降低污染概率。

由于参考实验室增加传递窗,并有压差控制系统,其设施上与区域实验室有所差别,可按表 3-14 配置设备。

表 3-14　参考实验室的设施设备配置及功能

序号	类别	基础设备	作用
1	样本接样区	生物安全柜或通风橱	处理样本,分装并编号
		−20 ℃冰箱	储存样本用以回溯
		消毒剂和高压灭菌锅	样本处理后消毒及高压无害化处理
		紫外灯管	操作后消毒,降低气溶胶污染
		排风扇	去除处理过程中产生的气溶胶污染

续表3-14

序号	类别	基础设备	作用
2	PCR 试剂配液区	生物安全柜	配置 PCR 反应体系，降低污染概率
		专用移液器一套（10 μL、100 μL、1 000 μL 各 1 把）	配样时使用，专用于试剂配制，减少交叉污染
		手型离心机和旋涡振荡器	PCR 试剂离心混合均匀
		4 ℃冰箱	储存荧光定量 PCR 试剂
		紫外灯管	操作后消毒降低气溶胶污染
		消毒剂，如 84 消毒液等	对使用后移液器废弃的枪头、EP 管等进行消毒，对实验台进行消毒
2	核酸提取区	紫外灯管	操作后消毒，降低气溶胶污染
		核酸自动提取仪	降低交叉污染，提高效率，减少人为失误操作
		生物安全柜	提取核酸时避免交叉污染
		大型台式离心机	核酸提取时离心
		专用移液器 1 套(10 μL、100 μL、1 000 μL 各 1 把）	专用于核酸提取
3	PCR 加样区	加样 10 μL 移液器 1 把	用于样品加样
		生物安全柜	相对封闭的空间避免气溶胶交叉
		紫外灯管	操作后消毒
4	PCR 扩增区	PCR 管收纳容器（装有一半体积的 84 消毒液）	将使用后的 PCR 管浸泡于收纳容器中，避免漏液形成气溶胶污染
		2 台荧光定量 PCR 仪（48 孔或 96 孔）	PCR 扩增
		2 台电脑	数据处理
		紫外灯管	操作后消毒

3.3.3　非洲猪瘟检测中的其他注意事项

非洲猪瘟是一种接触性的烈性传染病，实验室在开展检测工作中应时刻注意生物安全扩散风险。在样品接收、操作和废弃物的处置中必须按照生物安全防护措施做好处置与个人防护。

1.样品采集、接收与处置流程

①样品应分别包装后，再装入坚固、不漏的容器中，密封后运输。

②样本运达实验室后，首先对外包装进行消毒，可用过硫酸氢钾复合粉进行消毒。

③实验室负责人应制定规则和程序，不允许实验室以外的人员进出实验室。

④样本的分样和处理应在通风橱或生物安全柜中完成。进行可能产生感染性

气溶胶或溅出物的操作时，如离心、研磨、匀浆、强烈振荡或混合和超声波破碎等操作，须做好个人防护和设备消毒。

⑤样本处理后要进行高压灭菌处理，产生的污水处理后应符合《病原微生物实验室污染物排放标准》。

2.实验室的日常消毒与生物安全措施

①人员对样本操作时须穿戴防护服、手套、鞋套、口罩和帽子等，并于实验结束后洗手。污染的防护用品应进行无害化处理。

②实验室中应设置灭蝇灯和挡鼠板等有效防控蚊蝇及啮齿动物的设施。

③实验室中应设置门禁系统，并采用专人分工处理涉及非洲猪瘟的样本，如核酸提取和样品配制等工作，以降低交叉污染的风险。

④实验室要有避免气溶胶集聚的措施，无负压的实验室进行核酸提取和操作时要保证排风扇时刻运转，选用的 PCR 管材质量可靠，加热后无破损。加样和试剂配制需在生物安全柜里完成(非超净工作台，超净工作台仍然是气体内循环的，不能有效清除气溶胶)，若没有生物安全柜，使用通风橱是高性价比的方式。

⑤实验室中应定期进行消毒处理，每次试验结束后均需要对实验台、生物安全柜等设施进行消毒。除用紫外线照射外，可用氯制剂如 84 消毒液去除实验台和地面的核酸污染；移液器、离心机均可用稀释后浓度为 30%的 84 消毒液擦拭，但在消毒后需用清水反复擦洗干净。

⑥实验室需要定期进行污染防治，一旦出现污染，暴露的耗材和试剂需要更换，仪器设备等需要进行全面去除核酸处理，地面台面等均需进行污染物处理，工作服、手套、鞋子等也要进行洗消处理；同时先对空气中喷洒 84 消毒液，再开启排风机，将产生的气溶胶排出实验室区域。

3.4 检测中常见问题

3.4.1 采样前应准备的工具和物品

为避免交叉污染和提升采样效率，采样时所需准备的工具和物品清单见表 3-15。

表 3-15 采样物品清单

序号	类别	所需器材
1	个人防护类	一次性防护服或一次性隔离衣 胶靴、护目镜 一次性乳胶手套、防护口罩、头套和鞋套

续表3-15

序号	类别	所需器材
2	全血/血清采样工具	不含抗凝剂的无菌采血管（只在采集血清时准备） 含有抗凝剂为EDTA的无菌采血管（只在采集抗凝血时准备，不能使用含肝素的抗凝管） 注射器等采血工具
3	血拭子或血斑采样工具	采血针（常用于测血糖时采血） 无菌棉签或吸水滤纸
4	组织样本采集	外科手术刀（刀片规格：11#、12#、21#、23#） 外科手术剪、外科手术镊
5	唾液拭子/鼻拭子/直肠拭子	长柄大头棉签、长柄小头棉签 1.5 mL和2 mL规格EP管 15 mL和50 mL离心管 无菌生理盐水 唾液保存剂（只在采集唾液拭子时准备） 唾液采集棉绳（只在群体唾液采集时准备）
6	人员采样工具	无菌棉签、纱布 无菌生理盐水 1.5 mL和2 mL规格EP管
7	环境样采样工具	大量无菌纱布（采集栋舍地面、栏杆等环境样本时使用） 大头棉签（只在采集缝隙处环境样品时准备） 无菌纯水或生理盐水 保鲜膜、拖布（只在采集地面、墙壁等环境样本时准备） 广口瓶或大容积EP管（50 mL或以上）
8	样本包装运输工具	保温箱（可用厚壁坚实泡沫箱代替，酌情添加冰袋或干冰） 液氮罐（极少使用，仅在远距离运输或特殊样本运输时使用） 防漏包装袋（厚） 胶带、气泡膜
9	动物保定工具	保定绳、隔板 保定栏/笼
10	通用材料	医疗废物包装袋 记录本、记号笔/标签和普通记录笔 自封袋（1#～10#） 消毒喷壶（装有适用于当前场所使用的消毒剂）

3.4.2 唾液样本在采集和检测时的注意事项

唾液中检出病毒的时间与出现厌食的时间点基本一致，而此时病毒还没有扩散至血液中（通过采血检测不到病毒）。在易获取性方面，唾液采样适合大群采样，采样过程无应激。因此，为了实现疾病的早发现，唾液是早期猪群检测的理想样本。但是唾液中的病毒载量相对比较低，仅为血液病毒载量的 0.01%，且唾液中含有 DNA 酶在室温下 2 h 可将核酸全部降解，唾液中的 DNA 酶在进食前后分泌量增多，极大地影响针对痕量病毒的检测结果。唾液样本在采集和检测时有如下注意事项：

①在进食前 2 h 或进食后 2 h 采样，避免口腔中蛋白酶的影响；若需大群采集时，可在采集的前一晚禁止喂食，第二天早上进行采样。

②样品采集过程中，采集工具（棉签、棉绳）意外掉落或沾染污染物，应遗弃，不可用于待检猪只的样本采集，特别是在发病场“拔牙”操作中。

③群体唾液采集时，建议要选用纯白棉绳，不可使用其他颜色、其他材质的绳子作为采集工作，以免掉色污染唾液，影响检测结果。其他材质的绳子可能没有足够的吸水性，收集不到足够的唾液。

④唾液棉绳用于大群采集的时间不宜过长，以不超过 1 h 为宜。

⑤采集后的样本需迅速存放于冰盒中，在运输过程中也需保持低温。若样本采集后添加唾液保存液可延长唾液的保存时间，且可常温保存。

⑥唾液样本寄送到实验室后一旦解冻，必须在 1 h 内开始提取核酸，否则核酸也会被 DNA 酶降解，导致假阴性。

⑦不能对唾液样本进行复检或回溯检测，如对样本结果有异议特别是需对检出阳性的样本进行复核检验时，建议猪场重新采集样本后复测。

3.4.3 唾液、鼻拭子、直肠拭子和血拭子各自优劣势

唾液、鼻拭子、直肠拭子和血拭子各自优劣势见表 3-16。

表 3-16 各种样本特点比较

序号	样本类型	病毒丰度（HAD_{50}）	检出时间	采样便捷性	检测的影响因素和风险
1	唾液	$10^2 \sim 10^4$	感染后 2～3 d	方便、无应激	病毒载量低，受唾液酶干扰易降解
2	鼻拭子	$10^2 \sim 10^4$	感染后 2～3 d	采样时猪只不配合	病毒载量低，棉签无法到达指定位置
3	直肠拭子	$10^5 \sim 10^7$	感染后 5～7 d	方便	感染早期检测不到，易受粪便干扰
4	血拭子	10^8	感染后 5～7 d	需保定，有应激	感染前期检测不到，采样过程中有散毒风险

1.唾液样本检测的优劣势

(1)优势 唾液中病毒出现较早，一般认为在感染后 3～5 d 就可以在唾液中检测到病毒的存在，此时病猪排毒量少，对周围猪只和环境污染程度有限，为早期发现、及时“拔牙”、减少损失提供可能。唾液样本相对于其他样品的采集较为简单，方便操作。唾液检测在大面积筛查时，具有较好的应用效果，进行大群唾液采样，可以评估群体健康状况，减少检测投入。

(2)劣势 唾液中病毒载量较低，且唾液中有核酸酶，在常温放置 3 h 后即没有检测价值，保存运输条件要求比较高，需完全冷冻，融化后需立即进行检测。由于唾液中病毒载量较低，在检测中易出现假阴性的情况，在出现样本可疑时则很难下达确诊结果。唾液采样不能在猪只进食前后 2 h 内进行采集，以免因唾液腺分泌旺盛，单位内病毒含量更低，饮水前后 30 min 内采集唾液也会影响检测结果。

2.鼻拭子样本检测的优劣势

(1)优势 鼻腔分泌物与唾液样本均在感染早期即可检测到非洲猪瘟病毒，且鼻拭子采集不受采食、饮水的影响，样本不会受到唾液中 DNA 酶的影响。

(2)劣势 鼻拭子采集容易造成猪只鼻孔损伤，使猪只抗拒采集，再次采集难度大。鼻拭子同样存在病毒丰度较低、要求检测方法敏感性较高等缺点。

3.直肠拭子样本检测的优劣势

(1)优势 直肠拭子采集方便，一般认为在感染后 10 d 左右可以在粪便中检测到病毒。待检猪采集唾液和血液时，易发生待检猪抗拒拱蹭，造成唾液和血液甩出，污染周围环境，采集直肠拭子则不会出现这样的情况。此外直肠拭子中病毒丰度显著高于唾液和鼻拭子，可靠性高。

(2)劣势 消化道出现病毒时间较唾液晚，不适用于早期诊断与大面积筛查，且直肠拭子沾染粪便较多，粪便会一定程度上影响检测结果。

4.血拭子样本检测的优劣势

(1)优势 血拭子采集易于操作，对采集人员专业技术要求相对其他采血方法较低。病猪血液中病毒含量极高，采集血液检测，结果准确可靠，较为容易通过 Ct 值和临床症状的对应判定结果的真实性。非洲猪瘟病猪常伴有血液稀薄、凝血不良等情况，与传统前腔静脉采血相比，血拭子采集方法不易造成因凝血不良出现流血不止，而导致污染面扩大。

(2)劣势 血液中病毒出现时间较晚，一般伴随临床症状同时出现，对早期诊断及筛查意义不大。血拭子采集相对于唾液和直肠拭子采集，操作人员需要对待检猪进行适当保定，会造成猪只应激，可加速病猪死亡。另外，操作人员与猪只有密切接触，使用的工具和个人防护用品等需特殊处理。

3.4.4 水样的富集和检测

非洲猪瘟病毒通过水感染猪的最低感染剂量仅为1个$TCID_{50}$,是病毒通过饲料感染猪最低感染剂量的0.01%。因此定期的水源监测是非常有必要的。但水中的病毒载量非常低,有漏检的可能,所以需要对水源中可能存在的病毒进行富集后再进行检测。针对水源的采集、富集和检测流程如下:

1.采样材料的准备

无菌试管(或离心管)、无菌一次性注射器、酒精棉、0.22 μm 滤器、直径 60 mm 的塑料平皿、镊子等。

2.采集和运输方法

采集河水、井水、池水、蓄水池内的水样时,距水面 10~15 cm 深处取水 10 mL 放入试管中。采集猪舍水乳头饮用水前,先将酒精棉对饮水嘴进行擦拭,放水 20 s 后再进行取样(避免水嘴上的唾液中的 DNA 酶对水中病毒进行降解)。采集后的样本须冷藏或冷冻,以避免水中痕量核酸被降解。

3.水样的富集方法

①水样先进行高速离心,以便分离水样中的杂质和沉淀以免堵塞滤器。

②用注射器将采集的水样吸取上清液,每次吸取 10 mL,如水样较多可多次吸取。

③将上清液通过 0.22 μm 滤器过滤(已知非洲猪瘟病毒粒子直径约 0.26 μm)。

④将滤器的过滤膜用镊子取下,放在平皿上方,以 500 μL 去离子水反复冲洗滤膜。

⑤取平皿中的冲洗液 200 μL 进行核酸提取。

3.4.5 饲料样本的富集和检测

针对饲料样本的检测既需要对原料成分进行检测,又需要对成品进行检测。饲料样本具有样本量大、批次多、样本点难以有效覆盖等问题,可通过如下流程加以改善。

1.原料的检测处理

在饲料厂时需做好对原材料的把关,包括对不同批次的鱼粉、豆粕、骨粉和玉米等进行检测。当针对鱼粉和骨粉检测时,由于样本已经过充分研磨混匀,可通过加大采样量进行检测。但对于玉米等原料由于病毒在部分玉米表面,就需要特殊的处理方法:

①取若干点的玉米(每个点不少于 50 g)集中于一个容器中,倒入足量的水进行浸泡 10 min,浸泡时不断地搅动。

②浸泡后的液体取 50 mL 放入离心管中高速离心，去除杂质。

③用注射器将采集的水样吸取上清液，每次吸取 10 mL，通过 0.22 μm 滤器过滤。

④将滤器的过滤膜用镊子取下，放在平皿上方，以 500 μL 去离子水反复冲洗滤膜。

⑤取平皿中的冲洗液 200 μL 进行核酸提取。

2.饲料厂或养殖场饲料成品检测

①在饲料厂或料塔的下料口放入纱布，利用纱布收集所有饲料的粉尘，以便通过此方式增加采样覆盖率。

②下料后将纱布取下，用去离子水浸泡冲洗。

③浸泡后的液体取 50 mL 放入离心管中高速离心，去除杂质。

④浸泡后的液体可直接提取核酸，也可将其中可能存在的病毒进行富集处理。

3.4.6　用纱布采集食槽样本的方法

在猪场复养前，需要进行环境检测。食槽表面有很多缝隙(特别是水泥食槽)，根据经验，食槽是非常不容易洗消彻底的区域，而引种后食槽与猪接触的频次是最高的区域之一，因此就需要对食槽进行针对性采样以降低风险。常见的食槽采样需借助纱布完成，采集方法如下。

1.工具准备

大块无菌新纱布、无菌生理盐水(或无菌纯水、纯净水)、夹子等。

2.采集流程

①双手戴乳胶手套，将裁剪成长宽不少于 40 cm×40 cm 的纱布对折 2 次，浸泡盐水，浸好盐水的纱布以正常抓取不滴水为宜。

②夹子清洗后夹住纱布在食槽位置反复擦拭。

③采集结束后将纱布装入适当大小的自封袋中，双手用力挤压，待有水挤出后，隔着自封袋揉搓纱布，使纱布吸干水分，然后再次挤压。反复操作此步骤 3 次后，挤出纱布中的水装入 1.5 mL EP 管中，记号笔标记采集位置信息，如栋舍号、栏号、采集点在食槽的位置等。

3.采样注意事项

①采样用纱布应选择纯棉纱布，医用纯棉纱布无任何化学添加物，吸水性较好，且不易有纤维脱落，尽量不使用涤棉纱布，涤棉纱布表面相对光滑，不易吸附粘连涂擦物，吸水性相比纯棉纱布也要差一些。

②涂擦采集后，一定要反复“挤压—揉搓—挤压”，以便使前后涂擦区域的粘连物混合，提高检测结果的代表性。

③浸湿纱布不要过湿或过干,过湿会使粘连在纱布表面的样本,随着纱布中水的流淌滴落而损失,过湿还会起到间接稀释样本的作用,不利于后续检测结果的准确;过干则不会使物品上的物质粘连在纱布上,达不到采集效果。

3.4.7 泥土样本采样和检测

发生疫情的阳性猪场的未硬化路面、料塔外饲料车的停靠点附近的土壤中都可能存在非洲猪瘟病毒,这些病毒容易通过粉尘传入猪场。洗消中心和中转站的土壤中也可能含有未失活的非洲猪瘟病毒。通过对这些区域的土壤进行检测,对加强洗消工作有预警作用。泥土的检测方法类似于对饲料的检测,检测方法如下:

①采集土壤时需注意不仅要采集表层土,还需采集 5~7 cm 以下的土壤 3~4 g 至试管中。

②检测时在试管中加入足量的水,不断混合均匀。

③取 2 mL 上清液离心,离心后的水样可直接进行核酸提取检测,也可对水样进行富集病毒。

3.4.8 对样本进行核酸提取的方法

提取核酸时常见有离心过柱法、磁珠法和免核酸提取法 3 种,如表 3-17 所示,3 种提取方法各有优劣。

表 3-17　3 种核酸提取方法的优劣势

序号	提取方法	提取时间	核酸得率	操作便捷性	提取多样本时的效率	影响结果的因素
1	离心柱法	20~60 min	高	烦琐	效率低	较少受到影响
2	磁珠法	30 min	中等	简单	效率快	试剂与设备的匹配
3	免核酸提取法	0~10 min	高	简单	效率快	部分样本中的杂质会导致 PCR 反应无法启动

1.离心柱法的优劣势

(1)优势　商品化提取试剂盒技术成熟,核酸得率高,提取核酸的质量可靠稳定,经过提取的核酸纯净一般不会影响后续 PCR 反应。

(2)劣势　提取成本高,对操作人员和实验环境有一定要求,需要配置离心机等,操作较为烦琐,当样本量很大时,耗时费力。

2.磁珠法的优劣势

(1)优势　可配置自动化设备,可高通量操作,操作简单,用时短。

(2)劣势　离心柱法单次提取需要样本量较磁珠法大,但磁珠法核酸得率未必比离心柱法高,人员对设备依赖率高,提取时成本最高。

3.免提取试剂

(1)优势 操作步骤简单,操作时间短,尤其是针对大量样本检测时,其操作过程步骤少,交叉污染的概率较小。由于没有反复洗涤的过程,核酸得率较高。适用于唾液、血拭子等样本的检测操作。

(2)劣势 溶血严重、样本杂质过多或有消毒剂存在的样本经免核酸提取后,其杂质成分对 PCR 反应的效率有干扰(若试剂中有内参基因检测则可以发现此类问题)。

3.4.9 荧光定量 PCR 在体系中加入内参基因和引物探针的作用与价值

非洲猪瘟荧光定量 PCR 检测试剂中设计的内参往往是针对猪源的或非自然界中存在的一段基因设计的另一对引物和探针。荧光定量 PCR 中在体系中加入内参基因和引物探针后,在对应的内参检测通道内,内参基因出现对应 Ct 值后,才能判定非洲猪瘟检测通道的阴阳性。内参的主要作用是作为监控 PCR 反应的一种工具,主要体现在以下 2 个方面:

1.避免由设备因素导致的假阴性

荧光定量 PCR 仪通过收集每一个孔的荧光信号强弱判定样本的阴阳性,如果因仪器加热模块或荧光信号收集系统出现异常或出现反应液泄露的问题,则仪器会接收不到非洲猪瘟检测的信号,此时内参基因检测也会判定为阴性。如果此时没有内参参照,则样本会判定为非洲猪瘟阴性,正因为有了内参基因检测就可以判定结果是假阴性。

2.检测反应效率,判定结果可靠性

样本中有杂质可能会导致 PCR 反应效率降低,会使样本检测的 Ct 值滞后。特别是在发病初期,唾液和鼻腔中病毒载量低,PCR 反应效率的下降容易出现误判。但如果荧光定量 PCR 中在体系中加入固定量的内参基因后,每次内参检测的 Ct 值就是在固定区间内的,如果出现内参基因 Ct 值显著延后,则可判定检测的结果可靠性不高,这样就有利于实验人员准确把握结果的准确度。

3.4.10 荧光定量 PCR 出现假阴性的原因及解决办法

1.试剂因素

试剂储存不当,开封后试剂反复冻融导致酶失效。

解决方法:试剂保存时应存放在−20 ℃环境下,在开封后需放置于 2~8 ℃冷藏,不能反复冻融。若开封后长时间不用,可对试剂进行分装后冻存。

2.样本因素

(1)血清样本溶血严重 送检血清样本溶血,根据溶血情况不同,对结果的影响也不同，轻微溶血不影响结果的准确性。重度溶血会严重影响仪器对荧光信号的收集，从而出现假阴性的结果。

（2）样本中掺杂影响检测反应的物质　抗凝血采集中常用到带有肝素钠、枸橼酸钠的抗凝真空管。肝素钠是抑制 PCR 反应的物质之一，样本中存在肝素钠会导致检测实验失败，出现假阴性。

（3）多份样本混样　会降低检测灵敏度，所以需要严格按照样本采集和运输流程操作。样本数量最多 3 份合成 1 份检测。

（4）其他因素　唾液解冻后未立即提取核酸或运输过程中解冻 DNA 酶使样本中核酸降解；直肠拭子中的杂质影响核酸提取试剂的提取效率。

3.设备因素

仪器加热模块或荧光信号收集系统出现异常或出现反应液泄露的问题，导致仪器会接收不到非洲猪瘟检测的信号。仪器需要定期擦拭清理与消毒并进行校准，并且选择有内参的试剂盒进行监控。

3.4.11　UNG 酶降低 PCR 产物引起假阳性风险的机理

在 PCR 反应中除了来自样本的污染外，阳性样本经 PCR 反应后（经过几百万倍扩增后）形成的 PCR 产物是最大的风险源。在高端试剂盒中可以通过 UNG 酶的前处理降低这种风险。

UNG 酶又称为尿嘧啶-N-糖基化酶，主要的作用机理是选择性水解断裂含有 dU 的双链或单链 DNA 中的尿嘧啶糖苷键。UNG 酶的最佳活性温度为 50 ℃，95 ℃ 下可被灭活。因此在 PCR 反应中，在反应体系中会以 dUTP 取代 dTTP 作游离核苷酸，其 PCR 产物合成的 DNA 双链是天然核酸中不具有的结构，但这种结构可以被 UNG 酶分解。如果在进行 PCR 反应时，反应液中有上一次反应的 PCR 阳性产物，则在 PCR 开始前增加 50 ℃的保温步骤，UNG 酶即可将反应体系中已有的 U-DNA 污染物中的尿嘧啶碱基降解。这个反应不会影响体系中存在的样本中的天然核酸，然后 PCR 反应会将反应温度提升至 95 ℃，在此温度下 UNG 酶将失活，不会降解后续 PCR 反应中新合成的 DNA。该方法降低了由 PCR 产物形成假阳性的概率，且同样适用于阳性对照产生的 PCR 产物污染。

3.4.12　判定污染来自 PCR 产物的依据

荧光定量 PCR 非常敏感，少量污染物的传播具有随机性，因此不能仅以阴性对照无扩增信号就判断无污染发生（由于少量污染物扩散具有随机性，检测中往往会出现少量样本，包括阴性对照为阴性，其他样本为弱阳性的现象）。当多样本出现阳性，并与临床症状不符时，尤其是多份血清样本 Ct 值接近阴阳性判断阈值时，需要考虑是否出现了污染(血清样本一般 Ct 值<30)。通过以下方法可鉴别污染是否来自实验室产生的 PCR 气溶胶。

采用另一厂家提供的荧光定量 PCR 试剂盒,由于不同厂家的引物和探针不同,如果另一种试剂检测结果为阴性(唾液样本除外,唾液不能复检),则可判定污染来自 PCR 气溶胶。

在判定实验室出现 PCR 气溶胶污染后,除对实验室进行消毒外,在环境控制设施无法根本改善的前提下,使用含 UNG 酶的防污染试剂盒将有助于降低此类问题的发生。

3.4.13 PCR 产物气溶胶污染的清理方法

判定出现 PCR 产物气溶胶污染后,需从以下几方面对实验室进行消除污染作业。

1.耗材和试剂的处理

①查找 PCR 反应后 PCR 管是否存在漏液和少液或破损等问题,如果 PCR 管密闭性不严质量较差,须立即更换。

②污染发生后所有敞口的 EP 管、移液器吸头等全部更换,不能再用于荧光定量 PCR 检测。

③将荧光定量 PCR 试剂盒中污染的组分进行替换,或整盒试剂进行舍弃。

2.仪器设备和实验室表面的擦拭

(1)移液器　①对移液器的表面用 30%的 84 消毒液或者氯制剂反复擦拭。②移液器不插吸头,并把移液器调至最大刻度,直接吸 30%的 84 消毒液,挂至移液器支架上,作用 45~60 min,打掉移液器中的消毒液,用清水清洗干净,重新吸 30%的 84 消毒液至移液器中,再次作用 45~60 min 后,用清水洗净。

(2)离心机的去污染　将离心机的转头卸下,用 30%的 84 消毒液喷洒台面,作用 45~60 min,反复消毒 2~3 次后,用清水擦洗干净,晾干备用。

(3)荧光定量 PCR 仪　①仪器外壳用 30%的 84 消毒液对仪器外壳进行消毒擦拭。②仪器的反应孔用含 95%以上的无水乙醇棉签对仪器的反应孔进行消毒。消毒时,应注意蘸取无水乙醇的棉签不宜过湿,建议棉签打湿后,用手拧干。擦拭仪器反应孔时,按顺时针或者逆时针方向,沿一个方向进行转动。

(4)冰箱　用含 30%的 84 消毒液对手碰触的位置进行擦拭。

(5)管架及容器和实验台的消毒　①将放置样本的各种管架直接用 30%的 84 消毒液浸泡,作用 45~60 min,根据污染情况反复消毒 2~3 次,清水洗干净,晾干,备用。②吸头盒表面:用含 30%的 84 消毒液对吸头盒表面或者整个吸头盒进行浸泡。③实验台面:用 30%的 84 消毒液喷洒台面,作用 45~60 min,反复消毒 2~3

次后，用清水擦洗干净。④实验地板用 84 消毒液拖地。

(6)表面擦拭的注意事项　①84 消毒液对金属有腐蚀作用，建议用 84 消毒液消毒时，应移除金属物品，不能移除的实验器材，84 消毒液作用 45 min 后，应及时用清水擦拭干净。②所有用 84 消毒液擦拭过的位置，都需要用清水擦拭干净，84 消毒液会抑制 PCR 的扩增，影响实验结果。

3.空气环境中形成核酸气溶胶的去除

①对实验区进行通风，尤其是对 PCR 产物区。

②通风后进行紫外灯照射，有条件的可通过臭氧发生机进行臭氧消毒。

4.去除污染后的实验室检验

配置 PCR 阴性反应体系，将体系敞口于实验室中 20 min，上机检测，若检测结果为阴性，则表面实验室已经清除 PCR 产物气溶胶污染。

3.4.14　荧光定量 PCR 对核酸的定量分析

荧光定量 PCR 仪是在传统 PCR 设备的基础上增加荧光信号激发和接收设备，并在 PCR 反应体系中的探针中加入荧光基团。在反应过程中探针上的荧光基团会释放到反应液中，通过激发光对荧光基团进行照射，使荧光基团发射荧光并被接收设备接收，从而利用荧光信号积累实时监测整个 PCR 进程。

理论上核酸每经过一个变性、退火和延伸的循环后，其基因组理论上扩增 2 倍，对应的荧光基团的累积量也是越来越多，在每个循环后荧光定量 PCR 仪均收集一次荧光信号。当突破荧光定量的阈值线时，即显示为阳性。

Ct 值的含义是每个反应管内的荧光信号到达设定的域值时所经历的循环数。因此初始模板量(待检样本中的核酸数量)决定了 Ct 值的大小，样本核酸载量越高则 Ct 值越小，需要更多的循环数才能让设备检测到信号。通过 Ct 值的大小可以粗略比较并估算样本中核酸的含量，当然还可以用设置已知含量核酸的标准样品的方式建立回归计算方程，从而对样本中的核酸实现精确定量。

3.4.15　荧光定量 PCR 与其他核酸检测方法的差异

1.荧光定量 PCR 的优势

市场上核酸检测品类众多，在针对非洲猪瘟的核酸检测中猪场常会接触到荧光定量 PCR、普通 PCR、恒温 PCR 和热对流 PCR 等方法，各种方法的敏感性和特异性差距很大，公认荧光定量 PCR 技术是核酸检测的金标准，该技术具有以下几方面优势：

①检测速度快，1 h 可出具检测结果。最适用于对车辆的生物安全检查和洗消评价。

②敏感性高，非洲猪瘟病毒的最低感染剂量低。荧光PCR适合对水源、环境中等微量病毒的检测，适用于阴性场早期监测。

③特异性高，假阳性出现的概率低，结果更为真实可靠。

④定性且定量，可判断病原的载量，有利于判断结果的可靠性，并可推测感染的时间。

2.对照荧光定量PCR与其他3种方法的差异

对照荧光定量PCR与其他3种方法的差异总结如表3-18所示。

表3-18　不同PCR方法的优缺点

序号	检测方法	最低检测极限（Copies/μL）	与荧光定量PCR的符合率差异的原因	反应时间	优缺点
1	荧光定量PCR	1～10	/	1 h	灵敏度高、精密、可定量设备贵
2	普通PCR	1000	针对低拷贝的样本检测不到	3～4 h	试剂便宜、费时，不能定量，仅适用于标准实验室
3	热对流PCR	>1000	引物的效率受温控精度不足的影响	45～60 min	设备简单、操作简便、试剂贵、不适宜检测唾液，不可定量
4	等温扩增PCR	>1000	受多对引物协同效率的影响	45～60 min	设备简单便宜、符合率低、不敏感、不可定量

(1)普通PCR　其原理是通过设计引物和设备精准的温度控制对核酸进行变性、退火、延伸，从而完成对核酸的几百万倍的扩增，其操作中除PCR仪还需要多种辅助设备如电泳仪、凝胶成像。普通PCR多用于标准实验室的检测或科学研究。

因为温度可精密控制，普通PCR对核酸检测后其产物浓度与荧光定量PCR是一致的，但其需要凝胶电泳后通过图像判定，所以其识别度约为荧光定量PCR的1%。这种方法只能做定性分析，不能定量分析。

(2)恒温PCR　其原理是通过设计6对引物，实现对目的基因的扩增，并通过反应后颜色的变化或生物素的释放进行显色。在设计引物时，需保证引物均在恒定温度下(60～65 ℃)反应，因此其对设备不需要像荧光定量或普通PCR那样对每一个孔进行快速的升降温，因此设备仅需要一台恒温金属浴，仪器简单，价格非常便宜。恒温PCR设备没有收集反应中信号的功能，在判定时需用胶体金或生物素进行显色反应，因此只能进行定性检测。恒温PCR从方法学上降低了对设备的要求，但对方法中多对引物的协同效率要求极为苛刻，这也是其敏感性和特异性较差的原因之一。

(3)热对流PCR　其中也有引物和探针,其结果的呈现也需对荧光信号进行判读。热对流PCR设备的精妙之处在于,它通过毛细反应管将反应液形成了高度差,然后通过底部热源对反应液加热。进行底部加热后反应液在毛细反应管中有温度差之后,液体就会形成不断循环的液流。在循环中就会在不同的部位达到核酸变性、退火和延伸的温度,从而实现PCR扩增,在反应结束之后对探针的荧光信号检测即可判定结果的阴阳性。该设备不需要升降温模块,因此设备价格便宜,但其反应过程中并不能实现在变性、退火和延伸中精准的温度控制,所以其敏感性会受到影响。在检测时热对流PCR阳性结果出具的时间无法用Ct值反馈,所以无法对核酸进行定量分析。

3.4.16　非洲猪瘟抗体检测的意义与价值

感染非洲猪瘟病毒后的猪一般需要9 d后才能产生抗体,并于12～14 d后可被检测到。因此,如果对发病场进行监控,抗体检测无疑是非常滞后的,抗体检测不适宜在阴性场对猪群进行感染监测。在临床中也发现,越来越多的母猪感染后可能会耐过,耐过的猪就有散毒的风险,其所产仔猪可能在生殖系统和免疫系统上有天然缺陷,生长速度也受影响,因此在引种时需要考虑这种风险。

通过监测发现,非洲猪瘟的母源抗体可长达270 d,通过抗体检测可以筛查引种场母猪的感染状况,并可以尽量避免有先天缺陷可能的仔猪作为种猪被引种到其他猪场。

3.4.17　猪场自建实验室配置核酸自动提取仪设备的依据

核酸自动提取仪具有快速、工作效率高等特点,但其设备的价格和试剂的价格比较昂贵,一般只应用于标准实验室中,以减轻由样本量大造成的核酸提取压力。快检实验室样本量少,但人员的熟练程度和专业化程度往往不足,核酸自动提取设备的配置有助于降低对基层人员精细化操作的要求,降低失误操作的概率,因此在猪场经费允许的情况下,建议配置核酸自动提取设备。另外,猪场也可以通过购置免核酸提取试剂,减轻工作量,但在使用免核酸提取试剂时需注意,免核酸提取试剂只适用于唾液、血清和环境拭子等样本,且有一定比例的样本会出现干扰PCR反应的问题,可能需要进行样本的重新采集和检测。

3.4.18　早期诊断不建议使用胶体金方法的原因

当用胶体金方法检测抗体时,病毒感染猪只到产生抗体需要较长时间,所以在早期诊断中利用胶体金检测抗体是无效的。

当胶体金技术检测病原时,由于病毒早期定植于扁桃体,可以优先在唾液中检测到，但病毒载量很低。而利用胶体金检测抗原时，其灵敏度不高，需要病毒载量高的样本。除了灵敏度的原因之外，此外胶体金技术非特异反应比较高，假阳性比例高，因此胶体金不适用于早期诊断。

3.4.19　车辆的采样检测

采样检测是有一定比例和检出概率的，受制于成本和效率不可能对每个细节之处均进行采样。若是带毒车、司机、相关人员、车辆等存在病毒时，在未清洗前进行采样检测，能最大程度上真实还原车辆带毒状况。一旦车辆检出阳性，无论是否清洗完成，原则都不允许车辆和人员接近猪场。

3.4.20　PCR 产物的处理方法

PCR 产物本身不具有致病性，其病毒经过核酸提取和 PCR 过程中变性(95 ℃高温变性阶段)已经失活，无散毒风险。高压灭菌过程并不能使 PCR 产物双链 DNA 降解(在 PCR 反应时，95℃高温变性阶段 DNA 片段仍然是没有断裂的)，反而在高压过程中容易导致 PCR 管破损，释放出气溶胶污染实验室，可能导致以后的实验出现 PCR 产物污染，造成假阳性问题。所以在荧光定量 PCR 反应结束后，可将 PCR 管浸入装有 84 消毒液的容器中，一旦有 PCR 产物泄露，84 消毒液可清除降解 PCR 产物。

思考题

1.结合非洲猪瘟的传播特点，核酸检测和抗体分别适用于哪些生产环节的检测与监测？

2.核酸检测的 Ct 值与非洲猪瘟病毒是否具有感染力有无直接关系？该如何分情况去看待样品出现核酸弱阳性问题？

3.结合消毒剂的消毒机理，如何快速清除复养场的核酸污染，保证复养场核酸检测为阴性的现实需求？

第4章

非洲猪瘟精准检测清除

【本章提要】本章内容介绍猪场发生非洲猪瘟后,通过临床观察、流行病学分析以及实验室检测等方法(特别是实验室检测),及时发现(检测出)发病(感染)猪,并对阳性猪只和可能的密切接触猪只进行精准剔除,结合有效的消毒方法,最后达到消灭非洲猪瘟疫情和彻底清除场内病原等。本章内容以管理者的视角,分析领导者在指挥精准剔除时所需发挥的领导力以及规划、组织和实施各关键节点的把控力。及时决策是保证执行力的前提,员工人文关怀是保证持久战胜利的后盾。在技术层面,本章介绍精准检测清除的一些关键点,包括通过生物安全红线划定和生产静默确保疫情不扩散,通过净区"孤岛化"和"摆渡操作"确保净区与脏区不交叉污染。经人员的分工与再定位,组织起一支具有强势执行力的"拔牙"队伍,在实验室及时发现确诊的基础上,通过流行病学分析及时瞄准后续重点处置区域。在后勤物资保障的基础上,通过员工清除过程的精细操作,结合精准清除后场内可能污染病原的精细消毒杀灭,保证疫情不扩散,精准清除最后胜利成功。

精准检测清除(或称精准清除、精准剔除,民间俗称"拔牙"),是指通过临床观察、流行病学分析以及实验室检测等方法,及时发现(通过检测)发病(感染)猪(包括已发病排毒、具有传染性的传染源,还包括尚不严重排毒、还不具有明显传染性的潜在传染源),并对传染源、潜在传染源及将可能感染成为传染源的污染动物进行定点清除;同时对场内的病原进行彻底消毒清除灭活,并一如既往地严格挡住外来的污染和传入,最后达到消灭非洲猪瘟疫情和彻底清除场内病原的一种防控补救方法。

精准清除技术主要包括:①发现和检出传染源和潜在传染源,及时将它们以及将可能感染成为传染源的污染动物定点清除;②彻底消毒清除侵入和污染于场内的病原;③严格防控非洲猪瘟病毒进一步从外部传入。通俗地说,即"挡住外面的"

“清除里面的”及“检出并定点清除会传染的”。

4.1 精准清除不是带毒生产

带毒生产不可取。仇华吉说过“非洲猪瘟病毒杀气太重”，非洲猪瘟病毒与宿主猪之间“不共戴天”，因此非洲猪瘟不太可能带毒生产。精准清除的目标是通过精准检测（最好还能提前检出）感染猪只（传染源和潜在传染源），并精准地进行扑杀，因此精准清除操作的出发点就不是带毒生产。

当然，精准检测清除在成功之前的一段时间（25～45 d之内，最短可以2周内），场内是有病毒，甚至有传染源存在的。精准清除是通过检测找出传染源和潜在传染源，将其及时清除，同时还进行场内污染病毒的彻底消杀工作，并进一步“挡住”外来污染，因此精准检测清除完成后猪场将恢复正常生产。

4.2 精准清除需要强有力的领导与指挥

强有力的领导指挥和迅速及时的决策是非洲猪瘟精准清除成功的重要保障。启动精准清除犹如一场战斗，时间就是生命，时间就是胜利，及时抓住战机特别重要，因此一定需要一位强有力的领导来指挥，精准清除才有成功的保障。

精准清除过程中通常需要对猪场中的人力资源进行重新定位、调派和组合，甚至还可能需要调用场外力量来加盟和支持。若精准清除过程中出现多头领导，相互间不协调统一，或者领导间为了某个方案争论不休、互不相让，或者领导很多、相互推卸，出现“三个和尚没水喝”的状态，精准清除成功概率就会非常渺茫。

与此同时，指挥精准清除的领导们还需要具有人文关怀和同理心，为克服非洲猪瘟精准清除操作期间工作和生活的艰苦和单调（需要持续1～2个月甚至更久），消除因猪只不断发病和死亡、工作繁杂、超负荷运转等带来的焦虑和疲惫，猪场主、管理层、技术骨干需要相互打气，不断地鼓励全体员工，使大家充满必胜的信心。同时还需要关注员工的伙食、基本生活条件和心理健康等，以饱满的精神，共同努力将传染源和病毒清除出去，完成非洲猪瘟的精准清除。

4.3 精准清除：技术层面的思考与操作要点

精准清除并不是简单地把死猪、发病猪清除（拖）出去，精准清除需要从多个方面进行策划、组织和实施，精准清除必须相信科学。非洲猪瘟精准清除的成功有赖于以下思维方式和操作到位。

4.3.1 生物安全红线的划定

红线的划定是猪场生物安全的命根子，是猪场非洲猪瘟生物安全防控之“挡住外面的”核心。同样，猪场进行精准清除过程中，需要对生物安全红线划定保持清醒的认识，需要认真调整和划好生物安全红线。

生物安全红线划定的要点是明确猪场区域范围内哪里必须保持绝对干净和安全，哪里是脏的、不安全的。由于非洲猪瘟病毒对外界环境条件和消毒药的抵抗力很强，红线的划定可以使我们避免与具有强抵抗力的非洲猪瘟病毒正面交手（如希望通过消毒杀灭它），让我们能避其锋芒，“绕着它走”，努力“避开它”。

正常猪场红线划定，通常是把生产区圈起来，圈成一个绝对干净和安全的区域。可以把整个生产区作为一个整体圈成一个生物安全“净区”，也可以进一步细化，把整个生产区圈成几个干净和安全的生物安全区块。

然而精准清除时病毒已经突破了正常猪场的这道红线，它可能在生产区的几栋不同猪舍（猪栏）中存在，并且还可能因为生产活动或精准清除等操作扩散到猪场内的公共道路、出猪台等其他区域。

那么什么地方是必须努力保持绝对干净和安全的？非洲猪瘟病毒已经突入生产区，精准清除期间有一些猪舍也已污染，因此可能只有某些尚没有污染的猪舍才绝对干净和安全的！我们需要努力保证这些尚没有污染的猪舍始终保持绝对干净和安全！由此可见，精准清除期间猪场的生物安全红线必须划在每一栋猪舍四周。通过生物安全红线的明确，让每一栋猪舍都成为一座生物安全的“堡垒”，并通过各项精准清除措施的实施，保证尚没有被非洲猪瘟污染的猪舍，不再进一步被污染和突破。

精准清除期间还有一些区域也必须是绝对干净和安全的，包括饲料加工厂和饲料仓库（即该精准清除猪场的饲料是自己加工的，或者该猪场的饲料需要从饲料仓库中转的）。只有饲料加工厂和饲料仓库是绝对干净和安全的，才能保证不会有新的个体因为饲料污染而发病，也就不会导致疫情扩散，因此饲料加工厂和饲料仓库必须与安全的猪舍一样，划为生物安全“净区”。同样道理，兽药仓库、其他的原材料仓库也必须是生物安全“净区”。

4.3.2 “原地卧倒”的重要性

1.精准清除的核心是阻止传播，“原地卧倒”是其中的重要策略

非洲猪瘟是一种接触性的传染病。非洲猪瘟病毒侵入猪场并在场内传播，最主要的传播方式是人类的生产活动，因此精准清除操作的第一要务是将人员活动限制在尽量小的区域范围内，不串岗、不交叉、不来往，并禁止开展除了为猪保命

(即只提供基本的饲料、饮水和环境控制)以外的任何活动。

通过减少人员的生产活动,传播媒介(人类)不动,猪群也不动,即传染源和易感动物都原地不动,这样传染源与易感动物被隔开,就可以最大限度地减少疫病传播和扩散风险。这种人和猪群原地不动的静默状态,类似于军事上的“原地卧倒”,故而使用这个词汇。“原地卧倒”也称为静默生产、生产静默。

2.“原地卧倒”是非洲猪瘟精准清除的规定动作,也是最重要的操作之一

精准清除期间,由于病原已侵入猪场,且哪些猪舍可能已经污染(里面的猪已经感染)暂时不清晰,人员的生产活动和上下班进出就可能将已经发病、已经有感染(排毒)猪或仅仅有污染的猪舍内的病原带出,扩散污染到公共道路或直接污染到其他猪舍、饲料仓库、兽药仓库等重要场所。人员的上下班进出还会污染进出生产区的洗澡消毒通道,会把病原带进宿舍,带到食堂、会议室、活动室等生活区的公共场所。这样通过人员聚集和交叉,将病原进一步带进猪舍,导致疫情的进一步扩散。因此只有通过“原地卧倒”控制人类活动引起的传播,在一定程度上控制住病原继续传播风险。

(1)“原地卧倒”的做法　其实人和猪一点也不动是无法完成精准清除的,也就是说“原地卧倒”也不是真的一动不动。若人员要移动(如进舍采样、定点清除阳性和关联个体等),必须保证鞋子是绝对干净的(更换雨鞋、烧碱消毒盆中站立浸泡、用长板刷彻底刷洗),保证手是绝对干净的(戴手套,并用烧碱溶液清洗),保证衣服裤子是安全的(穿防护服,并用消毒毛巾等材料进行全方位彻底拍打,或有条件的进行彻底风淋,将任何污染的浮尘吹走或拍除,粘在身上的尘土即使带入猪舍也绝不会掉下来),甚至还需要戴头套、帽子、口罩等进行防护。此外人员(包括摆渡车辆、饲喂车等)移动必须走在经烧碱反复喷洒浸润的红地毯上,保证行动过程的绝对干净和安全,病毒不会随人员和车辆移动而出现扩散。

尽管理论上讲跨区域活动,需做到“绝对的干净和安全”,但将人员的活动,特别是饲养员和一些辅助工人的活动尽量限制在小的区域范围,不串岗、不交叉、不来往的“原地卧倒”是必须的,因为“绝对的干净和安全”是一种理想状态,任何操作总会出现一定概率不到位的可能性,即任何跨区域活动一定存在风险,能避免则应尽量避免。

另外有一些猪场,一个饲养员同时需要管理多栋猪舍,这样的饲养员不能每天进出生产区和生活区上下班。他们可以“原地卧倒”在其中一栋猪舍内(当初设计时每一栋猪舍一端留有的休息室),或者“原地卧倒”于相应猪舍旁的临时宿舍。应努力遵循尽量限制在小的活动区域范围内,不串岗、不交叉、不来往的原则。

此外还需特别关注,饲料加工、转运相关的工作人员也需要“原地卧倒”,以保证饲料加工厂(仓库)和饲料的绝对安全。好在“原地卧倒”是精准清除期间的暂时行为,否则“原地卧倒”会带来严重的副作用。

(2)“原地卧倒”的副作用　具体包括以下几点：

①“原地卧倒”会因为所有猪群的原地不动而出现生产混乱，包括：产房仔猪不能转群，个头太大，跳出栏位，导致感染和传播；定位栏母猪到预产期不能转产房，只能在原地生产；不进行栏舍清扫，猪圈很脏，猪舍内的环境质量很差；母猪定位栏不进行粪便清扫，母猪后驱很脏，容易出现产道、子宫炎症等。

正如“原地卧倒”时有采样、定点清除等需要人员移动的特例一样，出现严重的生产问题时(如环境太脏、母猪后躯污染严重等)也可以特事特办，但特事特办的原则是不能引起交叉污染、污染扩散等问题(即不能让猪接触到病原，特别注意防止病从口入)。原则上禁止猪群转移，这是因为猪群转移过程中会有很多不可控因素，如进舍操作转猪的人员是否绝对干净安全？猪群移动的路径是否绝对干净安全？转猪车是否绝对干净安全？转达猪舍是否绝对干净安全？转达猪舍操作的人员是否绝对干净安全？

②“原地卧倒”同时会带来人员生活的不便利和艰苦等问题，因此，猪场的领导们除了需要有坚毅和果断的品质以及强执行力，还需要对一线人员进行一定的人文关怀，需要关注员工的生活和心理健康，鼓励(包括激励、奖励)员工克服困难，一起坚持共渡难关。

生物安全操作必须尽量求简，尽量减少人的参与度、减少人的工作量，若人员必须参与则要尽量让参与的人乐于做、舒服做、高高兴兴地完成。

非洲猪瘟精准清除期间，作为猪场生产工作的一个特殊时期，为保证员工的工作积极性和认真度，猪场主和管理高层更需要有同理心，需要设身处地考虑员工的生活和福利，需要关注他们的基本生活状况和身心健康。因为人员“原地卧倒”隔离在生产区的一个狭小空间范围内，生活条件一定会十分艰苦，而猪场中的猪不断发病、死亡，以及精准清除期间的超负荷工作量，一定会使参与者身心疲惫。可以适当提高员工的伙食标准，尽量解决员工洗澡和个人卫生等问题，此外还需要关注人员的个人生理、心理健康问题。

4.3.3　净区的“孤岛化”思维与“摆渡”操作

通过“划红线”将每一栋猪舍与饲料仓库(饲料加工厂)、兽药和小件物品仓库等都“变成”了一个一个独立的“孤岛”样的“净区”，通过“原地卧倒”饲养技术人员、加工厂和仓库的工人都独立于这些“孤岛”上，而“摆渡”可以给“孤岛”中的猪和饲养技术人员提供补给。

饲料如何从饲料加工厂(饲料仓库)运送到某一栋猪舍呢？为方便理解，我们可以把猪场非洲猪瘟精准清除期间的这种“摆渡”操作，想象成真实世界中的岛上生活与摆渡补给，也就是，设想饲料厂有一个“码头”，相应的那栋猪舍也有一个“码头”，有一条“船”来回“摆渡”。

饲料厂通过划红线，用实体墙（彩钢板等）进行围合，其中一个小区域留有"一扇窗"，饲料从这个"窗口"递出（通过人员或传送带等递送）。饲料存放入"绝对干净安全"车辆的车厢中。车辆由专人驾驶运输到某一栋猪舍。在猪场，车辆行驶的公共道路要进行不间断的消毒，甚至铺土工布、红地毯并用烧碱淋湿浸润。除驾驶员外，车厢中还需要专人负责递送饲料。车厢中的专人与饲料加工厂工人一样管理，必须保证绝对干净，而驾驶员划归脏区管理。某一栋猪舍的"码头"（可以是猪舍的门，也可以临时征用猪舍门口的一小块水泥地），并进行彻底的清洗消毒，铺上烧碱浸润消毒的红地毯（简称烧碱红地毯）。车厢中的专人将饲料传递给饲养员，保证相互间绝对不接触，饲养员将饲料运进猪舍，绝对安全地分发喂给舍中饲养的猪。

同样，饲养员的饭菜，从食堂中送入猪场，通过"摆渡"方式运送到饲料加工厂（饲料仓库）和每一栋猪舍的门口。饭菜是从作为缓冲区的生活区（生物安全等级略低一级）送进来的，煮熟的饭菜是安全的，但餐具不能传入，可以直接打饭打菜，或者把饭菜倒入员工自己的饭碗菜碗中。

只要所有物品通过"摆渡"方式传递，疫情扩散可以完全杜绝，同时，"原地卧倒"的饲养技术和工作人员也可保证最基本的生活条件。

4.3.4　人员的分工与再定位

猪场内人员"原地卧倒"，禁止开展除为猪保命以外的任何活动，因此饲养员仅需从事提供基本的饲养和环境控制的工作，如舍内运送、分发饲料，或调控饲料、饮水、环控机械等；兽医也仅主要开展巡栏工作，多数情况下仅在门外询问、窗口观察等，不进栏，治疗工作也降到了最低程度；配种员不再需要采精配种。因此一部分饲养员、兽医技术员，以及所有的配种人员可以抽调出来，重新组合组建"拔牙"专业队伍，集中调配。对于大公司以及人手紧张的一些规模养殖场，还可以场外招募组建专业"拔牙"队，成建制地开赴精准清除"战场"。

"拔牙"团队通常需要几位有力气的员工（需要抬死猪，特别是从定位栏中把死猪清理出来。在没有好的运送死猪的工具和车辆的情况下，可能需要多达 4 人或以上），还需要一位专门负责生物安全监督的技术员，还需要一位专门负责即时消毒的后勤人员（可以饲养员兼职）。因此，"拔牙"团队若没有带杠杆的专业运死猪车辅助，通常需要 6 人或以上（若有相应设备则可减少人员数量）。

技术员负责指挥整个"拔牙"过程，但技术员更主要的是负责整个"拔牙"过程的生物安全监督指挥：包括"拔牙"路径的确定，"拔牙"通路防护的指挥铺设，"拔牙"过程中人员操作的规范与监督（特别是预防和及时制止具有生物安全风险的操作动作），及时指挥具有生物安全风险操作后的即时消毒工作，以及死猪、病猪清除出去之后的善后、清理、消毒工作等，防止任何生物安全漏洞的出现，尽力阻止或减少因病死猪清除工作而导致的病毒扩散。另外，对于那些一个饲养员同时需要管理多栋猪舍的猪场，饲养员的安排应随时和及时地调整，原则上饲养员一定不能既管理发病猪舍，又管理未发病猪舍（健康或至少暂时健康的猪舍）；不能既负责发病清空猪舍（或者场内道路，"拔牙"善后、清理等）的消毒，又管理未发病或者健康度还不错的猪舍，即不能让饲养员和勤杂工同时做"干净"和"脏"程度不一样事情。

非洲猪瘟精准清除期间，可以把猪场中"干净"和"脏"程度不同的场地、工作内容划分为几种不同等级，如"干净区"、严重发病及清空的超级污染区，以及介于这之间的一到数个不同级别的分区。原则上一个人若要兼职，也只能兼职同一个洁净度等级的工作，而且还不能太大范围的跨区域开展。特别应该关注的是，"干净"区域或暂时"干净"区域是重点保护的区域，必须要由绝对"干净"的人员负责管理，相对地，超级"脏区"间可以适当放宽兼职限制，但也必须特别关注由生产活动而引起超级"脏区"内的病原带出和扩散的问题。

4.3.5 精准检测与及时示警在非洲猪瘟精准清除中的重要性

非洲猪瘟精准清除成功的关键还在于可靠准确的检测技术和及时示警。及时采样检测，以及在强有力的流行病学分析指引下，精准采样，通过荧光定量 PCR 技术及时准确地检出发病（传染源）和早期感染动物（潜在的传染源），及时清除。精准检测在非洲猪瘟精准清除中主要有两大方面的作用：

①预警和第一时间示警。即提前预警非洲猪瘟病毒入侵的可能性（周边环境采样检测）和及时发现非洲猪瘟在猪场中的暴发（异常猪采样检测）。

②尽量通过检测排除，刀下留猪，以保证"拔牙"的成功。即及时确认异常猪是非洲猪瘟或排除非洲猪瘟，对阳性猪（及周边可能的污染猪）及时进行定点清除，同时尽量留下阴性猪，保留尽量多的猪，以保证精准检测清除的最后成功。值得一提的是，对于阴性猪采取治疗时仍需要怀疑可能感染病毒的，需要进行严格的隔离以防交叉污染，而且经一段时间治疗无效后需要及时清除，以免因发病猪免疫力下降，增加对非洲猪瘟病毒的易感性，从而继发发病。

为保证精准清除的成功，非洲猪瘟检测的可靠性和准确性至关重要。而检测的可靠性和准确性有赖于训练有素的检测技术人员，有赖于每一个环节、每一步操作的一丝不苟。这包括可靠的样品采集技术（如唾液采集、扁桃体表面黏液采集、尾部采血等技术）、确实可靠的样品保存和保护技术、高效灵敏的核酸提取试剂盒和灵敏特异的荧光定量 PCR 检测试剂盒等。只有这样通过可靠准确的检测进行早期预警（第一时间及时发现和检出阳性病例和感染者），通过流行病学分析指导下的精准采样（及时甚至提前采样检测出感染动物）和可靠准确的检测确认传染源（或潜在的传染源），及时精准清除，才有可能最后消灭传染源，达到净化猪场的目的。

从灵敏度、准确性等多个方面考量，非洲猪瘟检测方法建议选择荧光定量PCR，而且还需要认真评估相应试剂盒的质量和检测效果。目前，非洲猪瘟检测存在很多假阴性和假阳性的问题。假阳性，即把原来的阴性猪检测成为阳性，这就会出现误杀的问题（当然不采用实验室检测，仅凭肉眼误判得更多）。非洲猪瘟当初采用全场扑杀政策时，出现假阳性则会把一个好端端的阴性猪场当作阳性场扑杀了。即使现在采用精准清除，轻则误杀阴性猪（及周围一定数量的猪），造成一定的损失，重则会出现虚惊一场的问题，还可能因为手忙脚乱，在进行清除过程中没有做好"挡住外面的"环节，而把真的非洲猪瘟病原引入场内。

假阴性可能导致的危害更大，实际是一个阳性病猪被检测成阴性，结果猪场把阳性病猪当作阴性猪保留下来，相当于猪场没有及时发现和清除这些"炸弹"，可想而知这个猪场最后很难清除干净。

4.3.5.1　如何准确地获得实验结果

（1）准确的实验结果获得依赖于有经验的技术人员　尽管通常使用的是"傻瓜式"的检测试剂，但其实荧光定量 PCR 检测操作是一个技术活。现在的政策把很多掌握技术的单位和个人排除在外，而让猪场、屠宰场自检，一些猪场（屠宰场）缺乏技术人员，或者一些毕业多年的技术人员（主要从事临床工作，实验室技术已经多年荒废）只凭数年前在学校本科实验课堂中接触过的记忆，未经再次有效的强化培训而"赶鸭子上架"，出现这样那样的问题在所难免。为此强烈建议技术人员未经严格培训的检测实验室，及时派员进行培训，必要时还需要聘请有经验的学者（主要从事实验室检测和研究工作）进行实验室把关。要想进行生物安全评估，评估实验检测结果（包括进行定期实验室污染检测、检测结果比对等）应尽量杜绝或减少假阴性及假阳性结果的出现。

（2）准确的实验结果获得还依赖于良好的实验室设计和管理　为避免交叉污染，实验室需要分割成不同的区域，包括试剂配制分装区、收样与样品预处理区、样品核酸抽提区、加样反应区、数据采集分析区等，各个区相对独立，各个区的设备材料（如移液器、离心机、实验耗材等）也应尽量独立，不相互借用；实验室还需要良好的通风环境，需要安装紫外灯将空间里含核酸的气溶胶杀灭，若有条件建议购置生物安全柜，涉及病原和核酸的操作都应在生物安全柜中进行，保证不向实验室空间释放任何病原和核酸，有效避免污染和假阳性的出现。

（3）准确的实验结果获得还依赖于试剂盒的选择　目前试剂盒质量参差不齐，有条件的大型企业，可以自己进行实验室对比检测试验，测定不同试剂盒的灵敏度、准确性等参数，最后确定使用哪些试剂盒。可靠性、灵敏度、抗干扰能力是评估精准检测试剂的重点。除需要关注荧光定量 PCR 试剂盒外，还需要关注核酸抽提试剂盒、样品保存试剂等。

建议规模化猪场,特别是开展长期监测的实验室同时使用 2～3 种试剂盒,一方面,可以进行不定期的比对试验,校验不同试剂盒的偏差;另一方面,经一定时间的检测出现假阳性增多现象后,更换成另一种试剂盒,以避免使用单一试剂盒一段时间后,因操作细节没有到位而出现阳性对照、扩增产物气溶胶污染,而造成假阳性的问题(即换一种扩增片段不相同的试剂盒,因引物不同,就有可能消除之前试剂盒造成的污染)。

(4)准确的实验结果获得还有赖于样品采集保存操作的规范性　避免在采样、保存、送检环节出现交叉污染,导致假阳性的问题;避免因样品保存不当造成的核酸降解,出现假阴性的可能。

4.3.5.2　采样注意事项

(1)采样的个体　原则上采样检测的个体是临床上表现异常的个体(如精神状态差、食欲下降、发病、卧病不起等),或者与之前发病和检出阳性的个体有流行病学关联性的个体。外观健康又没有流行病学关联的个体原则上不需要检测。这类个体即使采样检测也通常是阴性的,尤其是血液样品检测。有时对于这类个体需要禁止采样检测,以免因为采样,出现交叉污染,从而致使疫情扩散。当然,也有某些大型集团非洲猪瘟精准清除采用全场检测快速整栋整批次淘汰策略。

(2)采样的方法　为了保证检测的可靠性和准确性,原则上对于发病猪建议尽量采用血液样品检测确诊。因为对于已经出现发热等明显症状的个体,通常处于病毒血症时期,而且血液中的病毒含量相对较高,容易测定和结果判定。对于具有流行病学关联的个体,为了能提前检出,建议采用鼻拭子、口腔液,或者再加上食槽样品、肛门拭子等;扁桃体表面黏液的检测效果通常优于鼻拭子、口腔液等,而且具有明显的提前检出效果,但是扁桃体表面黏液的采集有一定操作难度或存在操作不便的问题,而且采样操作通常需要在猪只的前面,极有可能污染食槽等猪嘴巴够得着的地方,因此具有一定的二次污染、感染暴发的风险。若必须要操作,必须注意操作细节,避免污染扩散。

唾液(可能包括扁桃体表面黏液)样品的保存建议使用唾液保护剂,以避免唾液中的酶对仅有的少量病毒进行酶解和破坏,出现假阴性的结果。

(3)其他　环境样品也要进行实验室检测(包括出猪台、运猪车、办公室、猪舍内等的环境样品,以及人员指甲、鞋底和鞋子表面污染等),用于评估病毒污染面、返岗人员安全性等。唾液、鼻拭子、环境样品等可能存在 PCR 扩增抑制物,需要通过使用高效提取试剂及具有抗抑制物的扩增试剂盒来解决,甚至有时还需要对提取核酸进行稀释和二次提纯等。使用具有内参对照的荧光定量 PCR 试剂盒,用于评估抑制物的污染程度或去除状况具有一定的优势。

积极主动采样,尽早检出是非洲猪瘟精准检测清除的一个努力方向,但灵敏度与准确性通常是矛盾的。从权重看，实验室检测更需要关注准确性，既不能出现明显的假阴性结果，同时又不能有太高的假阳性比例。从现有临床精准清除成功的案例看，即使没有提前检出，也并不完全影响最终清除成功，至多可能会适当影响最终清除所需的时间和效率。

总之，非洲猪瘟精准检测准确性和及时性是关键，因此需要选择高效灵敏的核酸抽提试剂盒和敏感特异的荧光定量 PCR 检测试剂盒等，甚至还需要关注荧光定量 PCR 仪的质量，只有拥有好的"拔牙"工具，才能保证最终"拔牙"的成功。

4.3.6 流行病学调查的必要性

在传染病的控制中，流行病学分析至关重要。对于非洲猪瘟精准检测清除，通过流行病学的关联性分析，尽可能地要找出传入源头(即尽可能找出 0 号病例，或那一批感染动物及其所在区域)，并分析出原因，预测出随后的生产活动而可能导致的扩散范围；更重要的是，流行病学分析还有助于预测出猪场中疫病的进一步发展趋向，提前布置重点防控区域，把有限的防控资源用到刀刃上。流行病学分析还有助于有的放矢地开展重点监测检测工作，及时甚至提前检出已感染动物(潜在的传染源)，进行定点清除。因此，流行病学分析对于防控资源和检测能力有限的一些规模猪场，优势更为突出。

4.3.7 精准定点清除的操作概要

精准定点清除的操作大致流程如下：

1.精准检测

通过检测确认猪场非洲猪瘟病毒已经入侵，疫情已经暴发，并初步明确现阶段发病的大致范围。各种资料和书本显示非洲猪瘟有特定的临床症状和特定的病理学变化，但非洲猪瘟的确诊永远需要以可靠的实验室检测为依据，这是因为我国猪病较为复杂，多病原混合感染时临床表现会发生变化，通常会以最先感染的病原对应的病症表现为主。此外，需要特别强调的是猪场应尽量减少剖解，以避免病原散播扩散。

2.确认源头

通过流行病学分析，框定或推测传入的源头，对可能仍存在的隐患及时查缺补漏。

3.准备物资

迅速布置采购任务，立即采购精准清除所需的各种防疫物资。

4.人员分工

进行人员分工和调整，及时布置"原地卧倒"，并抽调人员组建"拔牙"专业队伍。

5."原地卧倒"

及时封闭饲料加工厂和饲料仓库，人员进驻"原地卧倒"；对于饲料需要人工运输的猪场，安排好饲料摆渡车并消毒（烘烤）到位，饲料开始摆渡递送；安排好食堂操作，"原地卧倒"员工送菜送饭方案布置同样要到位。

6.人员消毒

每一栋猪舍内铺设红地毯，设置消毒盆，添置新雨鞋（中筒雨靴为宜，便于穿脱）、长柄刷、洒水消毒壶，配置一次性手套和防护服等；每一次人员舍外进入必须换鞋、烧碱消毒盆中刷洗雨鞋，穿防护服，并进行拍打除尘，戴一次性手套，用烧碱清洗；人员进入猪舍要行走在湿润的烧碱红地毯上，人员因采样、清除操作需要走出红地毯的（可能会受猪粪污染等），返回红地毯前需要洒烧碱水（或在烧碱消毒盆中站立）将雨鞋刷洗干净。

7.怀孕母猪定位栏通槽消毒

怀孕母猪定位栏饲养的，若食槽水槽相通（即通槽），则需要采取以下措施（选择其中之一）。

（1）饮水添加柠檬酸　pH 为 2.8～3.1。采用柠檬酸酸化饮水仅仅能起到饮水消毒作用，且消毒需要时间，因此某一发病猪通过口腔排毒污染前面的饮水（这时排毒和污染量一定不能很大，若大量呕吐甚至吐血则不行），经一定时间后才慢慢扩散到周边栏位的母猪前（此时病毒已经灭活），即使周边母猪喝了这样已被污染的，但病毒已经被灭活的水，这些母猪也不会感染和发病。但是，如果添加的柠檬酸水水流量小（即不是整个水槽添加柠檬酸），若流水源头上有病猪，水流向下游，其他母猪有可能在病毒灭活前已喝到被污染的水。若出现这样的状况，柠檬酸水的酸化操作可能不仅不具有消毒阻断作用，反而可能起到传播作用。同理，若水槽中长时间缺水，外面添加柠檬酸水不及时或量不足，加水后大量母猪马上起身喝水，也是没有防护作用的，甚至还可能起到相反的作用。柠檬酸加入饲料也是如此。

（2）水槽进行分段处理　每几个母猪空一个栏位，清空槽中的水，在空栏的位置用水泥等建筑材料进行分段隔离，同时对水槽中的水加柠檬酸进行酸化处理。

（3）迅速采购食槽、饮水器　迅速采购食槽等设备并安装更改，使每一个定位栏母猪使用独立的食槽和饮水器。

8.及时巡查

发现异常猪（饲养员报告吃食情况，兽医技术员窗口巡查，必要时进舍观察检测，通常与采样一起操作，以尽量减少进舍次数），采样队伍按分工，及时采样送检。

9.准确检测

实验室及时准确检测，检测结果及时发布。阳性检出个体按照 1＋2、1＋4 原则清除（清除阳性病猪的同时，清除左右各 1 头或各 2 头外观健康猪），流行病学指导下采用唾液、鼻拭子等方式采样提前检出的，或采用扁桃体表面黏液采样检出的，可以考虑单个清除，或 1+2 清除(根据检测的 Ct 值、风险评估的危险性程度决定)。

10.清除操作细节

发病死亡猪通常采用装尸袋包装或彩条布包裹等方式不透水密封包装后运出，或至少需要用塑料袋、塑料布进行头部和屁股部位的包裹，以防止在运输过程中，尸体进一步流出口水、泡沫、血水、尿液、粪便等，污染处置场地和运输路径，导致疫情扩散。

一些猪场对于发病严重的猪(但尚存活)采用处死后运输的方式处置，处死病猪的方式包括电击、注射毒液、机械勒死等。重要的原则是处死病猪不能引起病猪血液、体液飞溅(或产生大量的分泌物、排泄物、飞沫等)，也不能太不人道。

阳性发病猪和关联猪若采用活猪运出的方式清除，则需尽量遵循“脚不落地”的原则，具体操作进一步细分如下：

(1)定位栏怀孕母猪区的清除操作　可选择其中之一：

①烧碱红地毯+彩条布。即在需要定点清除猪的相应位置(母猪定位栏原则上尽量选择后躯的道路)，在栏架间(或栏架与墙体间)铺设 U 形的彩条布，在中间路面上再铺设红地毯，洒烧碱水完全浸润，形成 U 形的围合，以避免在清除过程中被清除猪与周边猪、栏舍(墙体)的接触，防止病原散播及疫情扩散。移出猪舍之后采用同样的原理，选择合适的道路作为清除路径，铺设烧碱红地毯、彩条布围挡，把猪赶到扑杀处理点进行扑杀和无害化处理。

②舍内操作同样使用烧碱红地毯+彩条布，但把猪赶出舍门后，立马赶上底部不漏水的篮筐(金属焊制，通常可装载 3～5 头母猪，甚至可以是四周密封)，用叉车叉起金属篮筐，直接运送到指定地点处置。

③制作类似的带轮的篮筐(通常可以装载 1 头母猪)，并且制作从定位栏到篮筐的弧形弯形转接件，将母猪赶上篮筐，直接用轮子(运输到门口，室外用叉车)运输到指定地点处理。

清除操作通常先处理关联的外观正常的猪，然后再处理病猪和死猪，这样可以减少污染扩散的风险。由于大多数母猪体重在 200～300 kg 或以上，甚至达 500～600 kg，母猪死在定位栏中要清除出去是一项艰巨的任务，可能需要 4～6 个壮劳力，而且操作一定还会七手八脚、手忙脚乱，为避免污染扩散，“拔牙”专业队伍中的生物安全监督员和即时消毒人员的作用就显得非常重要。当然，随着“拉死猪车”等“拔牙”工具的到位，劳动工作量可以大幅度地降低，但是生物安全监督和污染即时消毒的“弦”不能松。

(2)产房母猪及仔猪的清除操作　产房母猪一旦检出阳性，通常需要母猪和仔猪同时清除(“母仔全清”)，至于是否需要同时进行左右周边栏的个体连带清除，则视产床结构和相互间的关联性决定。

母猪产前产后容易出现精神、食欲异常等问题，甚至发病，特别是夏季高温等环境压力大的季节。若发病母猪检测为阴性，但又为了安全起见采取不进行治疗而直接淘汰的方式处置，则可以考虑对具有饲养价值的仔猪进行保留（即“清母留仔”，若已接近断奶日龄仔猪，可以采用人工乳饲喂），不过留下的仔猪需要重点监控。

因为“原地卧倒”，产床上的仔猪慢慢长大，不安分的仔猪会跳出来。这是一个很大的挑战，跳出来仔猪一定会接触到“拔牙”产床下的病毒，因此这些仔猪一定不能抓回来放入原来的栏位，一定不能保留，需要及时清除（采用诱捕、电击等方式）。若这些仔猪无法及时捕捉清除，“玩”了一会儿后会回来找妈妈，会与产床上的母猪（可以是妈妈，也可以是别的母猪）及其他小猪交流，这会导致病毒更大范围地污染和疫情更大程度地扩散。因此，提前预防长大的仔猪跳出栏位也是重要的工作，包括加高栏板、加装防护网等。

同理，随着保育舍中的保育猪长大，也会出现类似问题，也需要及时加装护板等进行防护。

（3）保育舍、肉猪舍的清除操作　保育舍、肉猪舍中检出阳性，则以栏为单位进行淘汰。许多猪场栏与栏之间为铁栅栏的，则还需要按“1＋2”或“1＋4”方式淘汰。

一些猪场为避免栏与栏之间的传播，减少一旦传入后的清栏数量，迅速采用加装简易隔板（塑料板、白铁皮等，通常不进栏，在栏的两头固定）的方式进行“单元格”化。但是任何操作都有风险，因此这样的操作通常在基本明确疫情的范围，且处于相持阶段的早期实施。

总体上，病猪（特别是定位栏和产床母猪）的清除和淘汰，“脚不落地”的操作以装猪篮筐直接进猪舍、在栏位边装筐上车为上策，以猪赶到舍门口装筐、叉车转运为中策，以全程烧碱红地毯＋彩布条为下策。当然没有红地毯或彩条布，直接赶出来或把死猪拖出去的操作则是完全无策，一定会导致严重扩散，也就谈不上精准清除。

11.“拔牙”场地及公共道路的消毒

精准清除操作过程一定会导致病原进一步污染和扩散，即使是病死猪用装尸袋、彩条布包裹得严严实实。这是由于包装的场地就在死猪边上，场地是污染的（尽管可以适当消毒减少病毒载量，但一定不能完全消灭），抬死猪的操作人员一定也是污染的，包裹尸体的外包装也是污染的（但是可以适当减少运输过程中尸体内的病原进一步散落和大面积的污染扩散）。因此除“拔牙”过程中接受随时指挥的即时消毒人员应及时洒烧碱水消毒补救外，清除工作后的即时消毒也尤为重要。

精准清除操作后，需要对烧碱红地毯和彩条布围挡进行拆除（也有猪场为节省劳力和材料，将彩条布围挡移向一侧，挂于栏杆或墙上，以便次日再次使用），拆除过程中需要特别注意散落在红地毯彩条布内的血液、分泌物、粪尿等污染物，不能进一步散落而导致污染扩散。收集已污染的红地毯、彩条布，并集中销毁处理。

处理红地毯和彩条布后，还需要对已清除的栏位、周边处理的场地、当初清除的路径进行彻底消毒。消毒的方式是通过洒水壶洒烧碱水，用烧碱水彻底淋透相应的地面、墙面甚至栏杆等，避免使用高压水枪冲洗，以免水流冲击污染物而导致病原飞溅、扩散。

清除过程中，铺设于中央过道的用于保证进舍人员绝对干净安全的烧碱红地毯（特别是门口一段）通常会被“拔牙”操作污染（因为死猪要拖出去，活猪要赶出去，带有粪污的雨鞋没有经及时清洗还要踩上去等）。对于污染严重的需要重新洒烧碱水浸润；对于污染不严重的，可以加强重点部位喷洒的烧碱水量，让污染物彻底浸润消毒。

精准清除操作还会污染公共道路（如叉车开过等），因此还得使用洒水车对公共道路进行及时的消毒。

12.“拔牙”人员的清洗消毒

精准清除操作一定会导致“拔牙”人员严重污染。防护服并不能完全解决污染的问题，脱防护服也可能出现二次污染，因此，除了仔细小心地脱下防护服、脱去手套之外，还需要进行彻底的洗澡清洗。由于人员污染非常严重，建议单独设立“拔牙”人员“拔牙”操作后的专用洗澡浴室（可以购买移动浴室），并建议最好是在专门浴室淋洗一次后，再从生活区生产区间的洗澡消毒通道二次洗澡才能出生产区，保证不因为（或尽量减少）人员的“拔牙”操作而把病毒带入生活区。

生活区、生产区间的洗澡消毒通道会因为人员的“原地卧倒”而使用频率下降，建议把原来的男女二个通道更改为一个洗澡进入通道、一个洗澡出通道，同时还需要特别加强洗澡通道的清理、清洗、消毒工作，以尽力避免猪场污染导致洗澡消毒通道污染，人员进入洗澡反而被污染的问题。

同理，“拔牙”人员“拔牙”所穿的衣物、雨鞋必须进行彻底的清洗和消毒。衣物、雨鞋可以用烧碱浸泡、高温水煮、高温清洗等。彻底清洗消毒后的衣物、雨鞋须避免二次污染，然后放于洗澡消毒进入通道的猪场侧，第二天“拔牙”专业人员上班洗澡进入后再穿。

4.3.8 “拔牙”期间猪场内病原清除操作的原则

精准清除需要做好三件事情，通俗地说，就是挡住外面的、清除里面的和及时检出并清除会传染的。

猪场中的病原清除是一项重要的工作，尤其是最后收官阶段。猪场最后要正常不带毒生产，猪场里面必须没有病原，或者即使有，也不会带入猪舍，污染猪圈而使猪感染和发病。

但一些猪场担忧病毒的存在，在精准清除初期，在还处于手忙脚乱的阶段，已对清理病死猪的空栏、整栋清除的空舍进行彻底的高压清洗消毒。需要强调的是，高压清洗消毒在精准清除期间内是必须禁止的，因为高压冲洗设备的使用，产生的高压水流和高速气流会引起粪污、血水大面积飞溅，在消毒液还没有来得及杀死病毒之前，活病毒飞溅出去，会导致非常严重的污染扩散问题。因此原则上，精准清除期间（特别是早期）尽量不要高压冲洗消毒，可以采用划红线，把病原污染点“圈起来”，标记上“绕着它走！”即使要消毒，也用洒水壶洒烧碱水，把污染的场地、粪便、血水、污渍用烧碱水湿润、淋洗、浸泡，对于污染面有点大的液体污染物（如血水、呕吐物等），建议使用石灰先覆盖吸收，然后再往石灰堆上洒烧碱水湿润浸透。

即使需要使用某一栋清空的猪舍（如需要进行“反拔牙”，即把“拔牙”剩下的健康猪从相对污染的猪舍中清理到干净的猪舍去），也不能像复养场那样大动干戈地进行高压清洗消毒，操作人员必须穿好防护服，带上防毒面具，关起门窗在猪舍里面小心清洗，不让污染物飞溅出来。这些清洗消毒的清空猪舍，最好前期经过一段时间的洒水壶洒烧碱水处理，确保绝大部分病毒已被杀死。

4.4 精准清除的后勤物资保障

“兵马未动，粮草先行”。精准清除就是一场与病毒较量的战役，因此后勤物资保障供应同样非常重要。

为了保证“原地卧倒”快速有序地实施，饲养员、技术人员（包括饲料加工、场内后勤人员）睡觉的床、被子、褥子，以及脸盆、毛巾等基本生活用品需要及时到位（注意输入时的消毒，保证这些物资是绝对安全的），一些猪场还可能需要准备临时用房，用于“原地卧倒”。

“原地卧倒”人员需要吃饭，相应地需要配备饭盒、菜盆，购置饭菜传输的盛饭、盛菜桶，“原地卧倒”人员还需要配备临时厕所和浴室等。

技术人员（包括一些猪场的饲养员）如果必须跨舍活动，每一栋舍（包括仓库等）需要配备雨鞋（专人专用）、烧碱消毒盆、长板刷，还需要配备一次性手套（或长筒胶皮手套），一次性防护服等。每一栋舍内需要铺设烧碱红地毯（或麻袋布、土工布等吸水材料），需要配备消毒用洒水壶，还需要提供烧碱、石灰等消毒药。对于一些猪圈，不可能完全不清粪，若需要清粪，须配置清粪便的小铲子（多把消毒轮换使用),还需要配套消毒桶、烧碱液等进行即时消毒和轮换。

为解决公共道路的污染问题,需要对公共道路进行消毒。需要配置洒水消毒车辆、烧碱配制桶(池),重点区域还需要配置手工补救的洒水壶,路面还需要铺设土工布(麻袋布)保湿。饲料、饭菜需要“摆渡”,需要配备转运车辆,为解决转运车辆的污染问题,生产区内甚至需要设置洗消中心(高压清洗设备、底盘清洗机、登高架等)、烘烤房(或烘烤箱)等。

为保证精准清除,应随时追踪发病猪(在流行病学指导下追踪可疑感染猪),需要添置体温计(为避免交叉污染,需要多支消毒轮换使用)或红外成像仪等,需要添置采血、采样送样工具(如棉签、采血管、采血针、采血针管、酒精棉、止血干棉球、自封袋、EP 管、保温盒等),对一些猪场还需要添置(或更换)实验室仪器设备(荧光定量 PCR 仪、离心机、移液器、PCR 排管架、EP 管架、冰盒、冰箱和自动核酸抽提仪等),购置(或更换)检测所需的核酸抽提试剂盒、荧光定量 PCR 检测试剂盒等。

为尽量减少清除过程中的散毒污染,需要配备红地毯、彩条布、转猪篮筐、赶猪通道转接头、叉车,或者处死工具如电击仪、毒液和注射器、钢丝、老虎钳等,需要配置装尸袋、运死猪车等。为能及时深埋扑杀猪,还需要租赁(租借)挖掘机,并需要购置大量的石灰、黑膜等。

为避免通槽饲养的母猪间病毒快速传播,需要购置柠檬酸、溶解桶、送液泵、pH 计、pH 标准液,或者需要改造通槽的,需要购置水泥,或购置食槽、水槽、水嘴以及安装工具等。

为清洗消毒,为后续“反拔牙”(或复养)做好准备,需要购置(添置、更换)高压清洗机、火焰喷射器、大功率燃油热风机(包括用于宿舍仓库的烘烤消毒)等。

4.5 总结

非洲猪瘟可防可控,而且非洲猪瘟精准清除容易实现。只要思维正确、行动迅速,并且能按部就班、事无巨细地把精准清除的操作细节做到位,非洲猪瘟精准清除是能成功的。所需的时间短则不到 2 周,长则可能 2～3 个月甚至 3～5 个月或更长,一般多在 1～2 个月。精准清除成功的时间长短有运气的成分,也与提前预警和及时检出、全体员工的努力和操作到位的速度有关。

当然,精准清除也并不总是那么容易的。非洲猪瘟“拔牙”失败的案例比比皆是,其中的原因也多种多样,但概括起来失败的原因如下:

1.缺乏科学思维

许多猪场现有的“拔牙”思维方式就仅仅是把死猪、病猪简单地拖出去,这就是不按照科学的思维方式进行清除的典型写照。精准清除需要做三件事:挡住外面的、清除里面的和及时检出并清除会传染的。把死猪、病猪简单地清除出去,但病原还在不断地扩散,轻者隔三岔五地暴出(有些好一点的十天半个月出来一批,不停歇,这是一波接着一波传播的最典型的表现),重则死猪不断且越来越多。

也有一些猪场,大刀阔斧,断臂求生,以求速胜。诊断发现一个病例,就迅速"砍掉"一栋猪舍,再检再砍。这样操作的思维方式不完全错误,一些大型集团公司也有这样操作的,但作为中小猪场可能就不完全适合。大集团"砍掉"一栋可能相当于砍掉一个手指,而中小猪场"砍掉"一栋也许相当于"砍掉"一只胳膊和一条腿。因此,在开始阶段可以考虑适当地"大刀阔斧",多"砍"一点,但同时也要做好坚持"持续战斗"的准备(但应尽量努力避免持久战),按照科学理念指导,一步一步地在防扩散的基础上进行精准清除。

缺乏科学思维还表现在没有科学采样、没有科学精准地检测上。如前期没有开展早期检测预警,一旦入侵也没有第一时间检测发现;该采集什么样品进行检测也不清楚,漏检阳性病猪;或到处采样检测,不仅浪费人力、物力,还增加污染概率,导致疫情扩散等。一些猪场为图便宜,买了只能起到应付政府检查用的仪器设备,配套的检测试剂也存在问题,没有使用高效灵敏的核酸提取试剂盒和灵敏特异的荧光定量 PCR 检测试剂盒等;还有,实验室设计格局和技术人员的操作有问题,交叉污染严重,假阳性、假阴性比例很高。

2.决策或执行层面出现问题

猪场开展非洲猪瘟的精准清除需要有一位强有力的领导来指挥。如果猪场决策层缺乏具有决断力的领导,整个"拔牙"期间就会出现制定政策犹豫、办事拖拉等问题,最后延误时机。有一些猪场可能为了达到管理制衡,实行领导去中心化,结果领导太多,为某一个决策犹豫不决、意见不统一,导致无法及时做出精准清除的有效决策,延误"拔牙"时机。

除决策层面出问题之外,精准清除不成功还可能是由决策与执行间的脱节而造成的。领导们对非洲猪瘟病毒过分重视,认为洗澡直接进入生产区,没有进行检测以及没有时间进行隔离是不行的,反而会引起传播(其实,生产区中病毒已经严重污染,精准清除时"挡住外面的"措施的实施标准可以适当放宽),因此一些领导只在办公室讨论,止步生产区,更不进猪舍,结果生产区里没有统一的指挥,顶层的决策无法传达和贯彻,一线操作人员犹如"无头苍蝇",最后很多行动由饲养员决定,因此完全无法达成科学精准清除的目的。

3.措施不到位

非洲猪瘟精准清除的核心是阻止传播,因此需要划红线,净区"孤岛化",人员

"原地卧倒"，物资"摆渡"等。但应该"孤岛化"的没有完全隔断，"摆渡"的物资仍然可能是污染的，人员"原地卧倒"不到位，工作岗位分配相互交叉，脏区与净区工种不分，到处串岗等操作只会漏洞百出，最后一定达不成精准消除的目的。非洲猪瘟防控有一种说法是"回办公室喝茶法"，即如果没有科学的方法和必胜的信心，或不可能把防控操作细节做到位，则最好的方法是干脆"投降"，放弃不做，或许还会传播慢一点。

信心不足是精准清除不成功的重要原因。整个猪场从决策层、指挥层到执行层，若所有的基层员工信心不足，遇事手忙脚乱，最后做事一定会不积极、不努力，防控的措施和操作也一定会不到位。

有一种特殊的状况也是导致措施不到位的元凶，那就是妖魔化传播方式。整天关注老鼠传播、鸟传播，甚至重点关注空气传播、苍蝇蚊子传播，有这样的妖魔化思维做基础，人员介导的传播就会不重视，容易引起人员操作的不到位，疫情也就控制不住。

为保证非洲猪瘟精准清除的成功，应预先制定应急预案，进行前期培训，避免出现上述各种现象的可能性，并且有必要进行适当的情景化的提前操作、演习训练，避免关键时刻出现手忙脚乱、思维错误等问题。

非洲猪瘟的精准清除以求速战速决、速胜为主(最好能在 2 个"冲击波"内"按住")，但也需准备持久战的可能。只要充满必胜的决心，逐步查漏补缺，纠正之前的漏洞和错误，将有效传播系数降低到 1.0 以内，就能保证最后的胜利。

精准清除成功后，生产次序需要逐渐恢复正常。但非洲猪瘟病毒的抵抗力强，且消毒不容易完全到位(如某些角落、阴沟、烂泥地、绿化丛等)，因此精准清除成功后的一段时间内还不能完全放松警惕，一些措施还需要继续实施一段时间，一方面仍需随时做好再次检出、再次"拔牙"的准备，另一方面需要进一步做好生物安全的查漏补缺工作，将污染于场内的病原逐步地进一步彻底清除，或者，划好红线避开它走(如将生产区道路进行砌墙，用隔离墩隔离，栋舍间设置连廊等)。

总之，精准清除需要同时做好挡住外面的、清除里面的和及时检出并清除会传染的三件事情，并且精准清除期间需要强有力的领导，需要按照科学的方法并将细节落实到位。只要能完全遏制住进一步的扩散和传播，没有新的猪进一步被感染，经过一个最长潜伏期，新增病例数一定可以归零，精准清除就一定会成功。

思考题

1.影响精准清除效果的关键点有哪些?

2.除了饲料仓库,还有哪些区域是生物安全红线内必须干净的区域?

3.为什么采取“静默”或“原地卧倒”的方式可限制非洲猪瘟的传播?

4.除了车辆和饭菜外,净区的“孤岛化”思维与“摆渡”操作需要考虑哪些方面和细节?

5.检测时需要注意哪些操作,以降低交叉污染?

6.应以哪些数据和思路分析非洲猪瘟病毒的感染途径以及复盘生物安全漏洞?怎样确定可能的交叉感染风险区域?

第5章

猪场非洲猪瘟暴发清群后的复养

【本章提要】复养是一项复杂的系统性工程,猪场复养的成功需要在进行复养之前制定全面周密的复养策略。本章对猪场复养工作进行了系统全面的介绍,从猪场复养必须具备的条件与评估方法、复养所需的准备工作、复养的详细流程,本章都进行了充分讲解,以期能帮助广大养殖场做好复养工作。同时,本章还对复养后的猪场管理进行简要阐述,强调猪场复养后稳定生产的关键在于,必须加强场内管理,执行严格且可监管、可持续的生物安全防控措施,提升场内人员执行力,避免场内再次感染。

自 2018 年 8 月 3 日以来,非洲猪瘟已对我国养猪业造成了灾难性的影响。在非洲猪瘟疫情的持续影响之下,广大养猪从业者已逐渐了解非洲猪瘟的特性,摸索出防控非洲猪瘟与复养的方法,成功复养离不开以下 2 个条件:

(1)猪场中的非洲猪瘟病毒彻底被清除和灭活　猪场各区域(特别是高风险区域)须进行彻底清扫、清洗、消毒,不留死角,并须进行严格的现场评估和实验室检测,只有这两方面验收合格后才可引入猪只。

(2)防止病原在复养过程中再次进入并在场内扩散　除了做好场内全面洗消外,猪场需做好以下事项:

①系统全面地进行非洲猪瘟疫情溯源和漏洞与错误分析。

②整改并完善场内外生物安全设施和 SOP,重点整改溯源到的问题。

③进行复养风险评估,并采取风险管控措施。

④引入种源来可靠、背景清楚、检测合格的猪只。

综上所述,复养是一项复杂的系统性工程。在猪场开始复养之前,应在专业团队的指导下,制定全面周密的复养策略。

5.1 复养前的评估

5.1.1 环境风险评估

复养前需对猪场周边的环境风险进行评估，评估项目包括复养场 5 km 内猪场数量、分布与类型(养殖规模、饲养条件等)、道路类型、地形与地势、其他可能的污染源(屠宰场、无害化处理厂、其他畜禽养殖场)等，综合分析上述因素是否会增加猪场再次感染的风险。

5.1.2 生物安全风险评估

生物安全风险评估项目包括但不限于以下内容：

①人员进出场是否有完整的生物安全监管体系与流程，能否做到有效洗消和检测监督。

②车辆是否有严格的洗消流程与监管体系。

③物资是否有严格的消毒检测监督。

④围墙、大门、出猪台等生物安全相关硬件是否完整。

⑤猪只进出场能否做到场内外人员互不接触等。

⑥场内是否能实现区块化管理。

5.1.3 其他风险评估

①猪场的排污与选址是否符合国家相关政策法规。

②是否有足够的资金支撑复产与复产后的生产工作。

③猪场是否有能力处理与承受再次感染造成的损失。

④复产后的经营发展情况能否达到预期。

5.2 疫情溯源调查

发生过非洲猪瘟疫情的猪场，猪群清场空栏后，需要对猪场发病原因进行系统的调查与分析。对非洲猪瘟可能传入的风险点(图 5-1)进行全面排查，如猪场设计不合理、生物安全管理和经营管理漏洞等。进一步完善猪场外部及内部生物安全体系，以防止病原的再次进入并在场内扩散。猪场可进行全面采样检测，综合分析检测结果、猪场近期相关记录、猪只发病过程和场内生产管理情况等，对发病原因进行溯源。

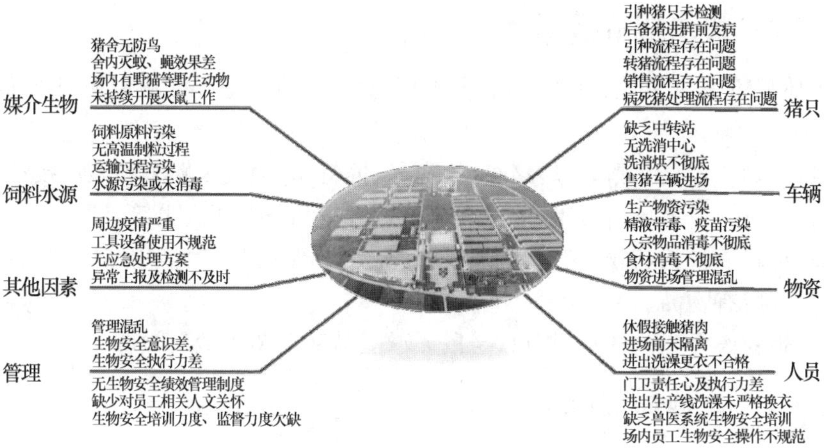

图 5-1　非洲猪瘟传入风险点与扩散分析

5.2.1　猪场近期相关记录表分析

基于文字记录、视频信息以及人员访谈，分析首发病例出现之前 21 d 内该场与外界交流的一切人员、车辆、物资和猪只流通环节等。调查分析以上重点环节的相关记录，用以分析非洲猪瘟病毒传入的可能性，确定感染源及初始感染范围。具体可查询的相关记录表见表 5-1。

表 5-1　溯源相关记录表

序号	名称	序号	名称
1	疫情发生前至少 1 个月内的引种记录	6	饲料和水源检测记录
2	人员进场洗消记录	7	物资进场消毒记录
3	车辆洗消记录	8	猪只引入、销售与出猪台洗消记录
4	病死猪及垃圾无害化处理记录	9	消灭媒介生物记录
5	猪场环境消毒与检测记录	10	猪场周围 3 km 内疫情情况调查

5.2.2　猪只发病过程分析

如果能做到早发现，应根据首例发病时间及场内发病猪只分布，结合潜伏期推算出非洲猪瘟传入猪场的时间与途径。同时可从场内生物安全防控措施、非洲猪瘟应急措施、环境监测力度、猪场消毒方案和猪群健康度等方面分析场内扩散原因。

5.2.3 传播媒介分析

传播媒介是不可忽视的，可传播病原的媒介非常多，可从以下几方面进行分类：

(1)车辆　包括售猪车、转猪车、拉粪车、饲料车、物资采购车和人员接送车等。

(2)人员　包括场内员工、公司内部外来人员和外公司人员等。

(3)物资　包括药物、疫苗、饲料、水、精液、劳保用品、生活用品、食材、维修工具、耗材等所有物品。

(4)生物媒介　包括鸟、蜱虫、老鼠、蚊蝇、猫和犬及其他动物。

5.2.4 管理问题分析

在疫情溯源中，猪场现场的管理问题也需引起重视，具体内容如下：

①场内生物安全制度是否健全完善。

②是否进行非洲猪瘟防控培训，员工是否有较强的生物安全意识，是否明确自身防非职责。

③场内是否实行区块化管理，是否对人员上下班道路进行划分，并执行错峰上下班。

④员工是否严格按照要求执行各项生物安全规范(如专人专区不窜舍、工具专区专用、进出生产区洗澡换衣等)。

⑤是否有完善的监督机制，监管制度是否严格执行。

⑥是否有对优秀员工的绩效管理制度和人文关怀“方法”。

5.3 复养前的准备工作

5.3.1 复养重点事项规划

1.复养工作计划表

根据猪场内外硬件整改、场内清洗消毒、引种等相关工作量，初步拟定各项工作推进时间计划表，配备相应的人力及物资，并提前对接采购、工程整改及引种相关事宜。

2.洗消区域划分与路线规划

根据猪场平面图(注明场内人、车、猪、物流动路线以及发病圈舍分布情况等)及疫情溯源分析情况，明确场内洗消区域划分与路线规划。

①根据溯源情况及检测结果，明确洗消重点。

②结合猪场布局及人员、物资配置，划分洗消工作区域。

③明确各区域洗消先后顺序。

④确定各区域内洗消作业路线。

⑤明确各区域作业人员上下班路线。

⑥规划各区域之间人员消毒点布局，净污分界处须设置消毒设施。

5.3.2　人员准备

1.人员梳理与分工

根据硬件整改、场内洗消、猪只引种等工作量，确定人员分工及时间节点，若有分组，则须明确小组责任人，人员可分为场内操作人员和场外协助人员。

2.人员培训与考核

(1)洗消人员培训　开始洗消之前对洗消人员进行理论与实操培训，主要培训内容包括以下 4 点：

①作业安全：包括用电安全，消毒剂使用个人防护，高压水枪、火焰枪使用注意事项，粪池、沼气池等危险区域注意事项等。

②生物安全：包括生物安全意识，作业顺序，人员进出作业区域时洗澡、消毒操作，其他生物安全注意事项。

③分工和洗消要求：明晰人员详细分工及对应工作内容，明确洗消和验收标准以及考核内容。

④实操教学：包括拆卸、清洗及消毒等实操教学，以实践教学的形式确保作业人员能独立、严格按照相关规范进行作业。

(2)采样、送样人员培训　明确培训采样、送样相关操作规范及生物安全注意事项，确保样品采集、标记、保存、运输操作规范，避免由采样操作导致的污染扩散。

①生产人员培训：在复养场进猪之前，对生产人员进行生物安全相关培训，宣传场内生物安全管理制度及规范相关操作，重点强调人员和工具不窜舍，进出生产区、栋舍须洗澡换衣，人员错峰上下班等注意事项。

②人员考核：在正式开展相关工作前通过问答及操作考试的方法进行考核，考核合格后方可进行正式作业。

5.3.3　物资准备

结合场内已有物资，进行复养物资准备，清单参照表 5-2 至表 5-5。

表 5-2 劳动保护用品

用品名称	用途	用品名称	用途
生活区工作服	生活区日常生活使用	护目镜	生产区冲洗消毒用
生产区工作服	生产区日常生产使用	防毒面具	生产区冲洗消毒用
连体雨衣	生产区冲洗消毒用	头灯	生产区冲洗消毒用
筒靴(2 种颜色)	生活区、生产区每人各 1 套	长筒胶手套	生产区冲洗消毒用
口罩	打扫卫生用	线手套	清理、搬运物品用

注:具体物品数量根据人员数量而定,必须保证清洗、消毒人员进行作业时有足够的劳动保护用品。

表 5-3 常用消毒剂及消毒方法

消毒对象	消毒剂	消毒剂量	使用方式
人员皮肤消毒	过硫酸氢钾复合物粉	0.5%～1%	喷洒
人员衣、帽、鞋	过硫酸氢钾复合物粉	1%	浸泡
食材	臭氧	60 mg/m³	熏蒸
物资	臭氧	60 mg/m³	熏蒸
车辆及运输工具	邻苯基苯酚	3%	喷雾/浸泡
	戊二醛	2%	喷雾/熏蒸/浸泡/发泡
	次氯酸盐	有效氯 3%	喷雾/浸泡
	复合碘(碘、磷酸、硫酸复合物粉)	1∶200	喷雾/浸泡/发泡
办公室、宿舍、食堂等	次氯酸盐	有效氯 3%	喷雾
	过硫酸氢钾复合物粉	1%	喷雾/熏蒸
大门口及更衣室消毒池、脚踏池	氢氧化钠	2%	浸泡
设备设施表面	强碱,如氢氧化钠	2%	喷雾
	次氯酸钠	3%	喷雾
	次氯酸钙	3%	喷雾
	邻苯基苯酚	3%	喷雾/浸泡
	过硫酸氢钾复合物粉	1%	喷雾/熏蒸/浸泡
	戊二醛	2%	喷雾/熏蒸/浸泡/发泡
无法冲洗表面	戊二醛	2%	气雾熏蒸
舍外硬化地面	次氯酸钠/次氯酸钙	3%	喷雾
	氢氧化钠+生石灰	3%+3%	喷洒
舍外未硬化地面	去渣生石灰	2 kg/m²	翻土层 15～20 cm 混拌
水源	二氧化氯	10 g/t	先加水后投药,逐级稀释
	过硫酸氢钾复合物粉	1∶800	饮水投药
管线	二氧化氯	4 g/10 L	先加水后投药,逐级稀释
粪池及池内粪污泥	强碱,如氢氧化钠	2%～4%	按比例浸泡或喷雾
	强酸 ,如盐酸	2%～4%	喷雾

表 5-4　洗消工具

名称	用途	名称	用途
220 V 高压清洗机（带泡沫发生器）	圈舍冲洗	脚踏盆	装消毒剂，供人员进出门消毒筒靴
泡沫清洁剂	泡沫浸润	柴油	高压清洗机用
高压软管	接高压清洗机	压力式温度计	烘干时测量温度
火焰喷枪	圈舍、生产区火焰消毒	洗手盆	装消毒剂，供人员洗手用
电动喷雾器	弥雾熏蒸	塑料桶	供冲洗机装水
热风炮	舍内烘干消毒	潜水泵	抽除水帘水池
臭氧机	饲料、物资库房、厨房臭氧消毒	钉锤	钉钉子
水消毒设备	水消毒	电工工具（扳手、螺丝刀）	接线、拆拧螺丝钉等
水泥砂喷浆机	全场白化用	插线板	接线
紫外灯	饲料、物资、厨房紫外线消毒	电缆线	接线
台秤（量程 5 kg）	称量消毒剂	电锤或凿子	开凿引水沟渠
大称（量程 200 kg）	称量消毒剂	铁桶（斗车或手推饲料车）	装石灰或烧碱溶液
镂空货架	物资库房、药品房摆放物品	铁锹	搅拌石灰、烧碱等溶液；铲垃圾
扫把	打扫卫生	长杆硬毛铁刷子	刷洗水帘池、饮水池、圈舍地面
PPR 水管	场内接水	钢丝球	刷洗冲不掉的污渍、锈渍
pH 试纸	检测消毒剂 pH	卡钉、强力胶带	密封窗户
煤气罐	火焰喷枪用	防渗塑料薄膜	密封窗户

注：具体物品数量根据场内规模而定。

表 5-5　采样用品清单

名称	用途	名称	用途
棉签	采集样品	生理盐水	润湿棉签
大面积采样专用拖布或无菌纱布	采集样品	冰盒、冰袋	样品保存
EP 管（2 mL）	装已采样棉签	塑封袋	密封样品
防护服	采样时穿着	一次性手套	采样用
双头记号笔	样品编号	空白标签	标明样品信息

注：具体物品数量根据场内实际情况和复养计划而定。

5.4 复养流程

5.4.1 流程总览

复养流程见图 5-2。

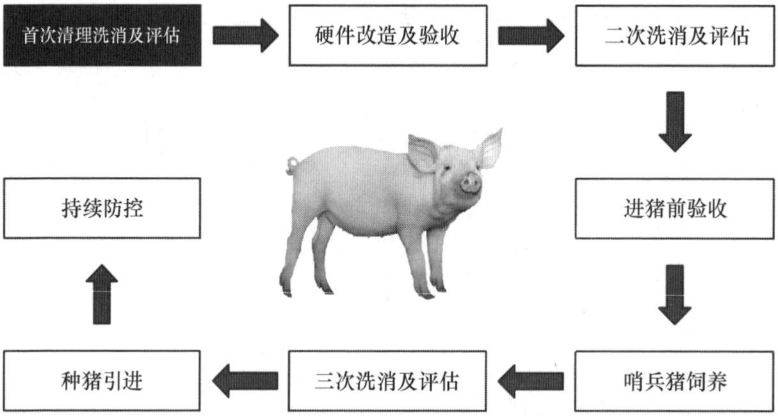

图 5-2 复养流程

①洗消流程按照生产区、生活区、无害化处理区的顺序进行，在进行生产区洗消及硬件整改工作期间需持续做好生活区日常消毒工作。

②每次洗消需配套相应的检测方案，生物安全整改完成后需进行验收，进猪前需进行全面检查与验收。

③在进行第二、三次洗消时，可酌情优化与精简零部件拆卸、管道内部洗消、物资销毁等操作。

④哨兵猪饲养由猪场根据实际情况酌情开展。

5.4.2 首次清理、洗消及评估

5.4.2.1 前置工作

1.原位消毒

(1)舍内原位消毒　泼洒 3%的烧碱溶液，每天 2 次(上午、下午各 1 次)，持续 2 d。每次必须保持表面湿润 30 min，充分作用。2 次消毒干燥后，按照甲醛(40%) 10 mL/m^3、高锰酸钾 5 g/m^3 计算用量，对舍内进行熏蒸 12 h，将病原彻底在原位杀灭。

(2)其他区域原位消毒　除员工宿舍外使用 3%的烧碱溶液喷洒消毒，员工宿舍内使用 1∶100 过硫酸氢钾复合物溶液喷洒，地面用 1∶100 过硫酸氢钾复合物溶液拖地，保持湿润至少 30 min。

(3)注意事项　使用烧碱和戊二醛前应做好安全防护，穿戴护目镜、乳胶手套、雨衣等。若不慎沾染皮肤，立即用大量清水冲洗。

2.清除有害生物

(1)清除杂草树木　带根除草、带根除乔灌木，彻底清除后每周喷洒除草剂 1 次。

(2)清除生物媒介　在围墙边及场内有老鼠活动痕迹的区域投放鼠药，每周 1 次。在进风口设置戊二醛熏蒸机进行原液熏蒸，启用变频风机冬季通风模式，从所有出风口可闻到戊二醛的味道开始，低速换气持续至少 2 h，结束后在舍内进风口旁撒布灭鼠诱饵蜡丸再封闭进风口。完成灭鼠工作后封堵猪场漏洞，增加物理隔断措施，防止猫、犬、老鼠等动物入场。

灭蚊灭蝇(包含猪舍内外的蚊蝇)，清除场内积水，每周全场喷洒敌敌畏 1 次。增加驱鸟设备驱逐鸟类最有效的是用网将猪舍密封，因为在很多情况下驱鸟设备作用不大。

3.清理清扫

(1)清扫　全场清扫灰尘、饲料残渣、蜘蛛网和粪便，封闭排水、粪污管道等。

(2)圈舍内清扫清理　圈舍内拆卸所有能拆卸的，如猪栏、漏缝地板、产床隔离板、饮水器、保温箱、手推车、柜子、架子、门窗、灯具等；料线拆除能拆卸的，如绞龙、管线等；水线拆除饮水器、接头等；有吊顶的猪舍将顶棚拆除。将所有可拆卸的设备设施转移到指定区域统一用 3%烧碱溶液浸泡消毒 24 h，废弃物品(如粪刷、扫把、布风管、挡风帘等)集中销毁或转运出场。

(3)生活区、办公区、厨房清理　低价值易耗品(如木筷、砧板、扫把、普通纸质文件、看板等)转移出场或场内焚烧处理。留用物资消毒处理，具体操作方法见各区域洗消操作步骤。

4.检查确认

①所有可拆卸的设备设施转移到指定区域统一浸泡消毒，料线、料塔清空，废料销毁。

②低价值生活物资和生产物资销毁或淘汰，留用物资全部浸泡消毒干燥。

③彻底清理打扫所有区域，用扫把、铲子等清洁工具彻底清理刮除清空粪沟和储粪池。

④场内灭鼠、灭蚊蝇，确认猫犬无法进入，清除猪舍周边杂草、杂物。

5.4.2.2 生产区洗消操作步骤

1.舍内可冲洗区域

舍内区域包括猪舍墙面、天花板、赶猪走廊、栏位、门窗、食槽、漏粪板、舍内粪池等，按照图5-3所示的流程进行洗消。

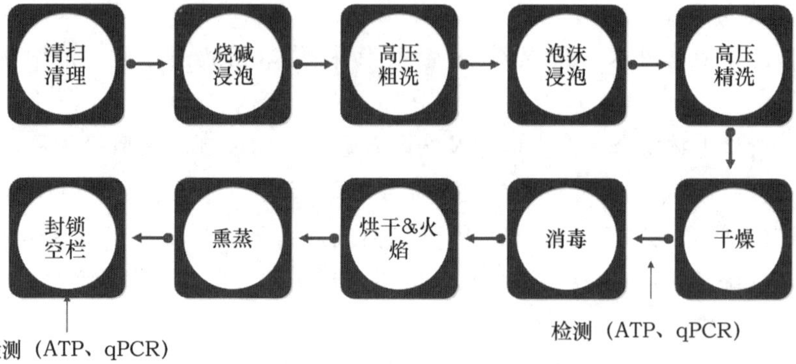

图5-3 洗消流程

(1)烧碱浸泡 使用3%烧碱充分泼洒，软化硬块，24 h后再清洗。需要注意的是做好个人的防护，避免烧碱伤害到操作的人。

(2)高压粗洗 打开舍内粪塞，用高压水枪（水温65 ℃以上，8～12 MPa大气压，水流量≥15 L/min）彻底清洗猪舍。按由里到外，由上到下的顺序操作，冲掉大粪块和垃圾。

注意事项：①冲洗时人员做好绝缘防护，整个洗消过程要防触电。②冲洗机应从舍外接电，相应栋舍断电（总电阀、分电阀、各电路开关）。③损坏的电线及时更换，裸露的线头用黑胶布及时包裹。④冲洗时避开插座、电器、灯座、电线管道、风机电机、环控箱、供暖系统主机等，不可冲洗的区域用1∶100过硫酸氢钾复合物浸泡的抹布进行擦拭。⑤使用高压冲洗前确认接口完好，管道无破损、渗漏，冲洗时严禁将喷头对着人。⑥清洗粪沟前需了解粪沟的深度，粪沟内是否安装有设备，不可盲目处理。⑦清洗人员要穿好胶鞋和防护用品，做好个人防护避免伤口感染。

(3)泡沫浸泡 使用专业泡沫配枪按照先里后外和先上后下的顺序喷洒清洁剂（起泡剂，原液1 L/1 000 m^2），浸泡15～30 min。

(4)高压冲洗 使用高压热水机水枪（水温65 ℃以上，8～12 MPa大气压，水流量≥15 L/min）按照先里后外、先上后下顺序分层彻底冲洗。

(5)洁净度检查 清洗完30 min后，用一体化拭子取样（10 cm×10 cm），采用ATP荧光检测仪进行洁净度检测。采样分布点见表5-6。若检测合格则进行后续操作，若检测不合格则对不合格区域重新进行泡沫浸润及高温高压冲洗。

表 5-6　环境采样评估分布表

采样区域		采样具体位置	采样点数量	检测样品数量(混样)
隔离区	人员入场洗消通道	门把手、窗户、开关(电灯、迷雾熏蒸机、浴霸灯、紫外灯等)、热水器开关、下水口、淋浴喷头、挂衣区域、鞋架、墙面、地面、防滑垫	10～15个	1个
	物资入场消毒通道	门把手、窗户、开关(电灯、臭氧机、紫外灯等)、墙面、地面、镂空货架	5～10个	1个
	门卫室	门把手、窗户、电灯开关、地面、墙面、桌椅面	5～10个	1个
	隔离区道路及空地	硬化路面、土壤、积水、物品表面	5～10个	1个
	隔离区宿舍	门把手、窗户、电灯开关、地面、墙面、物品表面(桌、椅、柜、留用物资等)	5～10个/间	1个/间
生活区	人员洗消通道	门把手、窗户、开关(电灯、迷雾熏蒸机、浴霸灯、紫外灯等)、热水器开关、下水口、淋浴喷头、挂衣区域、鞋架、墙面、地面、防滑垫	10～15个	1个
	物资消毒通道	门把手、窗户、开关(电灯、臭氧机、紫外灯等)、墙面、地面、镂空货架	5～10个	1个
	餐厅	门把手、窗户、电灯开关、地面、墙面、高温消毒柜把手、桌椅面	5～10个	1个
	员工宿舍、办公室	门把手、窗户、电灯开关、地面、墙面、物品表面(电脑、桌、椅、柜、留用物资等)	5～10个	1个
	物资库房	门把手、窗户、开关(电灯、臭氧机、紫外灯等)、墙面、地面、镂空货架、留用物资表面	10～15个	1个
	生活区道路及空地	硬化路面、土壤、积水、物品表面	5～10个	1个
生产区	人员洗消通道	门把手、窗户、开关(电灯、迷雾熏蒸机、浴霸灯、紫外灯等)、热水器开关、下水口、淋浴喷头、挂衣区域、鞋架、墙面、地面、防滑垫	10～15个	1个
	物资消毒通道	门把手、窗户、开关(电灯、臭氧机、紫外灯等)、墙面、地面、镂空货架	5～10个	1个
	舍内	门把手、窗户(沟槽内死角)、电灯开关、地面、墙面、料槽、饮水器、保温箱内壁、漏缝地板正反面、限位栏、大栏、粪沟、水龙头、栏位焊接处、环控箱表面、风机、下料口、水帘	30个/舍	1个/舍

续表5-6

采样区域		采样具体位置	采样点数量	检测样品数量(混样)
	蓄水池、水帘池	池底、墙面、进水口、出水口、管道	5～10个/池	1个/池
	生产区道路及猪舍周边	硬化路面、土壤、积水、物品表面	5～10个	1个
	生产区内办公室	门把手、窗户、电灯开关、地面、墙面、物品表面(电脑、桌、椅、柜、留用物资等)	5～10个	1个
	生产区内库房	门把手、窗户、开关(电灯、臭氧机、紫外灯等)、墙面、地面、镂空货架、留用物资表面	10～15个	1个
	出猪台	台面、周边地面、墙面、墙角、地磅底面	5～10个	1个
	车辆	推车、三轮车、料车等所有车辆的方向盘、轮胎、挡泥板、手持和脚踏部位	10个/辆	1个/辆
无害化处理区	化尸池	顶盖、墙面、周边地面	5～10个	1个
	污染土壤	污染土壤	5～10个	1个
	粪池、干粪棚	墙面、地面	5～10个	1个
其他区域	猪场周边车辆停放区域	硬化路面、周边土壤、墙面	5～10个	1个
	厨房	门把手、窗户、开关(电灯、煤气灶等)、地面、墙面、物品表面(桌、椅、柜、留用物资、餐具等)、冰箱内外、操作台	15个	1个
	猪场周边及场内沟渠	硬化路面、土壤、积水、物品表面	15个	1个
	水源及线管	线管表面、水样	5个/区域(舍)	1个/区域(舍)

注:洗消前采样评估时,需对残留污渍、粪便进行采样。

(6)干燥　舍内充分干燥后方可进行消毒,否则消毒剂的工作浓度无法按照标准执行,从而导致消毒效果大打折扣。夏季自然干燥4～6 h,冬季需要加热烘干。

(7)戊二醛消毒　用20%戊二醛溶液1∶100按照先里后外、先上后下顺序分层彻底喷洒消毒。

(8)烘干　塑料薄膜密封水帘、窗户、风机,保证圈舍密封性。用导热管将风口探入粪池,加热到70 ℃持续30 min。

注意事项:①在圈舍密封及安装烘干机的过程中,人员必须做好防护,在操作时避免扩大污染面。②提前备好灭火器,烘干时舍内需断电。③导风管与烘干机衔接处可切割豁口,便于连接。④烘干过程中需巡视圈舍周边,发现密封不严则及时封堵。

(9)火焰消毒 用火焰喷枪按照先里后外、先上后下的顺序对可耐火区域(如猪舍地面、围栏、墙体、过道等)彻底消毒。

注意事项:①火焰喷枪使用前确认管线是否合格(需用耐高压煤气专用管)。②火焰枪使用前先将阀门调至最小,点燃后逐渐加大,直至火焰显蓝色(蓝色代表火焰燃烧不充分)。③火焰喷枪距煤气罐 1 m 以上,防止火焰引起气罐温度过高。

(10)密闭熏蒸 用弥雾熏蒸机及 20%戊二醛溶液对猪舍进行密闭熏蒸。

2.供水系统

(1)排空积水 卸下所有饮水器、连接管,排空蓄水池、管线内所有积水。

(2)拆卸清理 卸下的饮水器、连接管放在 1∶100 过硫酸氢钾复合物溶液内浸泡 24 h,若有损坏变形则进行更换。

(3)清洗蓄水池 用高压水枪(8～12 MPa 大气压,水流量≥15 L/min)彻底清洗蓄水池。

(4)蓄水池消毒 关上总开关,在蓄水池或水箱中加入二氧化氯(含有效氯3%的氯制剂),浸泡 24 h。

(5)水线消毒 安装好浸泡消毒过的饮水器及连接管线,蓄水池打压让全部管线内浸满消毒水,浸泡 24 h。完成后,放掉管线内的消毒水,重新注入清水。

3.供料系统

(1)饲料清空 彻底清空所有料塔、料线中的饲料,装袋清出的饲料运出场销毁。

(2)拆卸清理 将可拆卸的料筒及下料管拆下,布质下料管销毁,其他留用部件清洗干净,1∶100 过硫酸氢钾复合物溶液浸泡 24 h 后刷洗,晾干,若有损坏变形则进行更换。

(3)表面洗消 在舍内首次洗消时对料线外表面进行彻底清洗消毒。

(4)熏蒸消毒 料塔中加入熏蒸剂(二氯异氰尿酸钠:5 g/m^3),从料线最远端有烟雾冒出时密封料线开始计时,熏蒸 4 h。

(5)管线内清理 料塔中加入少量麸皮、脱酶剂、干燥粉,其比例为 500∶1∶1,运行料线。

(6)二次熏蒸消毒 再次清空所有料塔、料线,加入熏蒸剂(二氯异氰尿酸钠:5 g/m^3),从料线最远端有烟雾冒出时密封料线开始计时,熏蒸 4 h。

4.环控系统

(1)通风系统 风机扇叶部分可按照舍内洗消流程操作,风机主机用 1∶100 过硫酸氢钾复合物溶液擦拭,地沟风机从舍外用高压冲洗机冲洗后喷洒 1∶100 过硫酸氢钾复合物溶液。

（2）水帘、水帘池　更换破损的水帘纸，排空水帘池中的污水后用 3%的烧碱溶液高压冲洗，再次排空后加入 1∶100 过硫酸氢钾复合物溶液，以浸没抽水机为准，并使消毒液在水帘系统中循环 12 h。

（3）供暖系统　用 1∶100 过硫酸氢钾复合物溶液擦拭供暖机器表面。

5.电力、照明系统

（1）电力系统　切断电源，配电箱、电线表面用 1∶100 过硫酸氢钾复合物溶液擦拭。

（2）照明系统　切断电源，拆卸灯泡，灯泡、灯带、灯座表面用 1∶100 过硫酸氢钾复合物溶液擦拭。

6.生产区道路及猪舍周边

（1）生产区道路、栋舍外墙　3%烧碱+3%石灰水喷洒消毒，每天 1 次。

（2）猪舍周边　清理垃圾、杂物，地面硬化，周边清除杂草树木，每周喷洒除草剂、投放鼠药各 1 次。

7.生产区办公室、库房

（1）物资清理　库房内所有物品以及办公室内需销毁、消毒的物品全部搬到指定区域。扫把、普通纸质文件、看板、键盘、鼠标、饲料、已开封的药物、疫苗、低价值耗材等全部集中销毁。重要文件用臭氧熏蒸 4 h 后，密封转移至场外安全环境。留用物资转移到指定区域消毒，可浸泡的用 1∶100 过硫酸氢钾复合物溶液浸泡 4 h，不可浸泡的则用 1∶100 过硫酸氢钾复合物溶液擦拭表面。

（2）清扫　清理、清扫室内灰尘、蜘蛛网等，门把手、电源开关、窗户把手、桌椅、电器设备等铁质部分等用 1∶100 过硫酸氢钾复合物溶液擦拭。

（3）火焰消毒　按照先里后外的顺序对地面用火焰消毒。

（4）物资归位　货架及留用物资按照区域划分规整入库。

（5）熏蒸消毒　臭氧（60 mg/m^3）熏蒸 4 h 以上。

（6）持续消毒　库房内每周 1∶100 过硫酸氢钾复合物溶液喷洒消毒 1 次。每次领用物资后补充消毒 1 次。办公室每天 1∶100 过硫酸氢钾复合物溶液喷洒消毒 1 次。

8.生产区洗澡间

（1）清理清扫　按照从净区（靠近生产区）到脏区（靠近生活区）的顺序清扫墙面和地面，垃圾进行无害化处理。

（2）泡沫浸润　使用泡沫清洁剂喷洒天花板、墙壁、地面，浸泡 30 min 后清水冲洗。

（3）烘干　使用热风炮烘干洗澡间。

（4）喷雾消毒　1∶200 戊二醛溶液进行喷洒消毒。

(5)持续消毒 每天对洗澡间清扫清理1次,使用1∶200戊二醛溶液喷洒消毒1次。

9.赶猪通道、出猪台

(1)清扫清洗 将赶猪道、出猪台及外部停车区域的粪便、泥沙清扫干净,使用高压清洗机冲洗干净,确保清洗污水不能倒流回场。

(2)泡沫浸润 使用泡沫清洁剂喷洒出猪台,浸泡30 min后清水冲洗、干燥。

(3)火焰消毒 出猪台使用火焰消毒1遍。

(4)化学消毒 场内赶猪道、出猪台用3%烧碱+3%石灰水喷洒,每周1次。若地面生石灰较厚,喷洒前需进行清理。

10.场内车辆

(1)清理 场内推车、三轮车、料车等,清除木质结构,更换损坏零件,拆卸下的废弃物集中销毁。

(2)冲洗 高压清洗机(8～12 MPa大气压,水流量≥15 L/min)冲洗干净,重点冲洗轮胎、底盘、挡泥板及焊接死角处,脚垫拿出车外冲洗,驾驶室进行清扫和擦拭消毒。

(3)泡沫浸润 使用泡沫清洁剂浸泡15 min后,再次高压冲洗后沥干。

(4)消毒 消毒剂的选择较多,例如,用1∶100戊二醛溶液喷雾消毒,驾驶室内用1∶100过硫酸氢钾复合物溶液擦拭方向盘、座椅、仪表盘、加速踏板、制动踏板和变速器等。

11.物资消毒通道

洗消方法同生产区办公室、库房洗消方法。

5.4.2.3 生活区洗消操作步骤

1.厨房及餐厅

(1)清理 木筷、砧板、木质锅铲、扫把等低值易耗品、冰箱内食材集中销毁。

(2)物品消毒 冰箱断电,清空冰碴后用1∶100过硫酸氢钾复合物溶液擦拭。留用餐具、厨具1∶100过硫酸氢钾复合物溶液浸泡1次,持续2 h以上。碗筷每次使用后放入高温消毒柜内消毒。

(3)环境消毒 每天使用1∶100过硫酸氢钾复合物溶液喷洒,地面用1∶100过硫酸氢钾复合物溶液拖地,至少保持湿润30 min。

2.员工宿舍

(1)清理 员工宿舍内所有床上用品、衣物、鞋子用1∶100过硫酸氢钾复合物溶液浸泡4 h,清洗晾干,臭氧(60 mg/m^3)熏蒸4 h以上。

(2)清扫 清理打扫室内卫生,门把手、水龙头、电源开关、窗户把手、桌椅、床柜、电器设备铁质部分等用1∶100过硫酸氢钾复合物溶液擦拭。

（3）持续消毒　每天喷洒 1∶100 过硫酸氢钾复合物溶液，地面用 1∶100 过硫酸氢钾复合物溶液拖地，至少保持湿润 30 min。轮流使用臭氧（60 mg/m^3）熏蒸，确保每个员工宿舍每天熏蒸 4 h 以上。

（4）清理更新　生产区洗消完毕后，员工宿舍的被褥、木制床及床板、工作服、棉质及布质工鞋，办公室与厨房内所有无法消毒的木质物品等进行集中回收、转移或焚烧处理，床垫进行集中更换。

3.生活区办公室、物资库房

生活区办公室、物资库房洗消步骤同生产区办公室、库房的洗消方法。

4.道路及猪场周边

（1）清理清扫　猪场外围道路、场内主干道、生活区空地、室外活动区等区域清理垃圾和杂物，主要道路硬化，围墙周边 1～2 m 铺碎石，周边清除杂草树木，每周喷洒除草剂、投放鼠药各 1 次。

（2）消毒　道路、墙面及两侧喷洒 3%烧碱＋3%生石灰消毒液，每天 1 次。

5.人员洗消通道、物资消毒通道

人员洗消通道、物资消毒通道洗消方法同生产区洗澡间、物资库房的洗消方法。

5.4.2.4　无害化处理区洗消操作步骤

1.化尸池

若化尸池中曾投放过阳性猪只，则使用 4%烧碱溶液全覆盖化尸池表面，并用水泥封死化尸池，周围设立警戒线或物理隔断，喷洒 3%烧碱溶液。若化尸池中未曾投放阳性猪只，则向化尸池中投放 3～5 cm 厚的烧碱。同时化尸池周边喷洒 3%烧碱溶液，每天 1 次，连续处理 1 周。

2.污染土壤

对有污染风险的裸露地面喷洒 3%烧碱，硬化或铺碎石子。

3.粪池、干粪棚

（1）固体粪便、地沟淤粪　粪便装袋，租用场外的车辆，拉到周边 3 km 以外的处理点进行无害化处理（如发酵 45 d）。

（2）地沟、粪尿污水　地沟及污水池投放终浓度为 4%烧碱溶液，投放量按地沟、粪尿总体积计算。

（3）干粪棚　生产区洗消完成后对干粪棚进行清洗消毒，彻底清理干粪棚内粪便。地面、墙面按照舍内清洗操作进行高压、泡沫浸润、高温高压清洗、干燥、火焰消毒和 4%烧碱溶液消毒。

5.4.2.5　其他区域洗消操作步骤

其他区域包括人员物资入场洗消通道、门卫室、隔离区道路及空地、隔离区宿舍等。以上区域的洗消方法分别同生产区洗澡间、库房、办公室、道路和生活区员工宿舍的洗消方法。

5.4.2.6 洗消效果检查与评估

场内首次洗消完成后，须对全场进行洗消效果评估，按照洗消效果检查表(表 5-7)进行眼观检查，并对全场用环境拭子取样(25 cm×25 cm)进行 qPCR 检测，取样点参考《环境采样评估分布表》(表 5-6)。眼观检查合格且非洲猪瘟病毒、猪蓝耳病病毒、猪流行性腹泻病毒检测全为阴性则检查通过，否则需重新清洗消毒。

表 5-7 洗消效果检查表

区域		检查内容	合格	不合格
隔离区	人员入场洗消通道	是否清理所有低价值物品(洗护用品、看板、张贴文件、毛巾等)		
		是否按照洗消流程对洗澡通道进行洗消		
	物资入场消毒通道	是否清理所有低价值物品(木板、看板、张贴文件、编织袋等)		
		是否有肉眼可见的灰尘、污物		
	门卫室	是否清理所有低价值物品(木板、看板、张贴文件、编织袋、遥控器等)		
		是否有肉眼可见的灰尘、污物		
	隔离区道路及空地	是否清除杂草、垃圾、杂物、积水等		
		是否每天进行道路消毒		
	隔离区宿舍	是否对衣物、床上用品进行彻底更换、清洗消毒		
		是否有肉眼可见的灰尘、污物		
	有害生物防护	是否清除杂草树木		
		是否每周进行灭蚊蝇、灭鼠		
生活区	人员洗消通道	是否清理所有低价值物品(洗护用品、看板、张贴文件、毛巾等)		
		是否按照洗消流程对洗澡通道进行洗消		
	物资消毒通道	是否清理所有低价值物品(木板、看板、张贴文件、编织袋等)		
		是否有肉眼可见的灰尘、污物		
	餐厅	是否清理所有低价值物品(木质餐具、扫帚、看板、张贴文件等)		
		是否有肉眼可见的灰尘、污物		
		是否每天对餐厅进行消毒		

续表5-7

区域		检查内容	合格	不合格
	员工宿舍	是否对衣物、床上用品进行彻底更换、清洗消毒		
		是否有肉眼可见的灰尘、污物		
		是否每天对宿舍及个人物品进行消毒		
	办公室	是否清理所有低价值物品（木板、看板、鼠标、键盘、遥控器、张贴文件等）		
		是否有肉眼可见的灰尘、污物		
		是否每天对办公室进行消毒		
	物资库房	是否清理所有低价值物品（已开封的药物、疫苗、木板、看板、张贴文件等）		
		是否有肉眼可见的灰尘、污物		
		是否对库房内留用物资进行规整		
		是否每周及每次领用物资后对物资库房进行消毒		
	生活区道路及空地	是否清除杂草、垃圾、杂物、积水等		
		是否每天进行道路消毒		
	有害生物防护	是否清除杂草树木		
		是否每周灭蚊蝇、灭鼠		
生产区	人员洗消通道	是否清理所有低价值物品（洗护用品、看板、张贴文件、毛巾等）		
		是否按照洗消流程对洗澡通道进行洗消		
		是否每天对生产区人员洗消通道进行清扫消毒		
	物资消毒通道	是否清理所有低价值物品（木板、看板、张贴文件、编织袋等）		
		是否有肉眼可见的灰尘、污物		
	猪舍	猪舍地面、内外墙面、过道、顶棚是否肉眼可见粪便、泥沙、污物		
		门窗夹缝沟槽、料槽、饮水器、保温箱内壁、漏缝地板正反面、限位栏、大栏、粪沟、水龙头、栏位焊接处、环控箱表面、风机、水帘、下料口、灯座、管线处是否有肉眼可见粪便、泥沙、污物		
		猪舍内地沟、粪沟、下水口是否有肉眼可见粪便、泥沙、污物		
		水线、料线是否进行清理消毒，是否排空		
		是否全方位无死角的严格按照消毒程序进行消毒		
	水帘池	水帘池是否有肉眼可见的泥沙、污物、青苔等		
		是否对水帘池进行消毒		

续表5-7

区域		检查内容	合格	不合格
	生产区道路及猪舍周边	是否清除杂草、垃圾、杂物、积水等		
		是否每天进行道路消毒		
	生产区内办公室	是否清理所有低价值物品（木板、看板、鼠标、键盘、遥控器、张贴文件等）		
		是否有肉眼可见的灰尘、污物		
		是否每天对办公室进行消毒		
	生产区内库房	是否清理所有低价值物品（已开封的药物、疫苗、木板、看板、张贴文件等）		
		是否有肉眼可见的灰尘、污物		
		是否对库房内留用物资进行规整		
		是否每周及每次领用物资后对物资库房进行消毒		
	出猪台	是否清理所有低价值物品（木板、看板、张贴文件、编织袋、赶猪棒等）		
		是否有肉眼可见的粪便、泥沙、污物		
		周边是否清除杂草、垃圾、杂物等		
		是否严格按照洗消流程进行洗消		
	车辆	推车、三轮车、料车等所有车辆的方向盘、轮胎、挡泥板、手持和脚踏部位是否有肉眼可见的灰尘、污物		
	有害生物防护	是否清除杂草树木		
		是否每周进行灭蚊蝇、灭鼠		
无害化处理区	化尸池	是否完全封闭投放过阳性猪只的化尸池		
		是否对未投放过阳性猪只的化尸池投入足够的烧碱		
		是否在化尸池周边设立隔断与警示		
		若使用埋尸坑，是否对塌陷区域进行回填		
	污染土壤	是否对污染土壤泼洒烧碱消毒		
		是否硬化或铺设碎石子		
	粪池、干粪棚	是否有肉眼可见的粪便、泥沙、污物		
		是否严格按照洗消流程进行洗消		
	有害生物防护	是否清除杂草树木		
		是否每周进行灭蚊蝇、灭鼠		

续表5-7

区域		检查内容	合格	不合格
其他区域	猪场周边车辆停放区域	是否清除杂草、垃圾、杂物、积水等		
	厨房	是否每天进行道路消毒		
	猪场周边及场内沟渠	是否有肉眼可见的淤泥、青苔、污物等		
	蓄水池	蓄水池是否有肉眼可见的泥沙、污物、青苔等		
		是否对蓄水池进行消毒		

5.4.3 硬件改造及验收

1.场外硬件改造

场外配套车辆洗消中心、猪只中转站、前置库房、前置厨房、人员隔离点和检测实验室,均要求远离其他养猪公司或办事点、屠宰场、猪场、菜市场和兽医诊疗场所等高风险区域。

(1)车辆洗消中心　具体注意事项如下:

①车辆洗消的第一步是洁净度检查,有猪粪的外部车辆不能直接清洗。流程为清洗→检查→沥干→消毒→烘干。车辆流动道路要求路面硬化且单向流动。

②设置车辆高温高压清洗、消毒及烘干区域或车间,要求排水通畅,烘干间保温效果良好,并配套人员洗澡、换衣及洗衣相关设施设备。

(2)猪只中转站　部分中转站设计有猪只暂存功能,内外车错开时间卸猪和装猪,互相不碰面。

①中转车与场外拉猪车道路、停车区域不交叉。

②净区、脏区划分明确,避免交叉作业。

③选用水泥、不锈钢材质修建带顶棚的出猪台,禁止使用木质出猪台。

④转猪台的宽度设计要合理,避免猪只回头。设计引水沟,防止污水从脏区倒流回净区。

⑤中转站周边修建围墙、栅栏等,封闭上锁,禁止无关车辆和人员进入。

⑥配套清洗消毒设施设备。

(3)前置物资库房　是三段式的,因为需要一个静置的空间。

①设置物资消毒间及物资储存间,并保障物资单向流动,脏区和净区界限清晰,物资消毒间需密闭性良好。

②前置库房配置镂空货架、熏蒸消毒设备、紫外消毒设备等。

(4)前置厨房　设置厨师生活区、物资消毒区、物资储存区域、作业区(作业区设置传菜窗口)，要求脏净分区明确，人员封闭管理，物资单向流动。各区间根据功能需要配套设置高温消毒柜、臭氧发生器、紫外灯和消毒池等消毒设备和设施。

(5)进场人员隔离点　注意事项如下：

①人员返场前需到人员待检点进行采样检测，检测合格后方可进入隔离点，在隔离点存放行李、洗澡换衣并隔离，检测合格后方可进场。

②隔离点设置人员消毒通道、物资消毒间、物资储存间、人员隔离区域。

③封闭式管理，禁止无关人员进入。人员按批次进入隔离区，一批隔离结束后，下一批人才可以进入隔离，禁止隔离期间有新隔离人员加入。

④配套相应的消毒设施和设备。

⑤人员消毒通道、物资消毒通道须脏净分区明确，且单向流动。

2.场内硬件整改

(1)猪场大门　包括前、后大门。

①前大门设置人员洗消通道、物资消毒通道，后大门设置人员洗消通道。

②大门完全密闭无缝隙，不得使用木质材料。

③人员消毒通道为单向通道，进出两道门(两道门不可同时打开)，分为脏区、灰区、净区3个区域。进场人员在脏区洗手消毒、脚踏消毒，换下场外衣服及鞋子，在灰区洗浴，在净区更换场内衣物和鞋子。

④物资消毒通道为单向通道，设进出两道门(两道门不可同时打开)，以镂空货架为界划分脏区和净区，要求密封性良好，配备镂空货架、臭氧消毒机和紫外灯。

(2)围墙、道路及场区空地　注意事项如下：

①猪场建筑周围彻底除草，避免吸引昆虫和鸟类。

②修补场区围墙漏洞，采用混凝土整体浇筑猪舍内破损的地面、墙面、地沟。修补所有建筑的门缝、孔洞以及年久失修形成的各种缝隙等。

③场内主要道路、圈舍墙边1～2 m地面硬化，场区围墙边0.5～1 m硬化或覆盖碎石。

④除了污水处理池以外，不保留鱼塘等其他任何水体。

(3)场内分区　隔离区、生产区、生活区、污水处理区、无害化处理区等必须严格分区，设置实心围墙或物理隔断。

(4)场内物资库房　要求闭性良好，设置传递窗。物资消毒间配置臭氧消毒机、紫外灯、镂空货架。

(5)饲料库房/中转料塔　饲料库房要求密闭性良好，具有防鼠、防鸟设施，并配置塑料托盘，用于饲料防潮。有条件的猪场可建立中转料塔，内部车辆转运或采用集中供料系统输送，避免外部散装料车靠近猪舍。

(6)水消毒　场内安装水净化与消毒设备，消毒方法可选择消毒设备或添加漂白粉等适用于水消毒的消毒剂。

(7)生活区—生产区人员消毒通道　建设标准及配套设施，见猪场大门(前、后大门)人员消毒通道的相关要求。

(8)无害化处理区　改造方法如下：

①原无害化处理区封闭：猪场原有病死猪坑井内投入3～5 cm厚的烧碱，然后用水泥封顶。对下陷的地表进行覆土掩埋并撒布2 cm生石灰，边缘撒布灭鼠药。此区域划定为禁区，使用明显的物理阻隔和警示标牌。

②建设标准：在猪场下风口、低洼处的偏僻处建立无害化处理区。无害化处理区域与生产区做物理隔断。

③配套设施：病死猪处理可配置无害化处理机，场内需配备专用的死猪转移工具。堆粪棚处可建设出粪平台(传送带)，做到场外猪粪车不入场，场内、场外猪粪车不交叉，有条件的猪场将总猪粪池设立在猪场围墙外。

(9)出猪台　改造方法如下：

①选用水泥、不锈钢材质修建带顶棚的出猪台，禁止使用木质出猪台，可在出猪台上设计引水沟，避免污水倒流入场。

②出猪台出猪区域要求在场区边缘，在场区内的需延长至场区边缘，或增加物理隔墙与场区彻底隔离。

③出猪台划分脏区、灰区、净区，需有明显的标识，确保场内人员不接触猪车，不接触外来人员。

④出猪台场外区域需硬化。

⑤出猪台设置车辆消毒点，配制移动式高压清洗机、消毒液。

⑥备有出猪台专用赶猪工具、工作服和鞋等。

(10)生产区设施设备更新　更新以下设施设备：

①猪栏若需更换，则建议采用实心圆钢栏位，产床可考虑使用三棱钢地板，便于冲洗、消毒且无卫生死角。限位栏、产床、钢构房梁等生锈处，除锈后喷涂油漆。

②更换风机可选用耐腐蚀、易消毒的玻璃钢风机。

③更换所有损坏变形的零部件，包括所有破损的水帘纸、进气口、百叶等设备，以保证猪舍的密封性。检查所有的料线设备，更换锈蚀漏水的料塔、磨损的链条以及料管、变形锈蚀的转角等部件。更换所有损坏、变形、锈蚀的饮水嘴、接头、加药器、饮水碗、灯泡等。

3.硬件整改验收

场内外硬件整改完毕后，对整改效果进行检查验收，验收合格则进行二轮洗消，不合格则对相应区域进行整改。

5.4.4　二次洗消及评估

硬件改造完成后，再次对场内进行清洗消毒及评估，操作步骤见首次清理洗消及评估，评估合格则进行进猪前的验收，否则重新清洗消毒。

5.4.5　进猪前验收

进猪前按照猪场复养前验收清单（表 5-8）对猪场洗消情况、整改情况及进猪准备工作（如饲料入场、物资入场、猪只运输准备等）进行检查验收。

表 5-8　猪场复养前验收清单

评审项目	评分内容	权重	评分标准	分数
猪场环境风险评估	猪场周边 3 km 范围内无非洲猪瘟疫情（无正在发病猪场或发病场已经彻底清洗消毒完毕）	15	A.猪场周边 3 km 范围无非瘟疫情 15 分 B.猪场周边 3 km 范围有非瘟疫情 0 分	
猪场硬件整改评估	车辆洗消中心、人员隔离点、前置厨房、前置库房、中转台等场外生物安全管控点配置满足猪场配套需求	15	A.该区域满足猪场配套需求 15 分 B.该区域部分不满足猪场配套需求 0～14 分	
	场内围墙无漏洞，隔离区、生活区、生产区、无害化处理区之间设置有物理隔断及显眼的隔断标志	10	A.围墙无漏洞，各区域之间有完整物理隔断 10 分 B.围墙有漏洞或各区域之间物理隔断不完整 5 分 C.围墙有漏洞、各区域之间无物理隔断 0 分	
	所有区域设施设备清理、更新完成	15	A.整改完成 15 分 B.未整改完成 0 分	
	有害生物防控（防鸟、防鼠、防蚊蝇设施设备）措施整改到位	10	A.整改完成 10 分 B.未整改完成 0 分	
	主要道路、猪舍周边、埋尸坑周边硬化	10	A.整改完成 10 分 B.未整改完成 0 分	
实验室监测结果分析	检查栏舍清洗消毒和空栏期监测结果，最后一次清洗消毒和空栏期非洲猪瘟病毒检测结果合格，验收人员现场随机采样送检，结果仍然合格	20	A.实验室检测结果合格 20 分 B.实验室检测结果不合格 0 分	

续表5-8

评审项目		评分内容	权重	评分标准	分数
猪场相关记录检查	引种记录表	配置引种记录表，检查项目齐全，可用于追踪、溯源	2	A.记录表规范，项目齐全 2 分 B.有表格但不规范 1 分 C.无记录表 0 分	
	人员进场消毒、洗浴记录表	配置人员进场消毒、洗浴记录表，检查项目齐全，可用于追踪、溯源	2	A.记录表规范，项目齐全 2 分 B.有表格但不规范 1 分 C.无记录表 0 分	
	车辆洗消记录表	配置车辆洗消记录表，检查项目齐全，可用于追踪、溯源	2	A.记录表规范，项目齐全 2 分 B.有表格但不规范 1 分 C.无记录表 0 分	
	病死猪及垃圾无害化处理记录表	配置病死猪及垃圾无害化处理记录表，检查项目齐全，可用于追踪、溯源	2	A.记录表规范，项目齐全 2 分 B.有表格但不规范 1 分 C.无记录表 0 分	
	猪场环境消毒与检测记录	配置猪场环境消毒与检测记录，检查项目齐全，可用于追踪、溯源	2	A.记录表规范，项目齐全 2 分 B.有表格但不规范 1 分 C.无记录表 0 分	
	饲料和水源检测记录表	配置饲料和水源检测记录表，检查项目齐全，可用于追踪、溯源	2	A.记录表规范，项目齐全 2 分 B.有表格但不规范 1 分 C.无记录表 0 分	
	物资进场消毒措施及记录表	配置物资进场消毒措施及记录表，检查项目齐全，可用于追踪、溯源	2	A.记录表规范，项目齐全 2 分 B.有表格但不规范 1 分 C.无记录表 0 分	
人员管理、培训与考核		场内有完善的生物安全管理制度和监督机制	6	A.有完善的管理制度、监督机制及激励机制 6 分 B.有相关制度但不完善 1～5 分 C.无相关制度及机制 0 分	
		场内员工经过系统的生物安全培训及生产操作培训，有较强的生物安全意识，熟练掌握生产操作技能	6	A.开展多次培训考试，员工全部考核合格 6 分 B.仅培训 1 次或仅培训未考核 1～5 分 C.未进行培训考核 0 分	
		有培训及考核记录（记录表、照片、视频、考卷等）	3	A.有相关记录 3 分 B.无相关记录 0 分	

续表5-8

评审项目		评分内容	权重	评分标准	分数
隔离区		围墙有消毒痕迹	2	A.符合上述要求 2 分 B.不符合 0 分	
		杂草树木已清除，区域内无猫、犬、老鼠活动痕迹	2	A.符合上述要求 2 分 B.不符合 0 分	
		人员入场洗消通道、物资入场消毒通道、门卫室、隔离区宿舍均已按照洗消程序进行洗消，所有低价值物品已清理，无肉眼可见的灰尘、污物	4	A.符合上述要求 4 分 B.不符合 0 分	
		有清晰可追溯的洗消记录（记录表、照片、视频等）	2	A.符合上述要求 2 分 B.不符合 0 分	
生活区		围墙有消毒痕迹	2	A.符合上述要求 2 分 B.不符合 0 分	
		杂草树木已清除，区域内无猫、犬、老鼠活动痕迹	2	A.符合上述要求 2 分 B.不符合 0 分	
		人员洗消通道、物资消毒通道、员工宿舍、餐厅、办公室、物资库房均已按照洗消程序进行洗消，所有低价值物品已清理，无肉眼可见的灰尘、污物	5	A.符合上述要求 5 分 B.不符合 0 分	
		库房内留用物资已经过浸泡或擦拭消毒，库房内已重新规整	3	A.符合上述要求 3 分 B.不符合 0 分	
		有清晰可追溯的洗消记录（记录表、照片、视频等）	2	A.符合上述要求 2 分 B.不符合 0 分	
生产区	其他区域	围墙有消毒痕迹	2	A.符合上述要求 2 分 B.不符合 0 分	
		杂草树木已清除，区域内无猫、犬、老鼠活动痕迹	2	A.符合上述要求 2 分 B.不符合 0 分	
		人员洗消通道、物资消毒通道、办公室、物资库房、出猪台均已按照洗消程序进行洗消，所有低价值物品已清理，无肉眼可见的灰尘、污物	4	A.符合上述要求 4 分 B.不符合 0 分	
	舍内	舍内无洗消前的低价值物品	5	A.符合上述要求 5 分 B.不符合 0 分	
		配置猪只引入、销售与出猪台洗消记录表，检查项目齐全，可用于追踪、溯源	4	A.符合上述要求 4 分 B.不符合 0 分	

续表5-8

评审项目		评分内容	权重	评分标准	分数
		门窗夹缝沟槽、料槽、饮水器、保温箱内壁、漏缝地板正反面、限位栏、大栏、粪沟、水龙头、栏位焊接处、环控箱、配电箱、风机、百叶、水帘、下料口、灯座、管线、温控探头等处无肉眼可见的粪便、泥沙、污物	5	A.符合上述要求 5 分 B.不符合 0 分	
		猪舍内地沟、粪沟、下水口无肉眼可见的粪便,泥沙,污物	3	A.符合上述要求 3 分 B.不符合 0 分	
		水线、料线已进行清理消毒并排空	4	A.符合上述要求 4 分 B.不符合 0 分	
		舍内已严格按照消毒流程进行多次消毒	3	A.符合上述要求 3 分 B.不符合 0 分	
		水帘池中无肉眼可见的青苔、泥沙及污物,并已严格消毒	3	A.符合上述要求 3 分 B.不符合 0 分	
		有清晰可追溯的洗消记录(记录表、照片、视频等)	3	A.符合上述要求 3 分 B.不符合 0 分	
无害化处理区		围墙有消毒痕迹	2	A.符合上述要求 2 分 B.不符合 0 分	
		杂草树木已清除,区域内无猫、犬、老鼠活动痕迹	2	A.符合上述要求 2 分 B.不符合 0 分	
		投放过阳性猪只的化尸池已封闭,埋尸坑无凹陷,周边消毒、隔断并有警示标识	3	A.符合上述要求 3 分 B.不符合 0 分	
		未投放过阳性猪只的化尸池投入足够的烧碱,周边已硬化、消毒	3	A.符合上述要求 3 分 B.不符合 0 分	
		粪池、堆粪棚无肉眼可见的粪便、泥沙、污物	2	A.符合上述要求 2 分 B.不符合 0 分	
		严格按照洗消流程进行洗消	2	A.符合上述要求 2 分 B.不符合 0 分	
其他区域		猪场周边区域、停车区域已清除杂草树木、杂草、垃圾、杂物、积水	3	A.符合上述要求 3 分 B.不符合 0 分	
		每天进行道路消毒	2	A.符合上述要求 2 分 B.不符合 0 分	
		蓄水池无肉眼可见的淤泥、青苔、污物,且完成消毒	3	A.符合上述要求 3 分 B.不符合 0 分	

续表5-8

评审项目		评分内容	权重	评分标准	分数
猪场生产保障条件评估	生产人员	在猪只入场前 2 d，相关生产人员应完成隔离，全部到位，并进行场内生物安全、复产准备、复养猪只饲养管理等培训合格	10	A.符合上述要求 10 分 B.生产人员到位，培训不合格或未进行相关培训 5 分 C.不符合 0 分	
	物资准备	物资至少提前 1 周消毒入场，确保人员生活物资、生产物资准备充足，能够维持场内生产	7	A.符合上述要求 7 分 B.不符合 0 分	
	车辆准备	场内外车辆严格区分，专车专用，提前进行清洗、消毒、采样检测合格后才可使用，车辆行驶路线不交叉	5	A.符合上述要求 5 分 B.车辆行驶路线存在交叉，各种类车辆错峰作业，且每次作业后严格清理消毒 3 分 B.不符合 0 分	
	饲料准备	1.饲料使用前 1 个月内进行生物安全评估，具备相关记录及检测证明； 2.饲料使用前 3 周内进行生物安全评估且合格	7	A.符合上述要求 7 分 B.不符合 0 分	
	药品、疫苗准备	1.药品、疫苗进场前 2 周消毒，检测合格入场，具备相关记录及检测证明； 2.按照场内要求归置到位（特别是引种初期的抗应激药物和保健药物）	7	A.符合上述要求 7 分 B.不符合 0 分	
	水源水质检查	检查水源来源、储备情况，过滤消毒设备正常运行，水质送检合格	3	A.符合上述要求 3 分 B.不符合 0 分	
	栏舍准备	进猪前 1 周对栏舍喷雾消毒连续 3 d，然后空置 3 d 彻底干燥。检查栋舍洗消记录表	3	A.符合上述要求 3 分 B.不符合 0 分	
	设备检查	进猪前 1 周，试运行猪场内设备，保证水线、料线、环控和报警系统能够正常运行	3	A.符合上述要求 3 分 B.不符合 0 分	
种源场评估	种源场周围疫情情况	种源场应处于非疫区，或者为已经解除疫情地区的非疫情场	5	A.符合上述要求 5 分 B.不符合 0 分	
	资质检查	种源场能够按照国家生猪调运相关规定申报检疫，提供种畜禽生产经营许可证和动物检疫合格证等所需证件	3	A.符合上述要求 3 分 B.不符合 0 分	

续表5-8

评审项目		评分内容	权重	评分标准	分数
	猪只免疫记录以及重大疾病检测报告	1.种源场能够提供1周内的非洲猪瘟检测报告(须有资质的检测机构所提供),要求每头猪必须检测合格; 2.引入种猪应有伪狂犬病、猪瘟、猪繁殖与呼吸综合征、口蹄疫等重大疾病的病原学和血清学检测报告(须有资质的检测机构提供),以及该场需提供场内实施的免疫和保健记录,合格后方可引种	7	A.符合上述要求 7 分 B.不符合 0 分	
运输条件评估	运输车辆及人员准备	运输车辆情况(空气过滤车或密闭运输车、加油量等)、数量配置充足	3	A.车辆为空气过滤车或密闭运输车且数量充足 3 分 B.车辆由篷布包裹密闭 1 分 C.车辆未密闭 0 分	
		司机及押车人员隔离、洗消、检测合格,已培训工作计划及注意事项并熟练掌握	3	A.符合上述要求 3 分 B.不符合 0 分	
		1.车辆及配套物资清洗消毒,检测合格并有相应记录; 2.饮水、保温物资、药物、设施配备等配置充足	3	A.车辆、配套物资洗消检测合格,饮水、物资等配置充足,相应记录完善 3 分 B.车辆、配套物资洗消检测合格,饮水、物资等配置不充足 1 分 C.未达到上述车辆、饮水、物资等准备要求 0 分	
	路线规划	1.运输路线规划合理,避开敏感地区及非洲猪瘟疫区; 2.至少提前规划两条路线,提前进行路线考察	3	A.符合上述要求 3 分 B.不符合 0 分	
	运输管理	运输全程录像,保证运输执行到位以及运输安全	3	A.符合上述要求 3 分 B.不符合 0 分	
装卸猪评估	装卸猪评估	装卸猪场地、辅助设施设备通过生物安全评估,清洗消毒,检测合格并有相关记录	3	A.符合上述要求 3 分 B.不符合 0 分	
		脏净分区、车辆行驶、人员行走路线标识清晰	4	A.符合上述要求 4 分 B.不符合 0 分	
		运输车辆、场地、设施设备清洗消毒相关物资准备到位	3	A.符合上述要求 3 分 B.不符合 0 分	
验收评审得分					
评审结果					
评审说明:评审通过须同时满足以下条件:1.得分≥ 260 分;2.分析所有项目,一项为 0 分,评审不通过。					

5.4.6　哨兵猪的饲养

非洲猪瘟病毒在环境中存活力极强，若清除不彻底，存在复发风险，易导致复养失败。在完成猪场硬件改造、清洗消毒以及检测评估合格后，大规模复养前可引入哨兵猪进行前期站岗，保证生产环境安全。

1.哨兵猪引入工作

哨兵猪在引入前除做好人员和生产(充足的饲料、水)准备外，环境、猪只、运输条件方面还需满足以下基本要求(图 5-4)。

图 5-4　哨兵猪引入关键点

(1)饲养环境及猪只要求　主要有以下 3 点：

①完成猪场生物安全硬件整改，评估合格后，根据环境采样评估分布表(表 5-6)进行采样。检测结果合格后，方可引入哨兵猪。

②发病后留存的猪(即使抗原、抗体阴性)不可用作哨兵猪。来源猪场应尽可能单一，信誉资质和管理良好，近期进行重大动物疫病检测且未发生重大疫情。

③引入前，所有的哨兵猪应采集唾液/口鼻肛拭子/尾根血拭子和血清分别做非洲猪瘟病原学检测和血清学检测，抗原和抗体双阴性的哨兵猪方可引入场外隔离舍，隔离饲养至少 21 d(非洲猪瘟病毒的最大潜伏期)，且在结束隔离前再次进行抗原、抗体检测，检测结果为阴性才可以引入生产区内。

(2)路线及运输管理　包括以下 4 点：

①运输车辆及人员的准备：根据引种数量确定引种需要的种猪车数量，最好使用空气过滤车或者密闭运输车辆，每车配备押车人员。司机及押车人员在引种之前 3 d 不能接触或运输偶蹄类动物(猪、牛、羊)，以及引种前 1 天洗澡，更换经过消毒的指定衣物和鞋。运输途中不能携带包含猪肉、牛肉、羊肉等相关的蛋白类产品，准备充足饮水、食物和急救药品。参与引种的车辆经过粗洗(无可见的猪毛、猪粪、泥沙等肉眼可见的污物)、精洗(无死角清洗，保证后续消毒效果)、烘干、消毒后，对车厢、轮胎、驾驶室等部位进行采样，检测合格后方可参与引种。引种前查看

天气，尽量避免雨天引种，特别是防止暴雨等自然现象影响引种进程。引种车辆应加满油和水，出发前 1 天检查车辆，排除故障，并提前规划好车辆紧急处置点。

②路线规划：合理规划运输路线，严格遵守当地运输调运监管要求（图 5-5）。

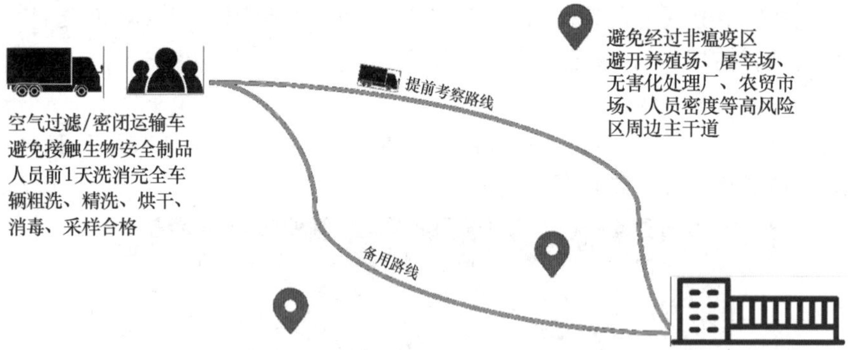

图 5-5 哨兵猪引入路线规划

③装卸车管理：所有参与转猪人员必须洗澡换衣或穿戴质量良好不易破损的一次性防护服和一次性鞋套。装卸猪前，至少需提前 1 天对赶猪通道和出猪台进行洗消，自然风干。装卸猪前后，必须对赶猪通道和出猪台进行洗消。装猪前 2 h，停止饲喂猪只，在饮用水中加入抗应激药物。禁止暴力赶猪，防止猪只应激。禁止司机和押车人员参与赶猪。

④运输管理：司机应严格按照预定路线行驶，禁止私自更改路线。运输途中应尽量不停车，不进服务区，避免一切和其他动物接触的机会，但可根据实际路途长短，确定中途休息点及检查猪只频率，休息点的选择尽量在远离生物安全风险的地方。引种车辆靠近猪场前应先到指定地点对车辆外部及轮胎底盘进行洗消，再进行装卸车，不建议进行高压清洗，推荐低压清洗和消毒。

（3）哨兵猪入场后管理　饲养人员应在日常饲喂过程中仔细观察猪只精神状况，对异常猪只进行隔离饲养。哨兵猪入场后，在前半天内不进行饲喂，在饮水中添加电解多维等抗应激药物，预防猪只因长距离运输或不适应新环境产生较大的应激。入场后的前 5 d，应逐天增料，防止猪只经长距离运输后暴饮暴食，代谢紊乱，出现如腹泻或便秘等异常情况。后续的猪群健康保健方案应根据猪场内及所在地疾病流行情况，针对性地进行制定。

2.哨兵猪投放分布及饲养

哨兵猪隔离合格后，在全场生产区域投放哨兵猪只，其中高风险区域如疫情栋舍/隔离舍可适当增加投放比例。疫情栏位必须投放，其他栏位随机放置。各区域投放分布方式可参考哨兵猪投放分布表（表 5-9）。猪只由专人饲养，工具分开。使用新鲜无霉变、营养水平全面的饲料饲喂 45 d。每日 3 次巡栏，饲养期间任何猪只出现发烧、减料及死亡等异常情况需立即上报，封锁隔离并进行采样检测。

表 5-9 哨兵猪投放分布表

栋舍	位置	哨兵猪投放		饲喂方法
		类型	数量	
分娩舍	产床	断奶猪	2 头/栏	正常饲喂
	过道	80 kg 以上大猪	6 头/舍	饮水和供料放置分隔最远的位置
配怀舍	舍内	80 kg 以上大猪	限位栏数量的 10%	限位栏打开,通槽交替饮水供料,有料线的循环使用不同的下料器
保育舍 育肥舍 隔离舍	大栏	80 kg 以上大猪	2 头/栏	正常饲喂
	过道		6 头/舍	每栋舍第一栏与最后一栏分别供水供料,此两栏与中间走道相通,放置 6 头哨兵猪自由活动

3.哨兵猪监测

猪只在进入隔离舍,生产区监测的重要阶段如图 5-6(哨兵猪监测重要阶段)所示。哨兵猪在生产区饲养期间,分别在 15 d、30 d 和 45 d 进行非洲猪瘟病原学检测。哨兵猪饲养 45 d,检测合格且无临床症状,可考虑逐步引进猪只,恢复正常生产。若猪场所在地区(县/市)出现疫情,则哨兵猪至少饲养 3 个月。若哨兵猪饲养结束后疫情仍然流行,则疫情流行期间不能复养,复养期限推迟至疫情稳定。

检测时,对猪群全群采样,建议唾液/口鼻肛拭子/尾根血拭子,环境采样参考环境采样评估分布表(表 5-6)进行采样检测评估。评估不合格的,需重新进行病原溯源、清场消毒、生物安全改造、空栏检测等程序。

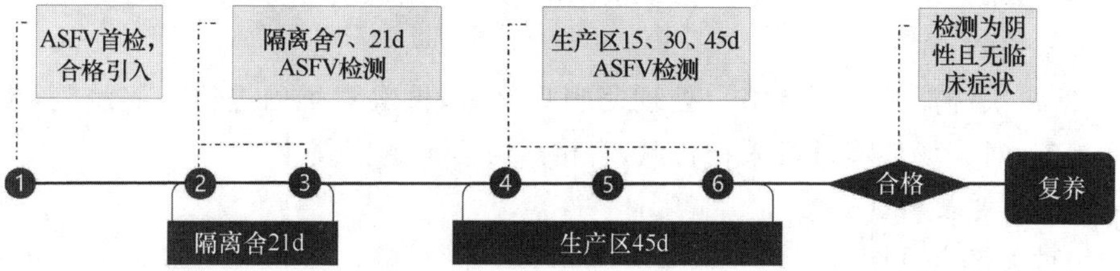

图 5-6 哨兵猪监测重要阶段

5.4.7 3 次洗消评估

哨兵猪试验通过后,对饲养哨兵猪的圈舍进行清洗消毒及检测评估,评估合格且周边疫情压力较小,方可进行引种。若检测评估不合格,则需对不合格的原因进行分析后,整改并重新洗消。若周边疫情压力过大,则考虑延后引种。

5.4.8 复养前的引种

经过 2～3 轮彻底洗消并检测合格后,即可开展引种工作。复养猪场的引种需要从3个方面进行严格控制。

①保证猪只来源:新引入的猪只必须健康安全,供应猪只的猪场非洲猪瘟病原和抗体检测均为阴性。

②把控运输过程:运输人员、车辆、路线等均需严格管控,降低运输途中一切可能接触传染源的风险。

③监测引种猪群的健康状况:引种后,场内人员需规范生产操作,密切观察猪群健康状况,及时反馈猪只的异常状况。

1.引种流程

猪场引种流程见图5-7。

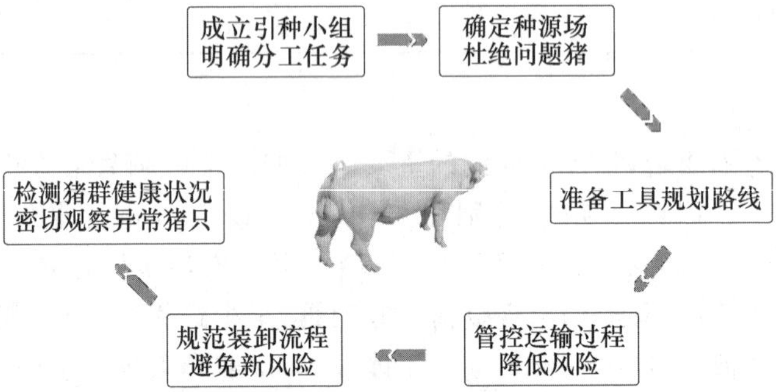

图5-7　猪场引种流程

2.引种条件

(1)哨兵猪饲养合格　哨兵猪经检测均为非洲猪瘟抗原和抗体阴性,且临床观察无异常。

(2)再次洗消并检测合格　处理完哨兵猪后,再次对场内进行彻底洗消,按照采样规定,对全场环境进行采样检测,合格后方可准备恢复生产。

3.引种重点事项

引种关键点见图5-8。

(1)种源场的选择　复养场选择种源场时需考虑的原则如下:

①种源场应处于非疫区,或为已经解除疫情地区的非疫情场。

②按照就近原则,尽量选择从本县市引种,尽量避免跨省长距离引种,降低运输过程中的感染风险。

③尽量从单一种源场引种,选择信誉良好、资质优良、管理规范的种源场合作,提前3个月制定复养引种计划。若单场无法满足供种的需求,可以选择一个公司的不同的种源场,底线要求是猪群的健康状况(几种重要的传染病)要一致。

④关注种源场周边非洲猪瘟、猪瘟、伪狂犬病、猪繁殖与呼吸综合征、口蹄疫、猪流行性腹泻等重大疫病流行情况。

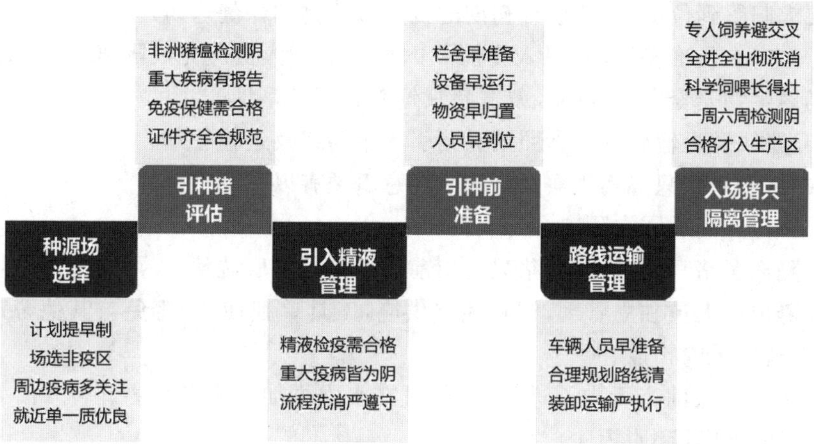

图 5-8 引种关键点

(2)引种猪群的评估 除需考虑正常引种时猪只精神状况、肢蹄、行走的体态和有效乳头数等要求外,复养场还需要考虑以下因素:

①种源场能够提供1周内的非洲猪瘟病原抗体检测报告(须有资质的检测机构所提供),要求每头猪必须检测为阴性。

②引入种猪应有伪狂犬病、猪瘟、猪繁殖与呼吸综合征、口蹄疫、猪流行性腹泻等重大疾病的病原学和血清学检测报告(须有资质的第三方检测机构提供),以及该场须提供场内实施的免疫和保健记录,合格后方可引种。

③种源场能够按照国家生猪调运相关规定申报检疫,提供种畜禽生产经营许可证和动物检疫合格证等所需证件。

(3)引入精液管理 具体注意事项如下:

①引入的精液应有检疫合格证明,非洲猪瘟、猪瘟、口蹄疫、伪狂犬病、猪繁殖与呼吸综合征、乙型脑炎等重大疫病的病原学检测为阴性。

②供应精液的公猪站周围10 km无疫情发生。

③提前安排接运车辆,精液到达后先去除外包装,消毒精液瓶或精液袋外包装的表面,再放入场内经过彻底消毒的泡沫箱密封,将泡沫箱进行熏蒸消毒后转入场内。进生产区前,精液按照严格的流程转入恒温箱备用。

(4)引种前准备 包括栏舍准备,设备检查,饲料及药品、疫苗消毒入场以及生产人员准备等。

①栏舍准备:进猪前1周对栏舍喷雾消毒连续3 d,然后空置3 d彻底干燥。

②设备检查:进猪前1周,试运行猪场内设备,保证水线、料线、环控和报警系统能够正常运行,并在进猪前进行运行预热。

③饲料及药品、疫苗消毒入场:饲料、药品、疫苗至少提前1周消毒入场,按照

场内要求归置到位(特别是引种初期的抗应激药物和保健药物)。

④生产人员准备：在猪只入场前 2 d，相关生产人员应完成隔离，全部到位，并进行场内生物安全、复产准备、复养猪只饲养管理等培训。

(5)路线及运输管理　参照哨兵猪引入中路线及运输管理。

(6)入场后猪只隔离观察及监测　注意事项有以下几点：

①猪只入场后需在隔离舍专人饲养 45 d。

②隔离舍猪只全进全出，猪只进出前后须进行彻底洗消。

③隔离舍人员独立管理，饲料独立供应，工具单独使用，避免与其他舍产生交叉，从而造成风险扩散。

④猪只转入前半天内不进行饲喂，可在水中添加抗应激药物。转入前 3 d，逐天增料，防止便秘和腹泻。

⑤猪只在引入 1 周和 6 周时，全群猪只采样，建议使用唾液/口鼻肛拭子/尾根血拭子进行 2 次非洲猪瘟病原学检测(若猪只无非洲猪瘟临床症状，采样方式可选择口鼻拭子，进行荧光定量 PCR)。同时血液建议检测非洲猪瘟抗体，若非洲猪瘟抗原和抗体的检测结果均为阴性，再进行猪瘟、口蹄疫、伪狂犬病、猪繁殖与呼吸综合征等重大疾病的抗原和抗体检测，合格后方可转入生产区。

5.4.9　复养后的管理

在复养过程中，为防止非洲猪瘟疫情的再次发生，需建立全面的非洲猪瘟预警管控机制进行综合防控，包括猪群与环境监测和生物安全管控。

1.猪群与环境监测

(1)猪群监测　引种猪只完成隔离后，可转入生产区，进入正常生产节律，密切观察猪群健康状况(每天至少 5 次巡栏)。按照农业农村部《非洲猪瘟疫情应急实施方案》规定，从流行病学、临床症状等方面排查可疑疫情，做到早发现、早处理、早控制。发现疑似疫情立即进行隔离，及时采样送检，若得到确诊须迅速采取紧急措施，及时报告疫情、及时处理。

(2)环境监测　参考环境采样评估分布表(表 5-6)定期采样送检，投产后 1 个月内每周采样检测 1 次，之后每月 1 次，本地区非洲猪瘟疫情稳定后，一个季度检测 1 次。

2.生物安全管控

建立和完善场外与场内生物安全体系，制定并严格执行各项规章制度和措施。重点管控溯源到的生物安全漏洞，以及确保其他风险点生物安全升级改造整改完成。在本地区非洲猪瘟疫情没有稳定前，猪场实行封闭管理，降低物料进场和售猪的频率，严防外来病原侵入。同时，抓好猪场大门、生产线门口和出猪台的生物安全工作，设置专人进行管控与督查。

(1)人员管理　具体注意事项如下：

①增强人员防控意识，严禁养殖人员食用或外购任何猪、牛、羊肉及其加工制品等。严禁养殖人员前往屠宰场、兽医站、农贸市场、兽药店、饲料店等疫情高风险区域。

②禁止外来人员入场，不可随意进出，隔离期间不得与其他人员接触，非洲猪瘟病原检测阴性后再到猪场生活区。

③员工进入猪场需按照相关要求洗澡换衣，修剪指甲，做好手机及充电器消毒。除不带壳的手机、笔记本电脑、眼镜及药物(须消毒)外，其他物品禁止携带入场。禁止或者有条件限制员工网购。

④进入生产区要严格洗澡、更衣换鞋(包括内衣、内裤、袜子)，所有个人物品(眼镜须消毒后带入)一律不得带入。进入栋舍、单元须洗手消毒、脚踏消毒。禁止人员不经洗澡，不更换衣服和鞋子而随意往返生产区和生活区。

⑤不同工段员工错峰上下班，上下班必须洗澡，每日对洗澡间消毒。

⑥岗位职责清晰，避免关键人员兼职或串岗。

(2)物资管理　应遵循以下原则：

①进场物资需明确来源，在门卫处详细登记，严格执行物资进场消毒程序。物资消毒需批次全进全出，禁止未消毒和已消毒的物资交叉存放。

②定期对物资库房环境消毒、采样检测。

③物资配送要求密闭式车辆且专车专用，车辆定期消毒。

④严格禁止外来的猪肉及其制品进场。

(3)车辆管理　应遵循以下原则：

①禁止外来车辆入场，所有车辆靠近猪场需严格消毒，合理设计卖猪方式，拉猪车辆及随车人员禁止进场，避免本场车辆与外来车辆接触。

②各类运猪车、饲料运输车、病死猪/猪粪运输车等车辆，专车专用。本场配备的场内、场外活动车辆不得混用。根据使用情况，本场车辆可在每次或每天使用后，定点进行清洗消毒。车辆消毒后过夜停放，密闭熏蒸。

③加强车辆司机管理，尤其是运猪车、病死动物运输车，应配备专门司机。原则上，司机禁止下车操作。

(4)场内区域管理　应遵循以下原则：

①场内区域划分明确，隔离区、生产区、生活区、污水处理区、病死猪无害化处理区等必须严格区分，设置物理隔断，禁止人员随意窜动。

②场内进行生物安全级别分区，生物安全级别由高到低依次是公猪舍＞分娩舍＞配怀舍＞保育舍＞肥猪舍，各区域人员、物资、工具固定分区，严禁交叉。配怀

舍分隔成多个小区域，各小区域内物资、工具、查情公猪专区专用。

③重新评估和处理防控有害生物措施(防鸟、防蚊蝇、防鼠、防猫犬等)。

④加强各区域消毒，制定消毒计划，定期对隔离区、生活区、生产区、饲料库房、出猪台和无害化处理区域等进行消毒。

(5)严格售猪管理　应遵循以下原则：

①禁止生猪贩运人员、承运人员等外来人员，以及外来车辆进入养殖场。

②售猪前以及售猪后，应立即对出猪间(台)、停车处、装猪通道和装猪区域进行全面清洗和消毒。

③售猪过程分段式管理，避免内外人员交叉，本场赶猪人员严禁接触出猪间(台)，外来人员禁止接触出猪间(台)磅秤靠近场内一侧。

④严禁将已转运出场或已进入出猪间(台)的生猪运回养殖场。

⑤外来人员以及本场赶猪人员在整个售猪过程中均应穿着一次性防护服、工作靴。

⑥本场赶猪人员返回养殖区域前应淋浴、更换衣服鞋、进行严格消毒。

⑦减少售猪频次。

(6)严格管理病死动物　应遵循以下原则：

①病死动物应在本场病死动物无害化处理设施内处理。病死动物包裹后由专人专车、专用道路运送，其他人和车不得参与，沿途不撒漏。病死动物运送至无害化处理设施后，应对无害化处理设施周围、人员、车辆、沿途道路等清洗消毒。运送人员应穿着防护服。

②若需使用外来车辆将病死动物运送至无害化处理场，则应将病死动物包裹后由专人专车、专用道路运送至场外固定地点，但不能与外来无害化处理车辆和人员接触。该车辆返回前，车辆和沿途道路应予清洗和消毒。外来车辆拉走病死动物后，应对该区域严格清洗消毒。

③外来病死动物运输车辆应事先进行严格的清洗消毒，本场车辆不得与外来车辆接触，且行驶轨迹不得交叉。

(7)严格饲料管理　对于规模足够大的猪场，建议使用散装料，规模大的猪场都配有散装料车。如果没有沿围墙打料的条件，建议建中转料塔从而避免饲料车进场消毒不彻底的风险。对袋装饲料进场的情况，可以按照如下要求进行：

①建立独立、密闭的饲料房，窗户要有遮阳设施，避免阳光直射，定期清扫、臭氧熏蒸消毒。

②向本场运送饲料的车辆，装料前需对车辆先进行清洗和消毒。

③袋装饲料到场后，车辆禁止入场，卸货人员工作前后均应淋浴、更换衣服鞋、严格消毒。

④饲料入场后，密闭饲料库房，饲料熏蒸消毒过夜（8～12 h），袋装饲料入库前应拆至最小包装。

⑤饲料使用遵循“先进先出”原则，存放区可垫上木板并铺薄膜（离地 10 cm，四周离墙 20 cm）。

⑥饲料储存间单独管理，可以在料房里拆袋，饲料通过绞龙传送到生产区。

5.4.10　小结

复养是一项系统工程，发病场需针对溯源到的防非洲猪瘟薄弱点，彻底洗消与整改。在复养执行过程中，须提前规划，充分准备，严格周密执行，并在复养后加强场内管理，执行严格且可监管、可持续的生物安全防控措施，提升场内人员执行力，避免场内再次感染。

思考题

1.猪场复养成功必须具备什么条件？
2.猪场复养前的评估需要包含哪些方面？
3.猪场复养前需要做哪些准备？
4.猪场复养需执行什么洗消流程？
5.猪场复养后需要注意哪些事项，从而避免再次感染？

参考文献

[1] 仇华吉. 非洲猪瘟对我国养猪业的影响与防控建议. 中国兽药杂志，2018,52(11):1-4.

[2] 常青记，撖晓东. 小麦种子繁育质量控制的探讨[J]. 中国种业，2014(8):93-94.

[3] 罗玉子，孙元，王涛，等. 非洲猪瘟:我国养猪业的重大威胁. 中国农业科学，2018,51(21):4177-4187.

[4] 宋浩，张丽，张交儿，等. 非洲猪瘟流行病学及诊断技术研究进展. 中国兽医学报，2022,42(5):1066-1076.

[5] 王焕玲. 玉米种子生产技术研究与应用探讨[J]. 种子科技，2023,41(06):50-52+59.

[6] 张玲楷，李永锋，谢利豹，等. 表达猪圆环病毒2型Cap蛋白的重组猪瘟兔化弱毒疫苗株的构建与鉴定. 生物工程学报，2018,34(2):216-223.

[7] 张艳艳，张静远，杨金金，等. 1株非洲猪瘟病毒自然变异毒株的鉴定. 中国兽医学报，2021,41(2):199-207.

[8] Abrams C C, Goatley L, Fishbourne E, et al. Deletion of virulence associated genes from attenuated African swine fever virus isolate OUR T88/3 decreases its ability to protect against challenge with virulent virus. Virology, 2013,443(1):99-105.

[9] Agüero M, Fernández J, Romero L, et al. Highly sensitive PCR assay for routine diagnosis of African swine fever virus in clinical samples. J Clin Microbiol, 2003,41(9):4431-4434.

[10] Alonso F, Domínguez J, Viñuela E, et al. African swine fever virus-specific cytotoxic T lymphocytes recognize the 32 kDa immediate early protein (vp32). Virus Res, 1997,49(2):123-130.

[11] Argilaguet J M, Pérez-Martín E, Gallardo C, et al. Enhancing DNA immunization by targeting ASFV antigens to SLA-Ⅱ bearing cells. Vaccine, 2011,29(33):5379-5385.

[12] Argilaguet J M, Pérez-Martín E, Nofrarías M, et al. DNA vaccination par-

tially protects against African swine fever virus lethal challenge in the absence of antibodies. PLoS One，2012，7(9)：e40942.

[13] Arias M，De La Torre A，Dixon L，et al. Approaches and perspectives for development of African swine fever virus vaccines. Vaccines，2017，5(4)：35.

[14] Arias M，Jurado C，Gallardo C，et al. Gaps in African swine fever：analysis and priorities. Transbound Emerg Dis，2018，65(S1)：235-247.

[15] Blome S，Gabriel C，Beer M. Modern adjuvants do not enhance the efficacy of an inactivated African swine fever virus vaccine preparation. Vaccine，2014，32(31)：3879-3882.

[16] Cackett G，Matelska D，Sýkora M，et al. The African swine fever virus transcriptome. J Virol，2020 94(9)：e00119-20.

[17] Celma C C，Stewart M，Wernike K，et al. Replication-deficient particles：new insights into the next generation of Bluetongue virus vaccines. J Virol，2016，91(1)：e01892-16.

[18] Chen W，Zhao D，He X，et al. A seven-gene-deleted African swine fever virus is safe and effective as a live attenuated vaccine in pigs. Sci China Life Sci，2020，63(5)：623-634.

[19] Coelho J，Martins C，Ferreira F，et al. African swine fever virus ORF P1192R codes for a functional type Ⅱ DNA topoisomerase. Virology，2015，474：82-93.

[20] Correia S，Ventura S，Parkhouse R M. Identification and utility of innate immune system evasion mechanisms of ASFV. Virus Res，2013，173(1)：87-100.

[21] de Villiers E P，Gallardo C，Arias M，et al. Phylogenomic analysis of 11 complete African swine fever virus genome sequences. Virology，2010，400(1)：128-136.

[22] Dixon L K，Chapman D A，Netherton C L，et al. African swine fever virus replication and genomics. Virus Res，2013，173(1)：3-14.

[23] Escribano J M，Galindo I，Alonso C. Antibody-mediated neutralization of African swine fever virus：myths and facts. Virus Res，2013，173(1)：101-109.

[24] Fernández de Marco M，Salguero F J，Bautista M J，et al. An immunohistochemical study of the tonsils in pigs with acute African swine fever virus infection. Res Vet Sci，2007，83(2)：198-203.

[25] Fernández-Pinero J，Gallardo C，Elizalde M，et al. Molecular diagnosis of African swine fever by a new real-time PCR using universal probe library.

Transbound Emerg Dis，2013,60(1):48-58.

[26] Frouco G，Freitas F B，Coelho J，et al. DNA-binding properties of African swine fever virus pA104R，a Histone-like protein involved in viral replication and transcription. J Virol，2017,91(12):e02498-16.

[27] Gallardo C，Mwaengo D M，Macharia J M，et al. Enhanced discrimination of African swine fever virus isolates through nucleotide sequencing of the p54，p72，and pB602L (CVR) genes. Virus Genes，2009,38(1):85-95.

[28] Gallardo C，Nieto R，Soler A，et al. Assessment of African swine fever diagnostic techniques as a response to the epidemic outbreaks in Eastern European Union countries：how to improve surveillance and control programs. J Clin Microbiol，2015,53(8):2555-2565.

[29] Gallardo C，Sánchez E G，Pérez-Núñez D，et al. African swine fever virus (ASFV) protection mediated by NH/P68 and NH/P68 recombinant live-attenuated viruses. Vaccine，2018,36(19):2694-2704.

[30] Gao Y，Meng X Y，Zhang H，et al. Cross-priming amplification combined with immunochromatographic strip for rapid on-site detection of African swine fever virus. Sens Actuators B Chem，2018,259:573-579.

[31] Goatley L C，Reis A L，Portugal R，et al. A pool of eight virally vectored african swine fever antigens protect pigs against fatal disease. Vaccines (Basel)，2020,8(2):234.

[32] Gómez-Puertas P，Rodríguez F，Oviedo J M，et al. Neutralizing antibodies to different proteins of African swine fever virus inhibit both virus attachment and internalization. J Virol，1996,70(8):5689-5694.

[33] Gómez-Puertas P，Rodríguez F，Oviedo J M，et al. The African swine fever virus proteins p54 and p30 are involved in two distinct steps of virus attachment and both contribute to the antibody-mediated protective immune response. Virology，1998,243(2):461-471.

[34] Guinat C，Gogin A，Blome S，et al. Transmission routes of African swine fever virus to domestic pigs：current knowledge and future research directions. Vet Rec，2016,178(11):262-267.

[35] Guinat C，Reis A L，Netherton C L，et al. Dynamics of African swine fever virus shedding and excretion in domestic pigs infected by intramuscular inoculation and contact transmission. Vet Res，2014,45(1):93.

[36] Hühr J，Schäfer A，Schwaiger T，et al. Impaired T cell responses in domestic

pigs and wild boar upon infection with a highly virulent African swine fever virus strain. Transbound Emerg Dis, 2020,67(6):3016-3032.

[37] James H E, Ebert K, McGonigle R, et al. Detection of African swine fever virus by loop-mediated isothermal amplification. J Virol Methods, 2010,164(1-2):68-74.

[38] Jancovich J K, Chapman D, Hansen D T, et al. Immunization of pigs by DNA prime and recombinant vaccinia virus boost to identify and rank African swine fever virus immunogenic and protective proteins. J Virol, 2018,92(8):e02219-2217.

[39] Jia R, Zhang G P, Liu H L, et al. Novel application of nanofluidic chip digital PCR for detection of African swine fever virus. Front Vet Sci, 2020, 7:621840.

[40] Jurado C, Mur L, Pérez A M S, et al. Risk of African swine fever virus introduction into the United States through smuggling of pork in air passenger luggage. Sci Rep, 2019,9(1):14423.

[41] Krug P W, Holinka L G, O´Donnell V, et al. The progressive adaptation of a Georgian isolate of African swine fever virus to Vero cells leads to a gradual attenuation of virulence in swine corresponding to major modifications of the viral genome. J Virol, 2015,89(4):2324-2332.

[42] Lacasta A, Ballester M, Monteagudo P L, et al. Expression library immunization can confer protection against lethal challenge with African swine fever virus. J Virol, 2014,88(22):13322-13332.

[43] Liu S, Luo Y, Wang Y, et al. Cryo-EM structure of the African swine fever virus. Cell Host Microbe, 2019,26(6):836-843.

[44] Lokhandwala S, Waghela S D, Bray J, et al. Adenovirus-vectored novel African Swine Fever Virus antigens elicit robust immune responses in swine. PLoS ONE, 2017,12(5):e0177007.

[45] Lokhandwala S, Waghela S D, Bray J, et al. Induction of robust immune responses in swine by using a cocktail of adenovirus-vectored African swine fever virus antigens. Clin Vaccine Immunol, 2016,23(11):888-900.

[46] Lopera-Madrid J, Osorio J E, He Y Q, et al. Safety and immunogenicity of mammalian cell derived and Modified Vaccinia Ankara vectored African swine fever subunit antigens in swine. Vet Immunol Immunopathol, 2017, 185: 20-33.

[47] Lu S, Li F, Chen Q, et al. Rapid detection of African swine fever virus using Cas12a-based portable paper diagnostics. Cell Discov, 2020, 6: 18. doi: 10.1038/s41421-020-0151-5.

[48] Luo Y, Atim S A, Shao L, et al. Development of an updated PCR assay for detection of African swine fever virus. Arch Virol, 2017,162:191-199.

[49] Malmquist W A, Hay D. Hemadsorption and cytopathic effect produced by African swine fever virus in swine bone marrow and buffy coat cultures. Am J Vet Res, 1960,21:104-108.

[50] Malogolovkin A, Burmakina G, Tulman E R, et al. African swine fever virus CD2v and C-type lectin gene loci mediate serological specificity. J Gen Virol, 2015,96:866-873.

[51] Monteagudo P L, Lacasta A, López E, et al. BA71ΔCD2v: a new recombinant live attenuated African swine fever virus with cross-protective capabilities. J Virol, 2017,91(21):e01058-17.

[52] Mulumba-Mfumu L K, Goatley L C, Saegerman C, et al. Immunization of African indigenous pigs with attenuated genotype I African swine fever virus OURT88/3 induces protection against challenge with virulent strains of genotype I. Transbound Emerg Dis, 2016,63(5):e323-e327.

[53] Neilan J G, Zsak L, Lu Z, et al. Neutralizing antibodies to African swine fever virus proteins p30, p54, and p72 are not sufficient for antibody-mediated protection. Virology, 2004,319(2):337-342.

[54] Nieto-Pelegrín E, Rivera-Arroyo B, Sánchez-Vizcaíno J M. First detection of antibodies against African swine fever virus in faeces samples. Transbound Emerg Dis, 2015,62(6):594-602.

[55] O'Donnell V, Holinka L G, Krug P W, et al. African swine fever virus Georgia 2007 with a deletion of virulence-associated gene *9GL* (B119L), when administered at low doses, leads to virus attenuation in swine and induces an effective protection against homologous challenge. J Virol, 2015,89(16):8556-8566.

[56] O'Donnell V, Holinka L G, Sanford B, et al. African swine fever virus Georgia isolate harboring deletions of 9GL and MGF360/505 genes is highly attenuated in swine but does not confer protection against parental virus challenge. Virus Res, 2016,221:8-14.

[57] O'Donnell V, Risatti G R, Holinka L G, et al. Simultaneous deletion of the

9GL and UK genes from the African swine fever virus Georgia 2007 isolate offers increased safety and protection against homologous challenge. J Virol, 2016,91(1):e01760-16.

[58] OIE manual of diagnostic tests and vaccines for terrestrial animals, 2012. Chapter 2.8.1.http://www.oie.int/

[59] Oldfield L M, Grzesik P, Voorhies A A, et al. Genome-wide engineering of an infectious clone of herpes simplex virus type 1 using synthetic genomics assembly methods. Proc Natl Acad Sci USA, 2017,114(42):E8885-E8894.

[60] Oura C A L, Denyer M S, Takamatsu H, et al. In vivo depletion of $CD8^+$ T lymphocytes abrogates protective immunity to African swine fever virus. J Gen Virol, 2005,86(9):2445-2450.

[61] Pérez-Núñez D, García-Urdiales E, Martínez-Bonet M, et al. CD2v interacts with adaptor protein AP-1 during African swine fever infection. PLoS ONE, 2015,10(4):e0123714.

[62] Pérez-Núñez D, Sunwoo S Y, Sánchez E G, et al. Evaluation of a viral DNA-protein immunization strategy against African swine fever in domestic pigs. Vet Immunol Immunopathol, 2019,208:34-43.

[63] Pikalo J, Zani L, Hühr J, et al. Pathogenesis of African swine fever in domestic pigs and European wild boar-Lessons learned from recent animal trials. Virus Res, 2019,271:197614.

[64] Quembo C J, Jori F, Vosloo W, et al. Genetic characterization of African swine fever virus isolates from soft ticks at the wildlife/domestic interface in Mozambique and identification of a novel genotype. Transbound Emerg Dis, 2018,65(2):420-431.

[65] Reis A L, Abrams C C, Goatley L C, et al. Deletion of African swine fever virus interferon inhibitors from the genome of a virulent isolate reduces virulence in domestic pigs and induces a protective response. Vaccine, 2016,34(39):4698-4705.

[66] Reis A L, Goatley L C, Jabbar T, et al. Deletion of the African swine fever virus gene DP148R does not reduce virus replication in culture but reduces virus virulence in pigs and induces high levels of protection against challenge. J Virol, 2017,91(24):e01428-17.

[67] Revilla Y, Pérez-Núñez D, Richt J A. African swine fever virus biology and vaccine approaches. Adv Virus Res, 2018,100:41-74.

[68] Rock D L. Challenges for African swine fever vaccine development—"…perhaps the end of the beginning.".Vet Microbiol, 2017,206:52-58.

[69] Ruiz-Gonzalvo F, Rodríguez F, Escribano J M. Functional and immunological properties of the baculovirus-expressed hemagglutinin of African swine fever virus. Virology, 1996,218(1):285-289.

[70] Sánchez-Cordón P J, Chapman D, Jabbar T, et al. Different routes and doses influence protection in pigs immunised with the naturally attenuated African swine fever virus isolate OURT88/3. Antiviral Res, 2017,138:1-8.

[71] Sánchez-Cordón P J, Jabbar T, Berrezaie M, et al. Evaluation of protection induced by immunisation of domestic pigs with deletion mutant African swine fever virus BeninΔMGF by different doses and routes. Vaccine, 2018,36(5):707-715.

[72] Sánchez-Cordón P J, Jabbar T, Chapman D, et al. Absence of long-term protection in domestic pigs immunized with attenuated African swine fever virus isolate OURT88/3 or BeninΔMGF correlates with increased levels of regulatory T cells and interleukin-10. J Virol, 2020,94(14):e00350-20.

[73] Sanford B, Holinka L G, O'Donnell V, et al. Deletion of the thymidine kinase gene induces complete attenuation of the Georgia isolate of African swine fever virus. Virus Res, 2016,213:165-171.

[74] Souto R, Mutowembwa P, van Heerden J, et al. Vaccine potential of two previously uncharacterized African swine fever virus isolates from southern Africa and heterologous cross protection of an avirulent European isolate. Transbound Emerg Dis, 2016,63(2):224-231.

[75] Stone S S, Hess W R. Antibody response to inactivated preparations of African swine fever virus in pigs. Am J Vet Res, 1967,28(123):475-481.

[76] Sun E C, Zhang Z J, Wang Z, et al. Emergence and prevalence of naturally occurring lower virulent African swine fever viruses in domestic pigs in China in 2020. Sci China Life Sci, 2021,64(5):752-765.

[77] Takamatsu H H, Denyer M S, Lacasta A, et al. Cellular immunity in ASFV responses. Virus Res, 2013,173(1):110-121.

[78] Teklue T, Wang T, Luo Y, et al. Generation and Evaluation of an African swine fever virus mutant with deletion of the CD2v and UK Genes. Vaccines (Basel), 2020,8(4):763.

[79] Tran L, Nunan L, Redman R M, et al. Determination of the infectious nature

of the agent of acute hepatopancreatic necrosis syndrome affecting penaeid shrimp. Dis Aquat Organ, 2013,105(1):45-55.

[80] Van De Water S G, Van Gennip R G, Potgieter C A, et al. VP2 exchange and NS3/NS3a deletion in African horse sickness virus (AHSV) in development of disabled infectious single animal vaccine candidates for AHSV. J Virol, 2015,89(17):8764-8772.

[81] Vidal M I, Stiene M, Henkel J, et al. A solid-phase enzyme linked immunosorbent assay using monoclonal antibodies, for the detection of African swine fever virus antigens and antibodies. J Virol Methods, 1997,66(2): 211-218.

[82] Wang L, Luo Y, Zhao Y, et al. Comparative genomic analysis reveals an ´open´ pan-genome of African swine fever virus. Transbound Emerg Dis, 2020,67(4):1532-1562.

[83] Wang T, Luo R, Sun Y, et al. Current efforts towards safe and effective live attenuated vaccines against African swine fever: challenges and prospects. Infect Dis Poverty, 2021,10(1):137.

[84] Zhou X, Li N, Luo Y, et al. Emergence of African swine fever in China, 2018. Transbound Emerg Dis, 2018, 65(6): 1482-1484.

[85] Zhu Z Z, Xiao C T, Fan Y S, et al. Homologous recombination shapes the genetic diversity of African swine fever viruses. Vet Microbiol, 2019, 236:108380.

[86] Zsak L, Borca M V, Risatti G R, et al. Preclinical diagnosis of African swine fever in contact-exposed swine by a real-time PCR assay. J Clin Microbiol, 2005,43(1):112-119.